"十四五"职业教育国家规划教材

微课版

Cloud Computing Technology

OpenStack 云计算平台搭建与管理

（openEuler）

姚骏屏 何桂兰 ◉ 主编

谢永平 ◉ 副主编

人民邮电出版社

北京

图书在版编目（CIP）数据

OpenStack 云计算平台搭建与管理：openEuler：微课版 / 姚骏屏，何桂兰主编. -- 北京：人民邮电出版社，2025. --（工业和信息化精品系列教材）. -- ISBN 978-7-115-65186-0

Ⅰ. TP393.027

中国国家版本馆 CIP 数据核字第 2024QL4059 号

内 容 提 要

本书基于 openEuler（22.03 LTS SP3 版）国产操作系统和 OpenStack（Train 版）云计算平台，采用官方开源的云镜像和管理软件，详细介绍 OpenStack 云计算平台搭建和管理的相关知识。全书分为 3 篇，分别是基础知识与必备技能、OpenStack 云计算平台搭建和 OpenStack 云计算平台管理，共包含 16 个项目，包括初识云计算与 OpenStack 云计算平台、openEuler 操作系统安装、openEuler 操作系统基本应用能力训练、认识文本编辑软件与远程管理工具、云计算平台基础环境准备、认证服务（Keystone）安装、镜像服务（Glance）安装、放置服务（Placement）安装、计算服务（Nova）安装、网络服务（Neutron）安装、仪表盘服务（Dashboard）安装、块存储服务（Cinder）安装、虚拟网络管理、实例类型管理、云主机管理和用云镜像部署云主机。全书以大学生小王自学搭建 OpenStack 云计算平台项目为学习主线，采取项目式的编排方法，带领读者体验从知识学习到项目实践的完整过程，旨在全方位提高读者的职业技能。

本书可作为高校云计算技术应用及其相关专业的教材，也可作为广大计算机爱好者自学 OpenStack 云计算平台的参考书，还可作为云计算相关竞赛和培训的指导手册或教材。

◆ 主　　编　姚骏屏　何桂兰
　　副 主 编　谢永平
　　责任编辑　顾梦宇
　　责任印制　王　郁　焦志炜

◆ 人民邮电出版社出版发行　　北京市丰台区成寿寺路 11 号
　　邮编 100164　电子邮件 315@ptpress.com.cn
　　网址 https://www.ptpress.com.cn
　　三河市兴达印务有限公司印刷

◆ 开本：787×1092　1/16
　　印张：17　　　　　　　　2025 年 1 月第 1 版
　　字数：484 千字　　　　　2025 年 5 月河北第 3 次印刷

定价：59.80 元

读者服务热线：(010)81055256　印装质量热线：(010)81055316
反盗版热线：(010)81055315

前言

"云计算"这一名词虽然出现时间不长，但其所代表的技术在世界范围内的发展非常迅猛，甚至已经改变了整个信息技术行业的"生态圈"。以云计算、大数据和物联网等为代表的新一代信息技术成为产业变革的核心驱动力，是继个人计算机、互联网、移动互联网之后的新一轮信息化浪潮的代表。在我国，云计算作为战略性新兴产业的重要组成部分，其发展得到了国家的大力支持，因此，我国的云计算发展与应用水平稳居亚太地区首位，整体发展速度也远超国际平均水平。

OpenStack 云计算平台是目前市场占有率第一的开源云计算平台，现今国内市场上大部分私有云产品和部分公有云产品也多是在其基础上进行二次开发后得到的，同时，openEuler 操作系统也占据了国内较大的服务器操作系统市场份额。因此，能够操作 openEuler 操作系统，并在其上搭建和管理 OpenStack 云计算平台成为云计算运维工程师的必备技能。

本书内容融合编者多年云计算专业的教学经验、相关企业的一线工作经验，以及云计算大赛的指导经验，从初学者的视角出发，力求让枯燥的专业学习更加贴近读者的日常生活，目的是让读者在阅读完本书后可以达到"愿意学""学得进""见成果"的学习效果。编者以 OpenStack（Train 版）云计算平台的官方技术文档为编写依据，重新梳理并构建了一套更加适合初学者的内容编排方式和技能学习流程。全书以大学生小王了解云计算开始，到解决各种实际问题，再到搭建出实用的 OpenStack 云计算平台这一完整过程为逻辑主线，以实践项目为学习载体，采用情景化的编写方式，将理论知识和项目实训有机融合，深入浅出地介绍了 OpenStack 云计算平台搭建与管理的相关技术。各项目的设计不仅基于实际工作流程，而且通过"工作手册式"的写法串联了项目的操作步骤、注意事项等模块，强化了本书的"资料功能"，以达到将教材转变为"学材"的目的。

全书共 3 篇，上篇为基础知识与必备技能，中篇为 OpenStack 云计算平台搭建，下篇为 OpenStack 云计算平台管理。上篇主要介绍云计算平台搭建所必需的云计算的重要概念、openEuler 操作系统应用、文本编辑软件和远程管理工具的应用等知识，训练读者的基本技能；中篇以一个完整的 OpenStack（Train 版）云计算平台搭建项目为学习载体，按照工作流程，逐步引导读者动手完成平台的搭建工作；下篇用实际项目指引读者在之前创建的云计算平台上进一步深入学习，以此训练并提高其对于云计算平台管理与运维的能力。

本书从以下 4 个层面融入了德技并修的育人、育才理念。

（1）**坚持自信自立，以专业鼓舞人。** 云计算作为新兴战略产业在国内飞速发展，通过对其进行介绍，可让读者了解我国在云计算领域的领先地位与持续进步的发展态势，增强加快建设科技强国的自信。

（2）**坚持守正创新，以情景感染人。** 以大学生小王的整个学习过程为例，向读者展现了当代大学生应有的求知创新精神——以科学的态度对待科学，以真理的精神追求真理，紧跟时代步伐，顺应实践发展，以满腔热忱对待一切新生事物，不断拓展认识的广度和深度。

（3）**坚持系统观念与问题导向，以案例说服人。** 通过类比方式将育人、育才理念融入案例，如安全认证模块是云平台的核心模块，没有它将导致系统混乱与不安全，这样的模块设计，能够提升读者的安全意识和大局意识。

（4）坚持不忘初心，以项目塑造人。在整个项目的实践过程中着力塑造读者"敬业守心、精益求精、勇于创新"的工匠精神，激发其对云计算行业的热爱，强化其职业责任感与专业追求。

为方便读者使用，本书使用的全部开源软件、镜像文件和电子教案等资料均以附加资源的形式随书附赠，同时各项目还配套了完成后的 VMware 快照文件。依据这些快照文件，读者通过简单的快照还原操作便可从项目的任意位置进行实践操作，或者直接跳转到项目完成点进行对照学习。除此以外，本书还提供数十个微课视频和完整的实训操作视频，辅助读者的实践过程。

本书的建议学时为 48～72 学时，建议采用理论实践一体化的教学模式，书中涉及的实训要求实验室配备 8GB 以上内存、500GB 以上磁盘的计算机。书中各项目的建议学时可参考学时分配表。

学时分配表

篇	项目	内容	建议学时/学时
基础知识与必备技能	1	初识云计算与 OpenStack 云计算平台	2
	2	openEuler 操作系统安装	2～3
	3	openEuler 操作系统基本应用能力训练	4～6
	4	认识文本编辑软件与远程管理工具	2～4
OpenStack 云计算平台搭建	5	云计算平台基础环境准备	4～6
	6	认证服务（Keystone）安装	3～5
	7	镜像服务（Glance）安装	2～3
	8	放置服务（Placement）安装	2～3
	9	计算服务（Nova）安装	4～6
	10	网络服务（Neutron）安装	4～6
	11	仪表盘服务（Dashboard）安装	3～4
	12	块存储服务（Cinder）安装	4～5
OpenStack 云计算平台管理	13	虚拟网络管理	2～3
	14	实例类型管理	2～3
	15	云主机管理	3～4
	16	用云镜像部署云主机	3～5
		课程复习与考评	2～4
		合计	48～72

本书由重庆工商职业学院的姚骏屏和重庆电子科技职业大学的何桂兰任主编，湖北科技职业学院的谢永平任副主编。何桂兰负责编写项目 1～5 及校对全书；谢永平负责编写项目 6 和项目 7；姚骏屏负责编写项目 8～16，并负责全书统稿及课程资源的制作。在此，还要特别感谢南京第五十五所技术开发有限公司和江苏一道云科技发展有限公司为本书提供的案例与技术支持。

由于编者水平有限，书中难免存在不妥之处，希望广大读者批评指正。同时，恳请读者一旦发现问题，及时与编者联系，编者将不胜感激。

编者
2024 年 4 月

目录

上篇　基础知识与必备技能

项目 6

认证服务（Keystone）安装 ································ 106

项目 7

项目 8

项目 9

项目 10

网络服务（Neutron）安装 ························ 162

项目 11

仪表盘服务（Dashboard）安装 ················· 181

项目 12

块存储服务（Cinder）安装 ·························· 188

下篇　OpenStack 云计算平台管理

项目 13

虚拟网络管理 ·· 208

项目 14

实例类型管理 ·· 221

项目 15

云主机管理 ·· 228

项目 16

上篇

基础知识与必备技能

项目1
初识云计算与OpenStack 云计算平台

01

学习目标

【知识目标】

（1）了解云计算的由来。

（2）理解云计算的定义。

（3）理解云计算服务的分类方式。

（4）了解OpenStack云计算平台的起源。

（5）了解OpenStack的组件构成。

（6）了解OpenStack的版本命名规则。

【技能目标】

（1）能够利用互联网资源获取相关信息。

（2）能够对已有云服务进行分类。

学习目标

引例描述

大学生小王的一天是这么度过的：早上起来先通过网易云音乐听一曲音乐，打开百度云网盘查看昨天在云计算协会中领到的任务，再通过腾讯会议召集项目组成员对工作任务进行讨论，最后大家通过钉钉云办公协同完成任务。小王十分好奇这里用到的这么多"云"到底是什么？它是如何为人们提供服务的呢？我们自己能不能对外提供云服务，让自己也成为云服务商呢？

引例描述

1.1 项目陈述

"云计算"这个名词从出现至今仅十多年的时间，但其代表的云计算技术却发展极其迅猛，已经深刻影响到现代人的生活。事实上，我们已经身处"云时代"。类似于互联网是全球"第二次信息化浪潮"的标志，云计算、大数据、物联网等已经成为"第三次信息化浪潮"的代表。生活在"云时代"的我们需要了解云计算的功能、特点、分类和应用。在了解云计算的基础知识后，小王想尝试做一个能提供基础云服务的云计算平台，将自己的一台高性能主机变成几台云主机分享给云计算协会的同学使用。要想实现这个目标，首先要进行调研，决定选用什么软件搭建云计算平台。

项目陈述

1.2 必备知识

1.2.1 云计算的定义

云计算的出现与大数据技术的发展密不可分。大数据是指企事业单位在日常运营中生成、累积的用户行为数据。这些数据的特点是规模非常庞大，增长非常迅速。最早提出"大数据时代到来"的麦肯锡公司称："数据，已经渗透到当今每一个行业和业务职能领域，成为重要的生产因素。"

云计算的定义

数据如此重要，信息社会的数据增长又如此迅速，加之"大数据时代"的悄然来临，都对建立存储量更大、运算速度更快的数据中心来进行海量数据存储和处理产生了迫切的需求。在这样的背景下，许多大公司建立了自己的云计算数据中心，如图 1-1 所示。

图 1-1　一个云计算数据中心

这些数据中心为了给将来产生的数据留有余量，其规模通常会建设得比当前实际使用量更大。后来，这些公司发现自己还要为这些空闲的运算能力、存储空间承担管理及电力成本，造成了非常大的浪费。与此同时，一些小公司虽然也有数据存储及数据处理的需要，但是因为经费或者技术能力的限制，所以不能打造自己的数据中心。那么是不是有一种办法，让大公司将闲置的运算资源通过收取一定费用的方式租给小公司使用呢？基于这种考虑，亚马逊（Amazon）公司在 2002 年首次推出了亚马逊网络服务（Amazon Web Service，AWS），其就是云计算平台的最初模型，通常被称为"亚马逊云"。2006 年，谷歌（Google）公司的 CEO 埃里克·施密特（Eric Schmidt）首次提出"云计算"（Cloud Computing）的概念。从此，"云计算"开始作为一个名词概念正式出现在人们的世界中，同时开启了云计算飞速发展的时代。

对于到底什么是云计算，根据定义者所在的角度不同，存在多种解释。现阶段广为接受的是美国国家标准与技术研究院（National Institute of Standards and Technology，NIST）的定义："云计算是一种按使用量付费的模式，它可以实现随时随地、便捷地、随需应变地从可配置计算资源共享池中获取所需的资源[如网络（Network）、服务器、存储、应用及服务]，资源能够快速供应并释放，使管理资源的工作量和与服务提供商的交互减少到最低限度。"简言之，云计算是一种大规模计算机服务器集群——"云"，其通过网络为用户提供一种"按需购买、按量付费"来使用网络 IT 资源的服务模式。该模式将"云"的计算能力变成了类似于水、电、煤气一样的商品，使之可以在互联网中流通，并方便使用、按量计费。例如，用户如需在网络中拥有一台计算机、存储空间或者一款网络应用等，只需付一定的费用向"云"去租用即可。这个租用过程就像家里用水、电一样，用多少付多少费用，不用时不产生费用。

1.2.2　云计算的特点

云计算从诞生以来，市场规模就急剧扩大，根据中国信息通信研究院发布的《云计算白皮书（2023年）》中提供的数据，2022年全球云计算市场规模约为4910亿美元，并且在大模型、算力等需求的刺激下，市场仍将保持稳定增长，到2026年全球云计算市场预计突破万亿美元，世界上第一个运用云计算技术的AWS在2023年的全球年收入达到了910亿美元，是目前世界第一大云计算平台。而在

云计算的特点

国内，以云计算、物联网等为代表的新一代信息技术产业被列为我国战略性新兴产业，受到国家的高度重视。目前，国内主流互联网服务商及通信企业，如阿里巴巴、腾讯、华为、中国移动、中国电信、360等，都在大力提升自己的云服务能力。2025年，我国云计算整体市场规模预计超万亿元。云计算发展如此迅猛，和它自身的特点是分不开的，以下是云计算的几个特点。

1. 采用虚拟化技术

虚拟化技术是云计算的核心技术，主要用于物理资源的虚拟化。这里的物理资源包括服务器、网络和存储等。虚拟化的最大优势之一是可以通过提高利用率来显著降低资本支出。例如，通过Windows任务管理器查看自己计算机的CPU利用率，可以看到在普通使用场景下，CPU的利用率大多没有达到10%，这就意味着剩下的约90%的运算能力被浪费。因此，如果将一个真实的CPU虚拟化成10个CPU，那么理论上可以提高工作性能至原来的10倍。故而，采用虚拟化技术能够更好地发挥物理机的性能，从而能更高效地使用服务器。

2. 超大规模

云计算运营商拥有超大规模的基础设施，以对外提供云服务。对于一个云来说，理论上可以拥有无限规模的物理资源。根据阿里云官方数据，2020年，阿里云在全球部署的服务器总数接近200万台。如果把这些服务器堆叠起来，则其整体高度会超过20座珠穆朗玛峰。超大规模的一个很大优势就是使单机购买和管理成本降低。

3. 动态可扩展

云可以在不停机的状态下通过增加硬件资源扩展其计算能力。也就是说，添加、删除、修改云计算环境中的任一资源节点，抑或任一资源节点发生了异常宕机，都不会导致云环境中的各类业务中断，也不会导致用户数据丢失。

4. 按需分配、按量计费

用户可以按照自己的需求向云申请虚拟资源。云计算平台通过虚拟分拆技术，可以提供小到一台虚拟计算机，多到上千台虚拟计算机的计算服务。实现按需分配后，按量计费也成为云计算平台向外提供服务的有效收费形式，即类似于水、电收费模式，使用多少计算服务收取多少费用，不使用就不收费。

5. 灵活性高

云可以应对灵活的资源变化，如任意撤掉一台计算机，其中的信息和活动会自动转移到其他地方；任意增加一台计算机，其资源会自动添加到资源池中。对于这些增减，用户根本意识不到。

6. 具有高可靠性

云一般会采用数据多副本容错、计算节点同构可互换等措施来保障服务的高可靠性。基于云服务的应用可以持续对外提供服务（365天×24h），即在云上，即使某服务器发生故障，一般也不会影响计算与应用的正常运行。

7. 支持弹性伸缩

用户可以自行定义规则，让自己租用的云上资源根据规则动态变化，以满足实际业务变化的需求。例如，一个部署在云上的在线商城平时一台服务器就可以支撑其业务流量，但是在"双十一"这样的"购物节"来临时，可以动态地向云租用更多的服务器来扩展服务能力；当"购物节"结束

导致需求下滑后，又可以根据规则及时释放部分资源以节约成本。

由于云具有以上特点，因此用户不再需要为应用单独购置服务器，也就不需要为相应服务器付出管理成本。用户用低廉的租用成本就可以使用到可以随时扩容的并由专业人员维护以保证安全的计算服务，因此使用云的性价比非常高。故而，如图 1-2 所示，云计算已经成为现代信息技术发展的基础，当前绝大部分网络应用均离不开云的支持。云计算技术已经应用到社会的各个方面，如"云存储""云办公""云医疗""云电视""云音乐"等，我们已经身处"云时代"。

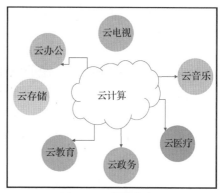

图 1-2 云计算的应用

1.2.3 云计算的分类

云计算的分类

按照服务对象的不同和提供的服务类型不同，云计算的分类一般有两种方式。

1. 按服务对象分类

云计算按照服务对象可以分为公有云（Public Cloud）、私有云（Private Cloud）和混合云（Hybrid Cloud），如图 1-3 所示。

（1）公有云

可以把公有云看作一个饭店，其为每一个进入饭店的用户服务。公有云一般可通过互联网使用，可在整个开放的公有网络中向所有人提供服务。国内主要的公有云服务商有阿里云、腾讯云、华为云、天翼云、移动云等。

图 1-3 公有云、私有云和混合云

（2）私有云

可以把私有云看作一个企业的内部食堂，其只为该企业内部的用户服务。私有云是为一个用户（如一个企业）单独使用而构建的，该用户拥有该云的全部资源并自行管理与运维。私有云一般用于银行、医院、学校、政府等对数据安全和共享都有较高需求的单位。

（3）混合云

混合云是公有云和私有云两种服务方式的结合。如我们既想享受食堂的独有服务，又想享用大饭店的特色菜肴，就可以采用主食在食堂吃，特色菜肴从大饭店购买的方案。同理，由于安全问题，并非所有的企业信息都能放置在公有云上，因此很多企业会使用混合云模式：将敏感、私密数据放置在本地私有云上，将对外服务放置在公有云上。

2. 按提供的服务类型分类

云计算按照提供的服务类型可以分为 3 类，即基础设施即服务（Infrastructure as a Service，IaaS）、平台即服务（Platform as a Service，PaaS）和软件即服务（Software as a Service，SaaS）。它们各自处于不同层级，底层为上层提供支持，如图 1-4 所示。

（1）IaaS

IaaS 是云计算的主要服务类型之一，即在云端根据需

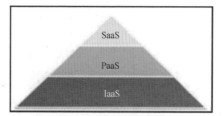

图 1-4 云计算服务类型

要虚拟化出诸如计算机、存储、网络等设备，为用户提供基础硬件服务。例如，一个用户在云端租用了一台计算机（云主机），其可以像操作本地计算机一样操作该云主机，如亲自安装操作系统

（Operating System，OS）、安装应用软件、部署自己的网络服务等。因此，如果要在网络中租用一台完整的计算机，则应使用 IaaS 云计算平台。

（2）PaaS

PaaS 在云端为用户提供开发平台和测试环境。使用这类服务的用户一般是软件开发人员。PaaS 云计算平台提供了一些成熟的软件构件，可以嵌入用户开发的产品中。例如，云地图、微信小程序等都是由 PaaS 云计算平台提供的服务。用户可以使用简单的几行代码将 PaaS 云计算平台提供的服务嵌入自己的软件，以实现复杂功能。假如某人正在开发的一款网络软件需要实现地图功能，则其可以寻求提供地图服务的 PaaS 云计算平台的帮助。

（3）SaaS

SaaS 通过互联网面向最终用户，提供按需付费使用的应用程序。例如，钉钉、微软公司的 Office Online、金山文档、腾讯会议等都属于 SaaS 云计算平台提供的网络应用软件，它们不用安装即可在云上直接使用。假如用户不想下载安装软件，而想直接使用网络应用软件，则使用 SaaS 云计算平台是没错的。

1.2.4 OpenStack 的基本概念

目前，能提供 IaaS 云计算平台服务的软件有很多款，每一款都有自己的特色。其中，OpenStack 是一款具有很大市场影响力的开源免费应用，许多公司的云计算产品均是在其基础上二次开发而来的。

OpenStack 是一个提供 IaaS 云计算服务的开源云计算管理平台项目，图 1-5 所示为 OpenStack 的商标。OpenStack 由美国国家航空航天局（National Aeronautics and Space Administration，NASA）和全球三大云计算中心之一的 Rackspace 在 2010 年合作研发，是当今极具影响力的云计算管理平台之一。OpenStack 可以通过命令或者基于 Web 的可视化控制面板来管理云端的资源池（服务器、存储和网络等）。通过 OpenStack 可

图 1-5 OpenStack 的商标

以很轻松地构建和管理一个 IaaS 云计算平台，该云计算平台既可以用作私有云，又可以用作公有云。

目前，OpenStack 或其演变版本正被广泛应用在各行各业中，其用户包括思科、华为、英特尔、IBM、希捷等企业。图 1-6 所示为 OpenStack 与操作系统的关系，可见 OpenStack 是一种搭建在操作系统之上的由第三方虚拟化应用支持的云计算平台，其可以在标准硬件的基础上创建和管理多个云主机。这些云主机和一般计算机一样，可以在其上安装操作系统和用户应用。云主机具有 3 个主要模块，分别是计算模块、存储模块和网络模块。其中，计算模块负责创建和管理云主机，存储模块为云主机提供存储空间，网络模块将云主机之间及外部网络连接起来形成网络。

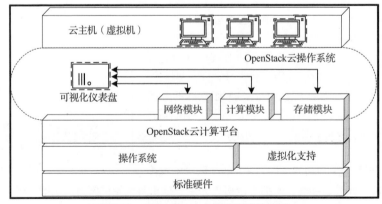

图 1-6 OpenStack 与操作系统的关系

1.2.5 OpenStack 的组件

OpenStack 的结构如图 1-7 所示，主要包括认证组件、镜像组件、计算组件、网络组件、对象存储、块存储组件这 6 个核心项目，1 个仪表盘组件及几十个正式项目和大量孵化项目。

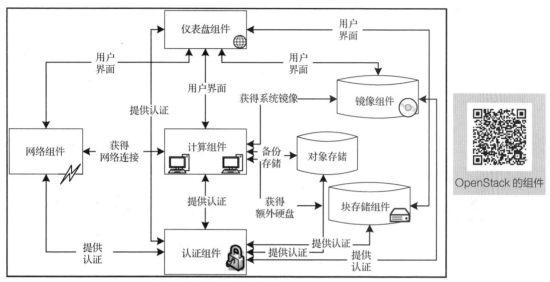

图 1-7 OpenStack 的结构

要搭建一个基础的 OpenStack 云计算平台，只需安装认证组件、镜像组件、计算组件、网络组件即可，以下是对这 4 个基础组件及 OpenStack 提供的仪表盘组件的简介。

1. 认证组件

认证组件项目名为 Keystone，为其他 OpenStack 组件（如镜像组件、计算组件等）提供认证和授权服务。由于整个 OpenStack 是由众多组件组成的一个系统，这些独立的组件是否允许接入系统或者允许使用其他组件的服务，需要一个统一进行认证的组件，Keystone 就是该"认证机构"。

2. 镜像组件

镜像组件项目名为 Glance，用于管理云主机的磁盘镜像（Image）和快照（Snapshot），负责镜像和快照的创建及删除等。可以把镜像看作云主机上一个已经安装好操作系统和应用软件的磁盘。镜像组件可以在极短的时间内克隆出多个相同内容的镜像，为不同的云主机提供服务。

3. 计算组件

计算组件项目名为 Nova，用于在 OpenStack 云计算平台中对云主机（也称实例）进行管理，负责云主机生成、调度、回收等。

4. 网络组件

网络组件项目名为 Neutron，曾用名为 Quantum。网络组件是 OpenStack 中提供网络服务的核心组件，用于管理云主机之间和云主机与外网通信的网络。

5. 仪表盘组件

仪表盘组件项目名为 Horizon，主要提供一个名为 Dashboard 的 Web 服务，实现对云计算平台的可视化管理。图 1-8 所示为 Dashboard 的管理界面。

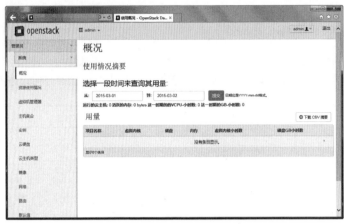

图1-8　Dashboard 的管理界面

1.2.6　OpenStack 的版本

OpenStack 的版本更新非常快，几乎每隔半年就发布一个新版本。本书采用 OpenStack 的第 20 个版本 Train。不同的版本在安装和运维上存在着一些细微的区别，请读者选用时注意。与其他软件的版本号采用数字编码不同，OpenStack 采用英文单词来描述不同的版本，按照单词首字母的排列顺序就可以知道版本的新旧。例如，版本 Train 比之前的 Stein 版本要新，其发布时间可以参考 OpenStack 的官方网站，OpenStack 各个版本的发布时间如图 1-9 所示。

OpenStack 的版本

Series	Status	Initial Release Date	Next Phase	EOL Date
Xena	Development	2021-10-06 *estimated* (schedule)	Development *estimated* 2021-04-14	
Wallaby	Maintained	2021-04-14	Extended Maintenance *estimated* 2022-10-14	
Victoria	Maintained	2020-10-14	Extended Maintenance *estimated* 2022-04-18	
Ussuri	Maintained	2020-05-13	Extended Maintenance *estimated* 2021-11-12	
Train	Extended Maintenance (see note below)	2019-10-16	Unmaintained *TBD*	
Stein	Extended Maintenance (see note below)	2019-04-10	Unmaintained *TBD*	
Rocky	Extended Maintenance (see note below)	2018-08-30	Unmaintained *TBD*	
Queens	Extended Maintenance (see note below)	2018-02-28	Unmaintained *TBD*	
Pike	Extended Maintenance (see note below)	2017-08-30	Unmaintained *TBD*	
Ocata	Extended Maintenance (see note below)	2017-02-22	Unmaintained *estimated* 2020-06-04	
Newton	End Of Life	2016-10-06		2017-10-25

图1-9　OpenStack 各个版本的发布时间

从图 1-9 中可以看到，OpenStack 的 Train 版本已于 2019 年 10 月 16 日发布。这些版本中，N（Newton）版本及以前的版本，官方已经不再维护（End Of Life），O 版本到 T 版本还属于延续维护（Extended Maintenance）状态，而 U 版本及更新的版本属于正常保持维护（Maintained）状态。因为 T 版目前还具有很大的市场占有率，同时操作系统 openEuler 目前仅提供了对 T 版本的安装支持，所以本书选择 T 版本进行介绍。

1.3 项目实施

云计算已经深入我们的生活，在不知不觉中已经在使用云计算提供的服务了。本项目将通过调研身边的云计算使用情况获知云计算如何影响现代人的生活，并从互联网中获得目前主流云计算平台的相关信息。

（1）调研自己使用了哪些云计算服务，这些服务属于 IaaS、PaaS、SaaS 中哪种类型的云服务，将调查结果填入表 1-1。

表 1-1　身边的云计算服务调查

应用名称	分类		
	IaaS	PaaS	SaaS
例如，百度网盘	√		

（2）VMware vSphere 与 OpenStack 是当今私有云市场占有率较高的两款云计算平台，请通过百度搜索相关信息，填写表 1-2，分析两者的优缺点，并决定使用哪一款产品搭建自己的私有云。

表 1-2　VMware vSphere 与 OpenStack 比较

特点	VMware vSphere	OpenStack
例如，开源	×	√

1.4 项目小结

数据存储高速增长的需求催生了云计算，这是一种将数据中心化整为零，从而为用户提供 IT 资源租用服务的技术。云计算的概念最早是由谷歌公司提出的，但在该概念提出以前，亚马逊公司已经应用了该技术。云计算的高可靠性、按需分配、按量计费、支持弹性扩展等优点使其发展迅速，已成为引领信息产业创新的关键战略性技术和手段。云计算根据服务对象可以分为公有云、私有云和混合云，根据其提供的服务类型又可以分为 IaaS、PaaS 和 SaaS。如同 20 世纪 90 年代给人类社会带来巨大变化的互联网一样，云计算技术正在给我们的世界带来一场革命性的改变，了解与能够使用云计算已经成为 IT 从业者的基础能力要求。

OpenStack 是一个 IaaS 类型的云计算管理平台，可以提供云主机的创建、运行、删除等全生

项目小结

命周期的管理。OpenStack 由若干个不同功能的组件构成，其核心组件包括管理权限的组件——Keystone、管理云主机的组件——Nova、管理操作系统镜像的组件——Glance 和管理网络的组件——Neutron，同时提供了一个可视化的管理组件——Dashboard。

1.5 项目练习题

1. 选择题

（1）（　　　）的发展促进了云计算的产生和发展。
    A. 物联网　　　　　　B. 大数据　　　　　　C. 人工智能　　　　　D. 互联网

（2）云计算的概念是（　　）公司最先提出来的。
    A. 微软　　　　　　　B. IBM　　　　　　　C. 亚马逊　　　　　　D. 谷歌

（3）最先应用云计算技术的是（　　　）。
    A. 微软　　　　　　　B. IBM　　　　　　　C. 亚马逊　　　　　　D. 谷歌

（4）目前亚太地区最大的云服务商是（　　　）。
    A. 阿里云　　　　　　B. 腾讯云　　　　　　C. 华为云　　　　　　D. 亚马逊云

（5）云计算是一种按（　　）付费使用的模式。
    A. 收入　　　　　　　B. 购买力　　　　　　C. 使用量　　　　　　D. 地区

（6）（　　）技术是云计算的核心技术，主要用于物理资源的虚拟化。
    A. 并行计算　　　　　B. 网格计算　　　　　C. 现代通信　　　　　D. 虚拟化

（7）对于一个云来说，理论上其可以拥有（　　）规模的物理资源。
    A. 有限　　　　　　　　　　　　　　　　B. 无限
    C. 不超过 100 万台物理机　　　　　　　D. 不确定

（8）（　　）不是云计算的特点之一。
    A. 费用高　　　　　　　　　　　　　　　B. 超大规模
    C. 支持弹性伸缩　　　　　　　　　　　　D. 按需分配、按量计费

（9）如果只想为企业内部人员提供云服务以保证数据安全，则可以选用（　　　）。
    A. 私有云　　　　　　B. 公有云　　　　　　C. 混合云　　　　　　D. 任意云

（10）如果想面向全体上网用户提供云服务，则可以选用（　　　）。
    A. 私有云　　　　　　B. 公有云　　　　　　C. 混合云　　　　　　D. 任意云

（11）如果既想面向全体上网用户提供服务，又要保证数据安全，则可以选用（　　　）。
    A. 私有云　　　　　　B. 公有云　　　　　　C. 混合云　　　　　　D. 任意云

（12）如果要在线租用一台完整的计算机，则可以向（　　）云计算平台申请。
    A. IaaS　　　　　　B. PaaS　　　　　　C. SaaS　　　　　　D. NaaS

（13）如果要在自己开发的应用中嵌入在线地图，则可以向提供云地图的（　　）云计算平台申请。
    A. IaaS　　　　　　B. PaaS　　　　　　C. SaaS　　　　　　D. NaaS

（14）如果要直接使用在线文档编辑软件来完成具体工作，则可以向提供应用的（　　）云计算平台申请。
    A. IaaS　　　　　　B. PaaS　　　　　　C. SaaS　　　　　　D. NaaS

（15）OpenStack 提供的是（　　）类型的云服务。
    A. IaaS　　　　　　B. PaaS　　　　　　C. SaaS　　　　　　D. NaaS

（16）OpenStack 是（　　　）。
    A. 开源免费的　　　　B. 开源收费的　　　　C. 闭源免费的　　　　D. 闭源收费的

（17）OpenStack 由多个组件构成，其中负责认证的是（　　）。

    A. Glance   B. Keystone   C. Nova   D. Neutron

（18）OpenStack 由多个组件构成，其中负责生成云主机的组件是（　　）。

    A. Glance   B. Keystone   C. Nova   D. Neutron

（19）OpenStack 由多个组件构成，其中负责管理虚拟网络的组件是（　　）。

    A. Glance   B. Keystone   C. Nova   D. Neutron

（20）OpenStack 由多个组件构成，其中负责管理系统镜像的组件是（　　）。

    A. Glance   B. Keystone   C. Nova   D. Neutron

（21）OpenStack 的版本是按照首字母的先后顺序依次进行命名的，以下版本中（　　）最新。

    A. Xena   B. Train   C. Rocky   D. Stein

2. 填空题

（1）云计算的类型按照服务对象不同可以分为_____、_____和_____。

（2）云计算的类型按照提供的服务类型不同可以分为_____、_____和_____。

（3）OpenStack 主要包括_____、_____、_____和_____等核心组件。

（4）OpenStack 中负责快照管理的是_____组件。

（5）OpenStack 中的组件之间相互通信必须先经过_____组件进行认证。

（6）OpenStack 中提供了一个图形可视化操作系统的组件，其项目名为_____，其主要提供了一个名为_____的 Web 服务。

3. 简答题

（1）简述云计算的定义。

（2）简述云计算的特点。

（3）简述 IaaS、PaaS、SaaS 云计算平台的区别。

（4）简述 OpenStack 中核心组件 Keystone、Nova、Glance、Neutron 的功能。

项目2
openEuler
操作系统安装

02

学习目标

【知识目标】
（1）了解虚拟机的作用。
（2）了解虚拟机网络配置的几种方式。
（3）了解Linux和openEuler操作系统的起源与关系。

【技能目标】
（1）能够用VMware Workstation虚拟机软件创建虚拟机。
（2）能够用VMware Workstation虚拟机软件配置虚拟网络。
（3）学会安装openEuler操作系统。

学习目标

引例描述

通过上一个项目的调研，小王决定采用OpenStack搭建IaaS云计算管理平台。由于OpenStack需要Linux操作系统支持，因此小王首先需要给物理机安装一款Linux操作系统。在各种版本的Linux操作系统中，openEuler操作系统是一款开源免费的国产操作系统，它在国内服务器市场的占有率很大，同时为OpenStack提供了官方支持，因此小王选择安装该操作系统来支持OpenStack。

引例描述

2.1 项目陈述

作为一款提供云服务的软件平台，OpenStack 通常需要多台服务器甚至是服务器集群来做硬件支撑，而小王只有一台高配置计算机，所以决定采用虚拟机（Virtual Machine）软件将一台计算机虚拟成多台计算机来搭建 OpenStack 云平台。本项目将配置虚拟机并给虚拟机安装 openEuler 操作系统。

项目陈述

2.2 必备知识

2.2.1 虚拟机软件

虚拟机指通过软件模拟的具有完整硬件系统功能的、运行在一个完全隔离环境中的完整计算机系统。在实体计算机中能够完成的工作，在虚拟机中都能够完成。一台实体计算机可以虚拟出若干台虚拟机，每台虚拟机都有独立的 CPU、

虚拟机软件

内存、磁盘和操作系统，可以像使用实体计算机一样对虚拟机进行操作。通过这些虚拟机，即可在一台计算机上同时运行更多的 Microsoft Windows、Linux、Mac OS 甚至 DOS 操作系统。

常见的用于桌面计算机的虚拟机软件有 VirtualBox、VMware Workstation、Microsoft Windows Virtual PC 等。VirtualBox 是由著名的开源软件推动者——太阳计算机系统（Sun Microsystems）公司推出的一款使用非常广泛的、免费且开源的虚拟机软件，目前属于甲骨文（Oracle）公司。VMware Workstation 是由全球著名的云计算基础架构解决方案提供商威睿（Virtual Machine ware，VMware）公司出品的一款虚拟化产品。Microsoft Windows Virtual PC 是由微软公司出品的虚拟化产品。其中，VMware Workstation 是目前实现虚拟化程度最高、应用最广泛的虚拟化产品，其主界面如图 2-1 所示。

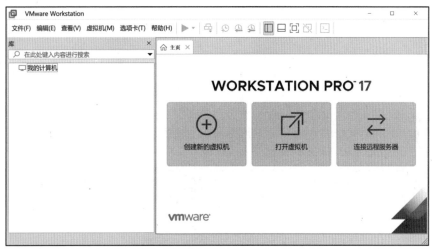

图 2-1　VMware Workstation 主界面

2.2.2　虚拟网络基础

虚拟机必须通过虚拟网络才能和宿主机进行通信，如图 2-2 所示。如何实现这样的通信呢？

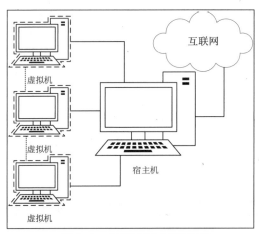

虚拟网络基础

图 2-2　虚拟机和宿主机的通信

VMware Workstation 提供了 3 种网络模式来实现虚拟机和宿主机之间的通信，分别是桥接模式、网络地址转换（Network Address Translation，NAT）模式和仅主机模式。打开 VMware

Workstation，选择【编辑】→【虚拟网络编辑器】命令，弹出【虚拟网络编辑器】对话框，其中名称为 VMnet0、VMnet1、VMnet8 的虚拟交换机分别对应于桥接模式、仅主机模式、NAT 模式这3 种 VMware Workstation 支持的网络模式，如图 2-3 所示。

图 2-3　VMware Workstation 支持的网络模式

在宿主机上，VMware Workstation 会自动生成 VMware Network Adapter VMnet1 和VMware Network Adapter VMnet8 两块虚拟网卡，如图 2-4 所示。它们分别服务于仅主机模式和 NAT 模式，负责宿主机与虚拟机的通信。

图 2-4　宿主机上的虚拟网卡

1. 桥接模式

在桥接模式下，由 VMware Workstation 提供一台名为 VMnet0 的虚拟交换机，宿主机的物理网卡与虚拟机的虚拟网卡利用该虚拟交换机进行通信。在该模式下，宿主机网卡与虚拟机网卡必须位于同一网段中，虚拟机可利用宿主机的物理网络访问互联网。如图 2-5 所示，宿主机的物理网卡和虚拟机的虚拟网卡都在 192.168.0.0/24 网段，因此它们可以直接进行通信。桥接模式的优势是虚拟机直接和物理网络通信，传输效率高；但其缺点也很明显，即虚拟机要占用局域网 IP 地址资源。

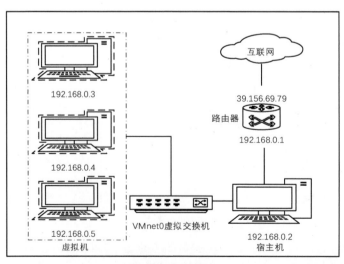

图 2-5　桥接模式

2. NAT 模式

NAT 的功能是将不同网段的数据通过 NAT 设备转发到另一个网段中，以实现不同网段相互通信的目的。在 NAT 模式下，VMware Workstation 除了提供名为 VMnet8 的虚拟交换机外，还生成了一个虚拟路由器，作为 NAT 设备来连接虚拟机和宿主机所在的两个不同的网段。虚拟机的虚拟网卡不再像桥接模式那样必须和宿主机的物理网卡处于同一个网段，这样能够节约宝贵的局域网 IP 地址资源。如图 2-6 所示，宿主机的物理网卡属于 192.168.0.0/24 网段，而虚拟机的虚拟网卡属于 10.0.0.0/24 网段，它们是两个不同的网段，两个网段通过一个虚拟路由器进行通信。在这种模式下，虚拟机和在桥接模式中一样，可以通过宿主机的物理网络访问互联网。

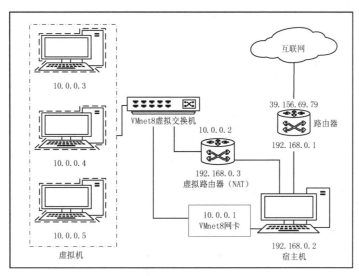

图 2-6　NAT 模式

3. 仅主机模式

仅主机模式和 NAT 模式类似，只是缺少了 NAT 设备，因此虚拟机只能通过 VMnet1 虚拟交换机与宿主机的虚拟网卡 VMware Network Adapter VMnet1 进行通信。如图 2-7 所示，该宿主机的虚拟网卡和虚拟机的虚拟网卡必须处于同一个网段。在该模式下，虚拟机无法通过宿主机的物理网络访问互联网。

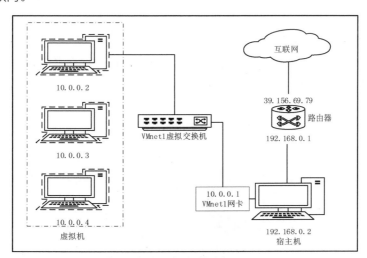

图 2-7　仅主机模式

2.2.3　openEuler 操作系统简介

操作系统是管理计算机硬件与软件资源的计算机程序，是人与计算机之间的"中介"，通过操作系统，人们能更容易地操作计算机。目前，常见的操作系统有微软公司的 Windows、苹果公司的 Mac OS、贝尔实验室的 UNIX、开源的 Linux 等。其中，Linux 操作系统是基于 UNIX 操作系统的一款非常优秀、免费使用和自由传播的操作系统，其支持的硬件平台很多，如手机、平板计算机、路由器、台式计算机、大型机和超级计算机等。

openEuler 操作
系统简介

Linux 的内核诞生于 1991 年，最先是基于 UNIX 开发的，其后许多个人、组织和企业基于 Linux 内核又开发了多种 Linux 的发行版。目前，市面上较知名的发行版有 Ubuntu、RedHat、CentOS、Debian、Fedora、SUSE、华为 EulerOS、深度 Linux（Deepin）、银河麒麟 Linux、中标麒麟 Linux 等。

其中，EulerOS 是我国华为公司基于 Linux 内核自主研发的服务器操作系统。2019 年，华为公司作为创始企业发起了 OpenAtom openEuler 社区（简称 openEuler 社区），将 EulerOS 交由该社区运作，并在其基础上于 2021 年正式推出了 openEuler 社区版。openEuler 是一款开源、免费的操作系统，支持鲲鹏及其他多种处理器，能够充分释放计算芯片的潜能，适用于数据库、大数据、云计算、人工智能等应用场景。openEuler 目前已经成为国内领先的服务器操作系统。

本书采用 openEuler 22.03 LTS SP3 版本，作为承载 OpenStack 云计算平台的操作系统。

2.3　项目实施

2.3.1　创建与配置 VMware 虚拟机

以下操作在已安装好虚拟机软件 VMware Workstation 17 的计算机（宿主机）上进行，宿主机内存要求大于 8GB，硬盘可用空间大于 200GB，安装有 Windows 64 位操作系统。

创建与配置
VMware 虚拟机

注意　在开始以下操作前，需要在宿主机（物理机）的基本输入输出系统（Basic Input Output System，BIOS）中开启 CPU 虚拟化支持。

1. 创建虚拟机

（1）弹出【新建虚拟机向导】对话框

打开 VMware Workstation 以后，在主界面中选择【文件】→【新建虚拟机】命令，弹出【新建虚拟机向导】对话框，如图 2-8 所示。

图 2-8　【新建虚拟机向导】对话框

选中【自定义（高级）】单选按钮，单击【下一步】按钮。

（2）选择虚拟机硬件兼容性

进入【选择虚拟机硬件兼容性】界面，如图 2-9 所示，在【硬件兼容性】下拉列表中选择虚拟机的硬件兼容性，在【限制】列表框中可以看到虚拟的硬件规格限制（创建的虚拟机硬件规格不能超过该限制）。

这里保持硬件兼容性为默认设置【Workstation 17.5.x】，单击【下一步】按钮。

（3）安装客户机操作系统

进入图 2-10 所示的【安装客户机操作系统】界面，可以选择如何安装客户机（虚拟机）的操作系统。

图 2-9 【选择虚拟机硬件兼容性】界面

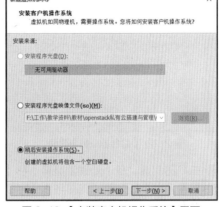

图 2-10 【安装客户机操作系统】界面

在【安装来源】选项组中选中【稍后安装操作系统】单选按钮，单击【下一步】按钮。

（4）选择客户机操作系统

进入图 2-11 所示的【选择客户机操作系统】界面，可以选择要创建的虚拟机准备安装的操作系统。

图 2-11 【选择客户机操作系统】界面

在【客户机操作系统】选项组中选中【Linux】单选按钮，并在【版本】下拉列表中选择【其他 Linux 5.x 内核 64 位】，单击【下一步】按钮。

（5）命名虚拟机

进入图 2-12 所示的【命名虚拟机】界面，可以对要创建的虚拟机进行命名，并设置虚拟机文件在宿主机磁盘中存放的位置。

在【虚拟机名称】文本框中输入该虚拟机的名称，在【位置】组合框中输入或者通过【浏览】按钮设置该虚拟机文件将要存放的位置，设置好后单击【下一步】按钮。

（6）处理器配置

进入图 2-13 所示的【处理器配置】界面，可以设置虚拟机将占用宿主机的处理器数量及每个处理器的内核数量。

图 2-12 【命名虚拟机】界面　　　　　　　图 2-13 【处理器配置】界面

根据宿主机的配置，在【处理器数量】和【每个处理器的内核数量】下拉列表中选择适当的虚拟机处理器数量及每个处理器的内核数量（不要超过宿主机配置），选择好后单击【下一步】按钮。

（7）此虚拟机的内存

进入图 2-14 所示的【此虚拟机的内存】界面，可以将宿主机的物理内存划分出部分空间给虚拟机使用，当虚拟机开机后将占用此部分内存。

通过拖动该界面左侧的数值滑杆设置虚拟机的内存，或者直接在【此虚拟机的内存】文本框中输入虚拟机的内存，建议设置为 4GB 及以上，设置好后单击【下一步】按钮。

（8）网络类型

进入图 2-15 所示的【网络类型】界面，可以设置虚拟机与宿主机的通信方式。这里可选用的网络连接对应于 3 种模式：桥接模式、NAT 模式和仅主机模式。其中，仅主机模式只能实现虚拟机与宿主机之间的通信，无法让虚拟机联通互联网。

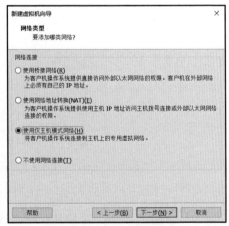

图 2-14 【此虚拟机的内存】界面　　　　　　图 2-15 【网络类型】界面

在【网络连接】选项组中选中【使用仅主机模式网络】单选按钮，单击【下一步】按钮。

（9）选择 I/O 控制器类型

进入图 2-16 所示的【选择 I/O 控制器类型】界面，可以选择虚拟机磁盘控制器的类型。

在【SCSI 控制器】选项组中保持默认设置，即选中【LSI Logic（推荐）】单选按钮，单击【下一步】按钮。

（10）选择磁盘类型

进入图 2-17 所示的【选择磁盘类型】界面，可以选择虚拟磁盘的类型。

图 2-16 【选择 I/O 控制器类型】界面　　　　　图 2-17 【选择磁盘类型】界面

在【虚拟磁盘类型】选项组中保持默认设置，即选中【SCSI（推荐）】单选按钮，单击【下一步】按钮。

（11）选择磁盘

进入图 2-18 所示的【选择磁盘】界面，从中可以设置虚拟机磁盘的来源。可以选中【创建新虚拟磁盘】（生成虚拟磁盘文件）或者【使用现有虚拟磁盘】单选按钮，也可以直接选择物理磁盘或者单个分区作为宿主机的磁盘。这里选择创建一个全新的虚拟磁盘。

在【磁盘】选项组中选中【创建新虚拟磁盘】单选按钮，单击【下一步】按钮。

（12）指定磁盘容量

进入图 2-19 所示的【指定磁盘容量】界面，可以指定虚拟机磁盘的最大容量。

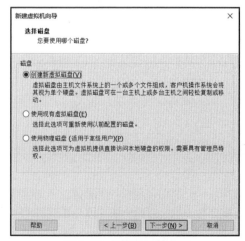

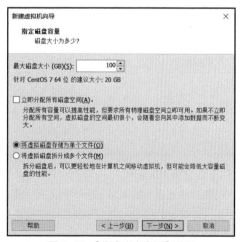

图 2-18 【选择磁盘】界面　　　　　图 2-19 【指定磁盘容量】界面

在【最大磁盘大小】文本框中设置磁盘大小，单位为 GB，建议设置为 100GB 以上。不要选中【立即分配所有磁盘空间】复选框，这样可以让磁盘文件根据使用情况逐渐增长，以节约宿主机的磁盘空间。选中【将虚拟磁盘存储为单个文件】或者【将虚拟磁盘拆分成多个文件】单选按钮皆可。所有设置完成后，单击【下一步】按钮。

（13）指定磁盘文件

在前面的所有设置结束以后，可以开始图 2-20 所示的设定磁盘文件名操作。

在【磁盘文件】文本框中为要创建的磁盘文件命名，保持文件的扩展名为".vmdk"。命名完成以后，将在设置的虚拟机目录下创建磁盘文件，该文件保存的是该虚拟机的磁盘数据。设置好以后，单击【下一步】按钮。

（14）已准备好创建虚拟机

前面的所有操作完成后，进入图 2-21 所示的【已准备好创建虚拟机】界面，可以查看前面设置的虚拟机信息。

图 2-20　设定磁盘文件名　　　　图 2-21　【已准备好创建虚拟机】界面

当确定配置信息无误后，单击【完成】按钮，虚拟机即可创建成功。

2．给虚拟机设置网络

完成前面的任务后，宿主机中已经创建了一台虚拟机，接下来需要给这台虚拟机设置网络，使其能够和宿主机通信，且能够联通互联网。按照表 2-1 进行网络设置。

表 2-1　网络设置

网络模式	作用	网卡	网段设置
仅主机模式	内网通信	虚拟机网卡	192.168.10.0/24
		宿主机网卡	
NAT 模式	外网通信	虚拟机网卡	192.168.20.0/24
		宿主机网卡	

（1）添加第二块网卡

现在拥有的这台虚拟机只有一块仅主机模式的虚拟网卡，其可以用于内网通信，完成虚拟机与虚拟机、虚拟机与宿主机之间的通信任务。另外，还需要为虚拟机增加一块 NAT 模式的网卡，负责虚拟机和外网之间的通信。

如图 2-22 所示，在 VMware Workstation 主界面中选择该虚拟机，单击【编辑虚拟机设置】超链接，弹出图 2-23 所示的【虚拟机设置】对话框，即可进行虚拟机设置。

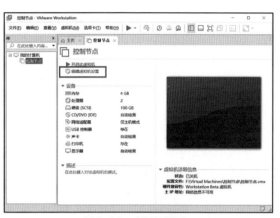

图 2-22　虚拟机管理　　　　　　　　　　　图 2-23　【虚拟机设置】对话框

在图 2-23 中可以看到，现在的虚拟机中已经存在一块仅主机模式的网络适配器（网卡），而仅主机模式的虚拟机无法接入互联网，因此需要再添加一块网卡，将该网卡加入 NAT 模式网络，使虚拟机能够通过该网卡连接宿主机的物理网络，以连接外网。

在【虚拟机设置】对话框中单击【添加】按钮，弹出【添加硬件向导】对话框，如图 2-24 所示。选择【硬件类型】列表框中的【网络适配器】选项，单击【完成】按钮，弹出【虚拟机设置】对话框，设置新增的【网络适配器 2】网卡的网络模式为【NAT 模式：用于共享主机的 IP 地址】，如图 2-25 所示，单击【确定】按钮。至此，已经得到了一台具有双网卡的虚拟机。接下来配置仅主机模式和 NAT 模式的双网卡网络，使虚拟机能与宿主机进行通信，并能够通过宿主机连接外网。

图 2-24　【添加硬件向导】对话框　　　　　图 2-25　设置新增网卡的网络模式

（2）弹出【虚拟网络编辑器】对话框

选择【编辑】→【虚拟网络编辑器】命令，弹出【虚拟网络编辑器】对话框，如图2-26所示。

单击【更改设置】按钮，确认运维人员权限后，使各个网络模式处于可编辑状态，成功后的界面如图2-27所示。

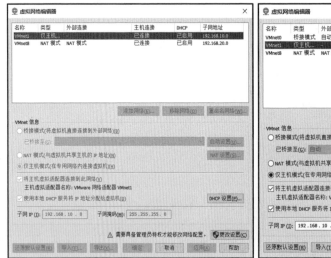

图2-26 【虚拟网络编辑器】对话框

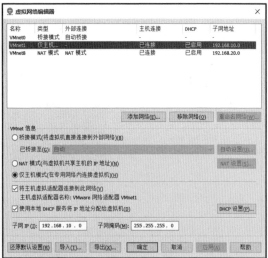

图2-27 仅主机模式网络配置成功后的界面

（3）编辑虚拟网络——仅主机模式设置

接下来设置虚拟机第一块网卡所在的仅主机模式网络。

在图2-27所示的【虚拟网络编辑器】对话框中选择网络【VMnet1】（类型为仅主机模式），在【子网IP】文本框中输入【192.16810.0】，在【子网掩码】文本框中输入【255.255.255.0】。单击【DHCP设置】按钮，弹出【DHCP设置】对话框，进行仅主机模式网络的动态主机配置协议（Dynamic Host Configuration Protocol，DHCP）设置，如图2-28所示。

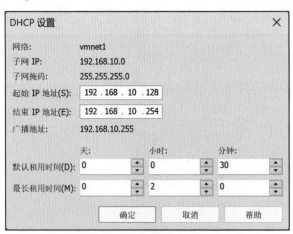

图2-28 仅主机模式网络的DHCP设置

在图2-28所示的【DHCP设置】对话框中输入相应的起始IP地址与结束IP地址，需要保证输入的IP地址在192.168.10.0/24网段以内。单击【确定】按钮，完成仅主机模式网络的配置。此时，通过查看宿主机网卡配置，可以得知VMware Network Adapter VMnet1虚拟网卡的IP地址已自动更改为192.168.10.1。

（4）编辑虚拟网络——NAT 模式设置

接下来配置 NAT 模式网络，使虚拟机能够通过 NAT 设备和宿主机的物理网络连接而与外网通信。NAT 模式的关键是 NAT 设备，NAT 设备可以理解为一个虚拟路由器，该路由器连接虚拟机网络和宿主机的物理网络两个不同的网段。

如图 2-29 所示，在【虚拟网络编辑器】对话框中选择网络【VMnet8】（类型为 NAT 模式），在【子网 IP】文本框中输入【192.168.20.0】，在【子网掩码】文本框中输入【255.255.255.0】，单击【NAT 设置】按钮，弹出图 2-30 所示的【NAT 设置】对话框。

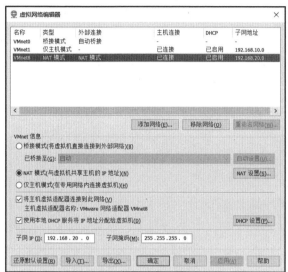

图 2-29　NAT 模式网络设置　　　　　　　图 2-30　【NAT 设置】对话框

在【网关 IP】文本框中输入【192.168.20.2】，这样，所有的虚拟机将通过该网关经由宿主机的物理网络连接互联网。单击【DNS 设置】按钮，弹出图 2-31 所示的【域名服务器（DNS）】对话框，设置域名系统（Domain Name System，DNS）服务器，这样可以使用域名访问外网。

图 2-31　【域名服务器（DNS）】对话框

　注意　网关不能设置为该网段的起始 IP 地址 192.168.20.1，因为该 IP 地址已经默认绑定在宿主机中名为 VMware Network Adapter VMnet8 的虚拟网卡上。

在图 2-31 所示的【域名服务器（DNS）】对话框中配置 DNS 服务器。取消选中【自动检测可用的 DNS 服务器】复选框，在【首选 DNS 服务器】文本框中输入中国电信公众 DNS 服务器的 IP 地址 114.114.114.114，其余保持默认即可。单击【确定】按钮，关闭该对话框。再单击图 2-29 所示的【虚拟网络编辑器】对话框中的【DHCP 设置】按钮，弹出图 2-32 所示的【DHCP 设置】对话框，开始配置 DHCP 服务。

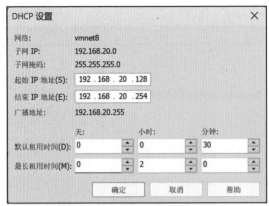

图 2-32 【DHCP 设置】对话框

在图 2-32 所示的【DHCP 设置】对话框中输入相应的起始 IP 地址与结束 IP 地址，应输入 192.168.20.0/24 网段以内的 IP 地址，单击【确定】按钮，完成 NAT 模式网络的配置。这样就完成了虚拟机的网络配置工作。

3. 开启处理器虚拟化引擎

由于以后将在 VMware Workstation 虚拟出的虚拟机中进一步安装 OpenStack 云计算平台来进行新的虚拟化操作（如创建新的虚拟机），因此需要给该虚拟机开启处理器虚拟化引擎，使虚拟机获得宿主机的物理硬件的虚拟化能力，从而提高在虚拟机中再次虚拟化（嵌套虚拟化）的能力。

在虚拟机控制台左侧菜单中选择要管理的虚拟机，如图 2-33 所示。在保持虚拟机关机的情况下，选择【处理器】选项，弹出图 2-34 所示的【虚拟机设置】对话框，在对话框中进行虚拟机处理器设置。

图 2-33 虚拟机控制台

图 2-34 【虚拟机设置】对话框

选中【虚拟化引擎】选项组中的【虚拟化 Intel VT-x/EPT 或 AMD-V/RVI】复选框，单击【确定】按钮，完成虚拟化引擎的设置。现在已经完成了虚拟机的创建工作，但此时只是一台还没有安装操作系统的裸主机。接下来的任务就是给这台裸主机安装操作系统。

2.3.2 安装 openEuler 操作系统

本书的 OpenStack 云计算平台搭建项目需要使用两台计算机，因此需要虚拟出两台虚拟机。当然，如果条件允许，也可以采用配备有双网卡的真实物理机，每台物理机内存不低于 4GB，磁盘有大于 100GB 的空余空间即可。读者可以从 openEuler 开源社区官网下载免费的 openEuler 操作系统安装镜像文件，或者从本书附赠的软件包中获得该镜像文件（Image File）openEuler-22.03-LTS-SP3-x86_64-dvd.iso。

安装 openEuler
操作系统

1. 加载系统安装镜像文件

在主界面中选择创建的虚拟机，在【虚拟机设置】对话框中选择【CD/DVD(IDE)】选项，如图 2-35 所示。在【连接】选项组中选中【使用 ISO 映像文件】单选按钮，单击【浏览】按钮，在弹出的对话框中选择 openEuler 操作系统的安装镜像文件；在【设备状态】选项组中选中【启动时连接】复选框；单击【确定】按钮，即可完成设置。

图 2-35　加载系统安装镜像文件

2. 开启虚拟机并选择安装 openEuler 操作系统

在虚拟机软件主界面中右击刚才创建的虚拟机，在弹出的快捷菜单中选择【电源】→【启动客户机】命令。稍等片刻，虚拟机启动后进入图 2-36 所示的界面，等待安装操作系统。选择第一个安装选项后按 Enter 键，开始安装操作系统。

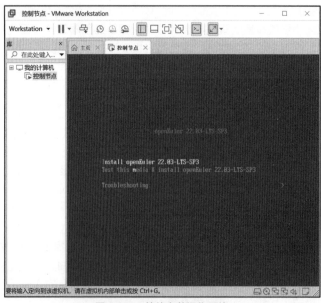

图 2-36　等待安装操作系统

注意 当鼠标指针进入 VMware 虚拟机以后，鼠标指针的箭头标识会消失，此时可以按 "Ctrl+Alt" 组合键，使鼠标指针的箭头重新出现。

3. 选择语言

在图 2-37 所示的界面中可以设置操作系统的语言。这里选择【中文】选项，即选用中文安装界面。单击【Continue】按钮，继续安装操作系统。

4. 软硬件环境检查

进入图 2-38 所示的界面，进行安装前的软硬件环境检查。

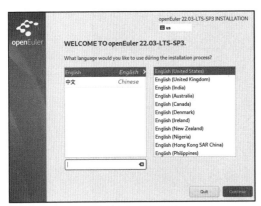

图 2-37　选择语言

图 2-38　软硬件环境检查

这里需要手动选择安装系统的磁盘。单击【安装目的地】图标，设置系统安装目的盘。

5. 设置磁盘分区

如图 2-39 所示，存储配置的默认选项是【自动】，即由系统自动分配分区，系统会自动将整个磁盘都分为一个主分区。在实际工作中，通常会自己手动配置磁盘分区：选中【自定义】单选按钮，由用户自己进行存储配置；再单击【完成】按钮，进入图 2-40 所示的界面，进行手动分区。

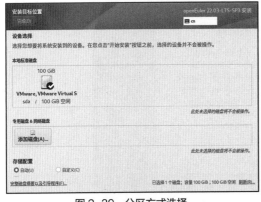

图 2-39　分区方式选择

图 2-40　手动分区

如图 2-40 所示，单击【＋】按钮，按照图 2-41～图 2-43 所示的界面分别选择分区挂载点【/boot】（启动分区）、【/】（主分区）、【swap】（交换分区）并设置其大小，最终分区结果如图 2-44 所示。

图2-41　新增【/boot】挂载点

图2-42　新增【/】挂载点

图2-43　新增【swap】挂载点

　　如图2-44所示，分别设置【/boot】启动分区大小为2GiB（boot分区装有系统启动所需要的相关文件，总大小在200MB左右）、【/】主分区大小为80GiB、【swap】交换分区为4GiB。单击【完成】按钮，进入图2-45所示的界面，确认分区信息。

图2-44　最终分区结果

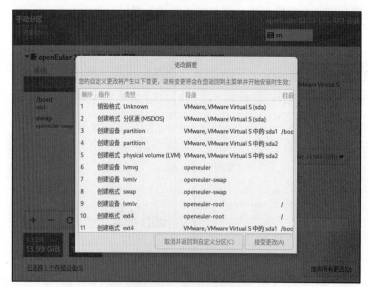

图2-45　确认分区信息

　　如图2-45所示，单击【接受更改】按钮，完成分区设置，进入图2-46所示的界面。

配置好分区后，在图 2-46 中可看到【安装目的地】图标上的感叹号已经消失，但【Root 账户】图标上还存在感叹号，因此在继续安装前还需要对 root 账户进行设置。

图 2-46　分区完成界面

6. 设置超级用户密码

单击【Root 账户】图标，弹出图 2-47 所示的【root 账户】界面，选中【启用 root 账户】单选按钮，进入图 2-48 所示的 root 账户的密码设置界面。在【Root 密码】文本框中输入设定的 root 账户的密码，并在【确认】文本框中重新输入一遍密码。单击【完成】按钮，完成超级用户设置，并返回图 2-49 所示的界面，继续进行安装。

图 2-47　root 账户设置

图 2-48　root 账户的密码设置

> **注意**　一定要牢记 root 账户的密码，否则无法进入操作系统。

至此，操作系统安装设置完成，从图 2-49 可见，【Root 账户】图标上已经没有感叹号了。单击【开始安装】按钮，开始安装操作系统，进入图 2-50 所示的安装进度界面。

图 2-49　密码设置结束

图 2-50　安装进度界面

安装结束后，单击【重启系统】按钮，重启系统。

7. 登录系统并验证

重启系统后会出现图 2-51 所示的操作系统开机菜单，选择第一项菜单并按 Enter 键，继续启动操作系统。

图 2-51　操作系统开机菜单

系统重启完成后，将看到图 2-52 所示的等待登录界面。

图 2-52　等待登录界面

在等待登录界面中输入用户名【root】并按 Enter 键，输入 root 用户的密码并按 Enter 键，使系统进行登录验证。如果成功，则会看到图 2-53 所示的结果。

图 2-53　进入系统

系统登录成功后，会出现"[root@localhost ~]#"，这里的 root 就是目前登录操作系统的用户名，localhost 是登录的主机名，"~"表示当前所在目录是登录用户的家（Home）目录，root 用户的家目录为/root。现在已经有了一台已经安装好操作系统的虚拟机，接下来可以使用它来锻炼应用 openEuler 操作系统的能力。

2.4 项目小结

项目小结

openEuler 操作系统是由华为开发并由中国 openEuler 开源社区维护的基于 Linux 内核的操作系统，具有开源免费且兼容性与安全性高等特点，目前在国内服务器市场占据了巨大份额。

本项目带领读者在 openEuler 操作系统上搭建了一个双节点 OpenStack 云计算平台，因此需要至少两台安装 openEuler 操作系统的计算机。但在实验条件限制的情况下，本项目采用了在一台物理机上虚拟出两台虚拟机的方案来完成搭建任务。本项目使用的生成虚拟机的软件是 VMware Workstation，它是目前虚拟化较好的软件产品之一。VMware Workstation 除了能虚拟化出虚拟机以外，还提供了 3 种网络模式，使虚拟机和宿主机及与宿主机所连接的外网实现通信。这 3 种网络模式分别是桥接模式、仅主机模式和 NAT 模式。其中，仅主机模式网络只能实现虚拟机间、虚拟机和宿主机之间的通信，本项目中用其实现了内网通信；桥接模式和 NAT 模式除了能实现内网通信以外，还可以通过宿主机的物理网络连接互联网。桥接模式的特点是虚拟机的虚拟网卡的 IP 地址与宿主机物理网卡的 IP 地址必须处于同一个网段，这样虚拟机就会占用有限的局域网 IP 地址资源；NAT 模式采用了 NAT 方式，虚拟机网卡的 IP 地址不用和宿主机物理网卡的 IP 地址处于同一个网段，这样就避免了占用局域网 IP 地址资源的问题，故而本项目选用 NAT 模式来实现虚拟机与外网之间的通信。

2.5 项目练习题

1. 选择题

（1）VMware Workstation 虚拟平台中，宿主机物理网卡与虚拟机网卡的 IP 地址在同一网段中，虚拟机可直接利用物理网络访问外网，这种网络模式是（ ）。

    A. 桥接模式　　　　B. NAT 模式　　　　C. 仅主机模式　　　　D. DHCP 模式

（2）VMware Workstation 虚拟平台中，宿主机为虚拟机分配不同于自己物理网卡网段的 IP 地址，虚拟机可以通过宿主机网络访问外网，这种网络模式是（ ）。

    A. 桥接模式　　　　B. NAT 模式　　　　C. 仅主机模式　　　　D. DHCP 模式

（3）VMware Workstation 虚拟平台中，虚拟机只能与宿主机相互通信，这种网络模式是（ ）。

    A. 桥接模式　　　　B. NAT 模式　　　　C. 仅主机模式　　　　D. DHCP 模式

（4）在 openEuler 操作系统的目录结构中，可以有（ ）个根目录。

    A. 1　　　　　　　B. 2　　　　　　　C. 3　　　　　　　D. 4

（5）在 openEuler 操作系统的目录结构中，根目录是（ ）。

    A. /　　　　　　　B. /boot　　　　　C. /root　　　　　D. /usr

（6）在 openEuler 操作系统的目录结构中，系统启动文件放在（ ）中。

    A. /　　　　　　　B. /boot　　　　　C. /root　　　　　D. /usr

（7）在 Linux 操作系统中，（ ）用户的权限最大。

    A. root　　　　　　B. administrator　　C. student　　　　D. guest

（8）openEuler 操作系统是一个完全（　　　　）的操作系统，同时也是一个兼容性与安全性高的操作系统。

　　　　A．开源及免费　　　　B．开源不免费　　　　C．闭源且免费　　　　D．闭源且收费

2．填空题

（1）VMware Workstation 虚拟平台的网络模式有_____、_____和_____。

（2）VMware Workstation 虚拟平台的桥接模式网络中，虚拟机和宿主机的 IP 地址所属网段_____。

（3）VMware Workstation 虚拟平台的 NAT 模式网络中，虚拟机和宿主机的 IP 地址所属网段_____。

（4）VMware Workstation 虚拟平台的仅主机模式网络中，虚拟机_____连接外网。

（5）openEuler 操作系统是基于_____内核的一个操作系统。

3．简答题

（1）在 VMware 虚拟机中，如果宿主机物理网络的网段为 172.10.0.0/24，那么在桥接模式下虚拟机所在的网段是多少？

（2）在 VMware 虚拟机中，如果 NAT 模式虚拟网络的网段为 172.10.0.0/24，那么默认的 NAT 网关是多少？

（3）在 VMware 虚拟机中，如果仅主机模式虚拟网络的网段为 10.0.0.0/24，那么宿主机中虚拟网卡 VMnet1 的默认 IP 地址是多少？

（4）openEuler 操作系统与 openEuler 开源社区的关系是什么？

（5）openEuler 操作系统的超级用户的用户名是什么？

项目3
openEuler操作系统
基本应用能力训练

学习目标

【知识目标】

（1）理解openEuler操作系统服务器重启、关闭、监控等管理命令。

（2）了解openEuler操作系统用户和用户组的管理命令。

（3）熟悉目录转换与openEuler操作系统文件管理命令。

（4）熟悉openEuler操作系统网络管理命令。

学习目标

【技能目标】

（1）能够通过命令管理openEuler操作系统主机及系统用户。

（2）能够通过命令监控openEuler操作系统的运行状况。

（3）能够熟练使用命令进行文件及目录管理。

（4）能够使用命令进行网络管理及网络联通性检测。

引例描述

openEuler操作系统安装好以后，小王发现自己还不会使用和管理操作系统。由于安装和运维OpenStack云计算平台需要使用openEuler操作系统的大量操作命令，因此小王决定学习与OpenStack安装和运维密切相关的部分命令。这些命令按主要功能可以分为操作系统管理（包括服务器关闭与重启、服务器状态监控、用户及用户组管理等）命令、文件管理（包括文件与文件夹的查询、新增、删除、重命名等）命令和网络管理（包括网卡管理、网络状态检测、网络连接情况检测等）命令。

引例描述

3.1 项目陈述

由于 openEuler 操作系统是基于 Linux 内核的，其基本命令和 Linux 命令基本一致，因此 Linux 的一些基本管理命令可以直接用于 openEuler 操作系统的管理。本项目包含 3 个在云计算平台管理中常见的操作任务，第 1 个任务介绍重启或关闭服务器、服务器状态监控、用户及用户组管理，以训练读者的系统管理技能；第 2 个任务介绍文件管理的相关内容，以训练读者的文件管理技能；第 3 个任务利用常见的网络管理命令实现网卡与 IP 地址的绑定及更改，以训练读者的网络管理技能。

项目陈述

3.2 必备知识

3.2.1 系统管理

1. 重启或关闭服务器

重启或关闭服务器是系统运维的基本与常见操作，大家平时是如何做的呢？是否可以通过直接按机箱上的关机键或者重启键来关闭或重启服务器呢？由于 openEuler 操作系统通常用在服务器上，采用直接断电方式或者采用硬重启方式都有可能造成数据丢失，因此通常不会使用硬关机或硬重启的方式。下面介绍几个 openEuler 操作系统中常用的系统重启或关闭命令。

系统管理

（1）init 命令

init 是 openEuler 操作系统中不可或缺的基础命令之一，是一个由内核启动的用户级进程。init 命令的基本用法如下。

```
init <级别>
```

其中，"级别"指定了系统要切换到的运行等级。表 3-1 所示为 init 命令的各个运行级别及其功能说明。

表 3-1　init 命令的各个运行级别及其功能说明

级别	功能说明
0	停机
1	单用户模式
2	多用户模式
3	完全多用户模式
4	安全模式
5	图形化界面模式，将调用 X Window 程序进入 Linux 的窗口界面
6	重新启动

从表 3-1 可知，可以通过输入 init 0 和 init 6 实现操作系统的关闭和重启。

（2）shutdown 命令

shutdown 命令通过调用 init 命令来实现关机操作。openEuler 操作系统用于服务器时，在开机状态下，其后台可能运行着许多进程，如果采用直接关闭电源的方式强制关机，则可能会导致进程数据丢失，使系统处于不稳定的状态，甚至有可能损坏硬件设备。使用 shutdown 命令则可以安全地关机。shutdown 命令的基本用法如下。

```
shutdown [选项] <关机时间>
```

表 3-2 所示为 shutdown 命令的主要选项及其功能说明。

表 3-2　shutdown 命令的主要选项及其功能说明

选项	功能说明
-r	重启系统
-h	使系统停止运行并关闭电源
-f	重启后不进行磁盘检测
-F	重启后强制进行磁盘检测
-c	取消预约的关闭

除了直接使用选项使系统关闭或者重启外，还可以设定关闭或重启系统的时间。以下例子是该命令的典型应用。

例 3-1　立即停止系统并关闭电源。

```
# shutdown –h 0
```

例 3-2　1min 后关闭系统。

```
# shutdown –h +1
```

例 3-2 中的数字表示时间，默认以分钟为单位；"+"表示从现在起向后延迟。

例 3-3　在中午 12 点 30 分定时重启系统。

```
# shutdown –r 12:30
```

例 3-4　取消设置的重启或关闭的定时时间。

```
# shutdown –c
```

（3）halt 命令与 reboot 命令

halt 命令实际上就是调用 shutdown –h 命令，而 reboot 命令就是调用 shutdown –r 命令。

例 3-5　关闭系统但不关闭电源。

```
# halt
```

例 3-6　关闭系统并关闭电源。

```
# halt –p
```

例 3-7　立即重启系统。

```
# reboot
```

2. 服务器状态监控

（1）操作系统的性能分析工具（top 命令）

top 命令是 openEuler 操作系统中常用的性能分析工具，能够实时显示系统中各个进程的资源占用状况，类似于 Windows 的任务管理器。运行 top 命令后，系统使用状态会以全屏方式显示，并会一直处于对话模式。退出 top 命令的方法为在 top 命令运行中按"Ctrl+C"组合键。

例 3-8　查看系统性能。

```
[root@localhost ~]# top
top – 01:59:56 up 2 min,   1 user,   load average: 2.23, 1.33, 0.52
Tasks: 175 total,    8 running, 167 sleeping,    0 stopped,   0 zombie
%Cpu(s):  3.0 us, 12.5 sy,  0.0 ni, 74.9 id,  8.9 wa,  0.0 hi,  0.7 si,  0.0 st
KiB Mem :  3861364 total,   852004 free,  2638160 used,    371200 buff/cache
KiB Swap:  8388604 total,  8388604 free,        0 used.   982844 avail Mem

  PID  USER     PR  NI  VIRT     RES     SHR    S  %CPU  %MEM  TIME+    COMMAND
 2255  neutron  20   0  454136   125556  2216   S  9.3   3.3   0:00.83  neutron-server
 1148  neutron  20   0  517620   107408  7656   S  7.0   2.8   0:03.18  /usr/bin/python
 2414  root     20   0  246424   21968   4620   S  6.3   0.6   0:00.19  neutron-rootwra
 2419  root     20   0  241544   21388   4552   R  6.0   0.6   0:00.18  privsep-helper
 1472  mysql    20   0  1793660  125628  11892  S  2.3   3.3   0:01.61  mysqld
 1146  nova     20   0  386868   104216  5916   S  2.0   2.7   0:03.28  nova-conductor
 1142  nova     20   0  446084   131308  7116   R  1.7   3.4   0:04.26  nova-api
 1155  glance   20   0  436584   113628  7940   R  1.3   2.9   0:03.03  glance-api
 1158  nova     20   0  393556   111140  5944   R  1.3   2.9   0:03.51  nova-scheduler
 2256  neutron  20   0  447736   119240  2216   R  1.3   3.1   0:00.46  neutron-server
 1149  etcd     20   0  10.2g    21108   10692  S  1.0   0.5   0:00.76  etcd
 1157  neutron  20   0  395128   99204   6188   R  1.0   2.6   0:03.01  /usr/bin/python
 1342  neutron  20   0  401988   105236  6268   S  1.0   2.7   0:03.19  /usr/bin/python
```

运行结果解析如下。

第 1 行（top）：系统指标。这里显示当前时间是 1 点 59 分 56 秒（01:59:56），开机时间为 2min（up 2 min），1 个用户（1 user）登录。当前系统负载的平均值（load average）有 3 个，分别代表 1min 前、5min 前、15min 前的负载情况，一般认为当这些数值超过 CPU 数目时，CPU 负载过大。

第 2 行（Tasks）：进程指标。这里显示当前系统运行的进程总数（total）为 175 个，其中 8 个正在运行（running），167 个处于等待状态（sleeping），0 个进程被终止（stopped），0 个线程是僵尸线程（zombie）。

第 3 行（%Cpu(s)）：CPU 占用指标。us 为用户占用 CPU 的百分比；sy 为系统内核占用 CPU 的百分比；ni 为改变过优先级的用户进程占用 CPU 的百分比；id 为空闲 CPU 百分比；wa 为等待 I/O 操作完成占用 CPU 的百分比。

第 4 行（KiB Mem）：内存占用指标。total 为物理内存总量；free 为空闲内存总量；used 为已经使用的物理内存总量；buff/cache 为用作内核缓存的内存量。

第 5 行（KiB Swap）：交换分区使用指标。其类似于内存占用指标，如果出现交换（Swap）分区被频繁使用的情况，通常是物理内存不足造成的。

在运行结果的下方，top 命令的进程列表中的数值对应的功能说明如表 3-3 所示。

表 3-3　top 命令的进程列表中的数值对应的功能说明

列名	功能说明
PID	进程的 ID
USER	进程所有者
PR	进程的优先级
NI	负值表示高优先级，正值表示低优先级
VIRT	进程占用的虚拟内存
RES	进程占用的物理内存
SHR	进程使用的共享内存
S	进程的状态（S 表示休眠，R 表示正在运行，Z 表示僵死状态，N 表示该进程优先值为负数）
%CPU	进程占用 CPU 的百分比
%MEM	进程使用的物理内存占总内存的百分比
TIME+	该进程启动后所占用的全部 CPU 时间，即占用 CPU 时间的累加值
COMMAND	开启进程的命令

（2）监控系统进程状态命令（ps 命令）

ps 命令用于报告当前系统的进程状态，显示的是当前系统内存中的进程快照。使用该命令可以观察哪些进程正在运行、哪些进程已经结束、哪些进程出现僵死状态（父线程已经结束，但子线程没有结束）、哪些进程占用了过多的资源等。ps 命令的基本用法如下。

ps [选项]

表 3-4 所示为 ps 命令的主要选项及其功能说明。

表 3-4　ps 命令的主要选项及其功能说明

选项	功能说明
-e	显示所有进程
-f	显示进程开启程序

续表

选项	功能说明
-a	显示现行终端机下的所有程序，包括其他用户的程序
-u	以用户为主的格式显示程序状况
-x	显示所有程序，不以终端机来区分

例 3-9 查看目前系统进程状态。

```
[root@localhost ~]# ps -ef
UID       PID    PPID    C STIME TTY     TIME CMD
root        1       0    0 10:59 ?        00:00:01 /usr/lib/systemd/systemd --switched-root
root        2       0    0 10:59 ?        00:00:00 [kthreadd]
root        4       2    0 10:59 ?        00:00:00 [kworker/0:0H]
root        6       2    0 10:59 ?        00:00:00 [ksoftirqd/0]
root        7       2    0 10:59 ?        00:00:00 [migration/0]
root        8       2    0 10:59 ?        00:00:00 [rcu_bh]
root        9       2    0 10:59 ?        00:00:03 [rcu_sched]
root       10       2    0 10:59 ?        00:00:00 [lru-add-drain]
root       11       2    0 10:59 ?        00:00:00 [watchdog/0]
root       12       2    0 10:59 ?        00:00:00 [watchdog/1]
root       13       2    0 10:59 ?        00:00:00 [migration/1]
root       14       2    0 10:59 ?        00:00:00 [ksoftirqd/1]
```

ps 命令运行结果说明如表 3-5 所示。

表 3-5 ps 命令运行结果说明

列名	说明
UID	用户 ID，进程被该用户所拥有
PID	进程 ID
PPID	父进程 ID
C	进程占用 CPU 的百分比
STIME	系统启动的时间
TTY	登录者的终端机，若与终端无关，则显示"？"
TIME	进程已使用的 CPU 时间
CMD	生成进程的命令名称

（3）监控内存使用状态命令（free 命令）

free 命令用于查看主机内存使用情况。free 命令的基本用法如下。

free [选项]

表 3-6 所示为 free 命令的主要选项及其功能说明。

表 3-6 free 命令的主要选项及其功能说明

选项	功能说明
-h	以 KB、MB 或者 GB 为单位显示，增强可读性
-s<数值>	每隔一段时间（秒）自动刷新一次

例 3-10　查看系统内存使用情况。

```
[root@localhost ~]# free
                total       used      free      shared   buff/cache   available
Mem:            3457072     425400    3055900   9232     197080       3031672
Swap:           4194300     0         4194300
```

在运行结果中显示系统内存的使用情况，包括物理内存、交换分区和内核缓冲区，其说明如表 3-7 所示。

表 3-7　free 命令运行结果说明

列名	说明
Mem	物理内存
Swap	交换分区
total	总内存大小
used	已经使用的内存大小
free	可用内存大小
shared	被共享使用的物理内存大小
buff/cache	被缓存使用的物理内存大小
available	还可以被应用程序使用的物理内存大小

这里的内存大小均为字节数，不如 KB、MB 和 GB 显示直观。因此，可以如例 3-11 所示，给命令加上"–h"选项，使之显示的数字更容易读懂。

例 3-11　以 GB 或者 MB 为单位显示内存使用情况。

```
[root@localhost ~]# free -h
                total       used      free      shared   buff/cache   available
Mem:            3.3Gi       413Mi     2.9Gi     9.0Mi    188Mi        2.9Gi
Swap:           4.0Gi       0B        4.0Gi
```

除了静态地获取当前系统内存的使用情况以外，还可以使用"–s"选项设置间隔一定时间重复获取内存使用情况，如例 3-12 所示。

例 3-12　每次间隔 3s 刷新显示当前的内存使用情况。

```
[root@localhost ~]# free -h -s 3
                total       used      free      shared   buff/cache   available
Mem:            3.3Gi       413Mi     2.9Gi     9.0Mi    188Mi        2.9Gi
Swap:           4.0Gi       0B        4.0Gi

                total       used      free      shared   buff/cache   available
Mem:            3.3Gi       413Mi     2.9Gi     9.0Mi    188Mi        2.9Gi
Swap:           4.0Gi       0B        4.0Gi
```

如果要退出重复获取内存使用情况，则可以按"Ctrl+C"组合键。

（4）监控磁盘分区使用状态命令（df 命令）

df 命令用来检查服务器文件系统（File System）的磁盘空间占用情况。可以使用该命令获取磁盘被占用了多少空间、目前还剩下多少空间可用等信息。df 命令的基本用法如下。

```
df [选项] [文件名]
```

表 3-8 所示为 df 命令的主要选项及其功能说明。

表 3-8   df 命令的主要选项及其功能说明

选项	功能说明
-a	显示所有的文件系统，包括本地的和挂载的网络文件系统
-h	以 KB、MB 或者 GB 为单位显示，增强可读性

例 3-13   用 df 命令查看磁盘使用情况。

```
[root@localhost ~]# df
文件系统                        1K-块        已用        可用          已用%   挂载点
devtmpfs                       4096        0          4096         0%     /dev
tmpfs                          1728536     0          1728536      0%     /dev/shm
tmpfs                          691416      9228       682188       2%     /run
tmpfs                          4096        0          4096         0%     /sys/fs/cgroup
/dev/mapper/openeuler-root     92309160    1333860    86240324     2%     /
tmpfs                          1728536     0          1728536      0%     /tmp
/dev/sda1                      1992552     154080     1717232      9%     /boot
```

其运行结果说明如表 3-9 所示。

表 3-9   df 命令运行结果说明

列名	说明
文件系统	文件系统的名称
1K-块	占用的 1KB 块的数量
已用	已经使用的数据块数量
可用	还可以使用的数据块数量
已用%	占用百分比
挂载点	文件系统的挂载点

在例 3-13 中获得的数据不够直观，可以加入-h 选项，使数据以 MB、GB 为单位进行显示。另外，还可以加入要查看的文件名，以查看指定的文件所在分区对磁盘的占用情况，如例 3-14 所示。

例 3-14   查看根文件的磁盘使用情况。

```
[root@localhost ~]# df -h /
文件系统                        容量      已用      可用      已用%      挂载点
/dev/mapper/openeuler-root     89G      1.3G     83G      2%        /
```

这里指定查看 "/" 分区的磁盘使用情况，并通过-h 选项将结果变成以 GB 为单位的数值，使之更容易阅读。

3. 用户及用户组管理

openEuler 操作系统是一个多用户、多任务的分时操作系统，任何一个要使用系统资源的用户都必须首先向系统管理员申请一个账号，再以该账号的身份进入系统。每个用户账号都拥有一个唯一的用户名和各自的密码。

（1）添加新用户命令（useradd 命令）

useradd 命令的功能是给操作系统增加新用户。useradd 命令的基本用法如下。

```
useradd [选项] <用户名>
```

表 3-10 所示为 useradd 命令的主要选项及其功能说明。

表 3-10　useradd 命令的主要选项及其功能说明

选项	功能说明
-d	指定用户登录时的家目录
-g	指定用户所属的用户组
-m	自动在/home 目录下建立与用户同名的家目录

例 3-15　创建用户 myuser，设定其家目录为/home/myuser。

[root@localhost ~]# useradd -m myuser

（2）修改用户密码命令（passwd 命令）

要修改操作系统用户密码，可以使用 passwd 命令。passwd 命令的基本用法如下。

passwd [选项] <用户名>

表 3-11 所示为 passwd 命令的主要选项及其功能说明。

表 3-11　passwd 命令的主要选项及其功能说明

选项	功能说明
-d	删除密码
-f	强迫用户下次登录时必须修改密码

例 3-16　设置 myuser 用户的密码为 abc1234#，并以该用户重新登录系统。

[root@localhost ~]# passwd myuser
更改用户 myuser 的密码。
新的密码：
无效的密码：　密码未通过字典检查 – 太简单或太有规律
重新输入新的密码：
passwd：所有的身份验证令牌已经成功更新。

当出现"新的密码:"时，输入新密码 abc1234#。由于 abc1234#作为密码过于简单，因此系统提醒"无效的密码：　密码未通过字典检查 – 太简单或太有规律"，即不好的密码，这不影响继续操作。如果不想出现该警告提示，则将密码设置为超过 8 位的复杂密码即可。接下来出现"重新输入新的密码:"，提示重新输入刚设置的新密码 abc1234#。当出现"passwd：所有的身份验证令牌已经成功更新。"字样时，表示密码修改成功。

下面用 exit 命令退出系统。

[root@localhost ~]# exit
logout

再采用配置好的用户 myuser 和密码 abc1234#登录系统。

login as: myuser
Password：abc1234#
To run a command as administrator(user "root"),use "sudo <command>".
[myuser@localhost ~]$

登录系统后可以看到，"@"前面的用户名已经变为 myuser。登录后的"~"目录就是例 3-15 设置的家目录"/home/myuser"。

（3）修改用户信息命令（usermod 命令）

要修改已有用户的信息，可以使用 usermod 命令。usermod 命令的基本用法如下。

usermod　[选项] <用户名>

表 3-12 所示为 usermod 命令的主要选项及其功能说明。

表 3-12　usermod 命令的主要选项及其功能说明

选项	功能说明
-a	将用户添加到新用户组中而不必离开原有的其他用户组
-d	修改用户的家目录
-e	修改用户的失效日期
-g	修改用户的主要用户组
-u	修改用户的 UID
-G	将用户加入其他用户组
-l	修改用户名称
-L	临时锁定用户
-U	解锁用户

修改用户信息之前要保证该用户没有处于登录状态，同时，目前登录的用户要具有用户修改权限。下面用两个例子说明 usermod 命令常见的两种用法。

例 3-17　以 root 用户登录系统，修改 myuser 用户的家目录为/root。

[root@localhost ~]# usermod -d /root myuser

例 3-18　将 myuser 用户名更改为 myuser1。

[root@localhost ~]# usermod -l myuser1 myuser

（4）删除用户命令（userdel 命令）

要删除已有用户，可以使用 userdel 命令。userdel 命令的基本用法如下。

userdel [选项] <用户名>

表 3-13 所示为 userdel 命令的主要选项及其功能说明。

表 3-13　userdel 命令的主要选项及其功能说明

选项	功能说明
-f	强制删除用户，即使该用户当前已登录
-r	删除用户的同时，删除与用户相关的所有文件

例 3-19　以 root 用户登录后删除 myuser1 用户。

[root@localhost ~]# userdel myuser1

（5）增加新用户组命令（groupadd 命令）

要增加新的用户组，可以使用 groupadd 命令。groupadd 命令的基本用法如下。

groupadd [选项] <用户组名>

表 3-14 所示为 groupadd 命令的主要选项及其功能说明。

表 3-14　groupadd 命令的主要选项及其功能说明

选项	功能说明
-g	指定新建用户组的 ID
-r	创建系统用户组，系统用户组的组 ID 小于 500
-o	允许添加组 ID 不唯一的用户组

下面以一个例子演示如何创建用户组和如何将用户加入用户组。

例 3-20　创建一个名为 mygroup 的用户组，并将 newuser 用户加入该组。

[root@localhost ~]# groupadd mygroup

[root@localhost ~]# useradd -m newuser -g mygroup

在这个例子中，首先使用 groupadd 命令创建了一个名为 mygroup 的用户组，然后用 useradd 命令创建了一个名为 newuser 的用户，并使用-g 选项将该用户加入 mygroup 用户组。

（6）修改用户组信息命令（groupmod 命令）

要修改已有用户组的信息，可以使用 groupmod 命令。groupmod 命令的基本用法如下。

groupmod [选项] <用户组名>

表 3-15 所示为 groupmod 命令的主要选项及其功能说明。

表 3-15　groupmod 命令的主要选项及其功能说明

选项	功能说明
-g	修改组 ID
-n	修改组名
-o	重复使用群组识别码

例 3-21　修改 mygroup 组名为 newgroup。

[root@localhost ~]# groupmod –n newgroup mygroup

（7）删除用户组命令（groupdel 命令）

要删除现有用户组，可以使用 groupdel 命令。groupdel 命令的基本用法如下。

groupdel　<用户组名>

例 3-22　删除 newgroup 用户组。

[root@localhost ~]# groupdel newgroup

执行该删除命令时，由于用户组是其中用户 newuser 的主组，因此直接删除用户组时将报错，即：

groupdel: 不能移除用户"newuser"的主组

需要先将 newuser 用户从该组中移除或者直接使用以下代码删除该用户。

[root@localhost ~]# userdel newuser

以上操作完成后，再次执行删除用户组的操作即可。

3.2.2　文件管理

1. 目录转换

在 Linux 中，从一个目录转换到其他目录时使用 cd 命令。cd 命令的基本用法如下。

cd <路径>

文件管理

其中，"路径"的写法有两种：相对路径与绝对路径。

（1）相对路径

相对路径基于当前所在目录来确定文件地址。相对路径用"."表示当前目录，用".."表示上一级目录。文件系统目录结构示意图如图 3-1 所示，下面以几个例子演示相对路径转换。

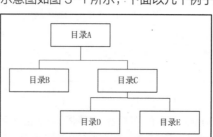

图 3-1　文件系统目录结构示意图

例 3-23 假设当前目录为 B，要转换到目录 A。

```
# cd ..
```

这里的“..”表示上一级目录。

例 3-24 假设当前目录为 C，要转换到目录 D。

```
# cd ./D
```

或者：

```
# cd D
```

这里的“.”表示当前目录，通常“.”可以省略。

例 3-25 假设当前目录为 D，要转换到目录 B。

```
# cd ./../../B
```

如例 3-25 所示，可以通过“.”和“..”的联合使用实现目录的任意转换。

（2）绝对路径

绝对路径要求要跳转的目录均从根目录开始，与当前所在目录无关。根目录以“/”表示。下面的两个例子演示了绝对路径转换的用法。

例 3-26 从任意一个目录进入 etc 目录。

```
# cd /etc
```

例 3-27 从任意一个目录进入 etc 目录下的 sysconfig 目录。

```
# cd /etc/sysconfig
```

2. 文件管理命令

Linux 中有一个重要概念——一切都是文件，即目录、分区等都是文件。基于 Linux 内核的 openEuler 操作系统也是如此。因此，使用 openEuler 操作系统就离不开操作文件。下面介绍 openEuler 操作系统中常用的几个文件管理命令（也是 Linux 操作系统的命令）。

（1）文件查看命令（ls 命令和 ll 命令）

最常见的对文件的操作是查看文件信息。常用的文件查看命令有两个，即 ls 命令和 ll 命令。其中，ls 命令的基本用法如下。

```
ls [选项] <路径>
```

表 3-16 所示为 ls 命令的主要选项及其功能说明。

表 3-16 ls 命令的主要选项及其功能说明

选项	功能说明
-a	显示所有文件及目录（以“.”开头的隐藏文件也会列出）
-l	除文件名称外，将文件权限、拥有者、文件大小等信息详细列出
-r	将文件以相反次序显示（原定依英文字母顺序显示）
-t	将文件按照建立时间的先后次序列出
-F	在列出的文件名称后加一个符号，如可执行文档加“*”，目录加“/”
-R	如果子目录下还有文件，则将子目录下的文件按照顺序列出

例 3-28 查看/etc 目录下的所有文件，按照建立时间的先后持续显示。

```
[root@localhost ~]# ls -t /etc
gshadow          request-key.d       kernel           pkcs11
group            gssproxy            audisp           libnl
shadow           rwtab.d             postfix          rc3.d
passwd           glvnd               sasl2            rc4.d
passwd-          egl                 kdump.conf       rc5.d
shadow-          ld.so.conf.d        lvm              rc6.d
```

ll 命令是 ls –l 命令的别名，其将罗列出当前文件或目录的详细信息，包括时间、读写权限、大小、创建时间等信息，类似于 Windows 文件资源管理器显示的详细信息。

例 3-29 查看"/etc"目录下的所有文件的详细信息，并区分出是文件还是目录。

```
[root@localhost ~]# ll –F –t /etc
总用量 1404
-rw-------.   1 root root      9      5月 3     01:00     localtime_tmp
-rw-r--r--    1 root root     76      5月 2     13:00     resolv.conf
-rw-r--r--.   1 root root     44      5月 2     12:59     adjtime
drwx------.   2 root root   4096      4月 13    23:26     openEuler_security/
-rw-r--r--.   1 root root   8731      4月 13    23:26     login.defs
```

从例 3-29 的结果中可以知道，/etc 目录下总共有 1404 个文件，其中文件名后带有"/"的是文件夹，如 openEuler_security/。

（2）文件查询命令（find 命令和 which 命令）

find 命令用来在指定目录下查找文件，其基本用法如下。

```
find <路径> [选项] <查询的内容>
```

表 3-17 所示为 find 命令的主要选项及其功能说明。

表 3-17　find 命令的主要选项及其功能说明

选项	功能说明
-atime <n>	查询在过去 n 天内读取过的文件
-cmin <n>	查询在过去 n 分钟内被修改过的文件
-ctime <n>	查询在过去 n 天内被修改过的文件
-name <name>	查询文件名称符合 name 的文件，判断字母大小写
-iname <name>	查询文件名称符合 name 的文件，忽略字母大小写
-size <n>	查询满足文件大小的条件，n 为正数表示大于，n 为负数表示小于

例 3-30　查看根目录下所有文件名以 a 字符开头且文件大小大于 1MB 的文件。

```
[root@localhost ~]# find / -name "a*" -size +1M
/usr/lib64/perl5/vendor_perl/Unicode/Collate/allkeys.txt
/usr/lib/firmware/qcom/sdm845/adsp.mbn
/usr/lib/firmware/qcom/sm8250/adsp.mbn
```

例 3-31　查找/var/log 目录下更改时间在 7 日以内的文件。

```
[root@localhost ~]# find /var/log -ctime +7
/var/log/grubby_prune_debug
/var/log/tuned
/var/log/chrony
/var/log/anaconda
/var/log/anaconda/anaconda.log
/var/log/anaconda/syslog
/var/log/anaconda/X.log
/var/log/anaconda/program.log
```

which 命令会在系统 PATH 变量指定的路径中搜索某个系统命令的位置，并返回第一个搜索结果。which 命令的基本用法如下。

```
which <命令名>
```

例 3-32   查看 find 命令的执行文件的具体路径。

[root@localhost ~]# which find
/usr/bin/find

从例 3-32 的结果中可以看到，find 命令的可执行文件的具体路径为/usr/bin/find。

（3）新建文件命令（touch 命令）

新建一个文件有多种方法，其中使用 touch 命令是比较简单的一种方法。touch 命令的基本用法如下。

touch <文件名>

接下来用两个例子演示创建单个文件和多个文件。

例 3-33   在当前目录下创建一个名为 a 的文件。

[root@localhost ~]# touch a

例 3-34   创建 3 个名称分别为 b、c、d 的文件。

[root@localhost ~]# touch b c d

（4）新建文件夹命令（mkdir 命令）

mkdir 命令是新建文件夹命令，其基本用法如下。

mkdir   <目录名>

mkdir 命令的使用方法非常简单，下面用一个例子进行演示。

例 3-35   在当前目录下创建一个名为 adir 的目录。

[root@localhost ~]# mkdir adir

（5）向文件中添加数据（">"和">>"）

可以用">"和">>"向文件中添加数据。其中，">"是将原有文件内的数据清空后再添加；而">>"是保持原有数据，并在原有数据的末尾新增数据。下面分别用两个例子演示这两种向文件中添加数据的方法。

例 3-36   将当前目录下的所有文件名写入文件 a。

[root@localhost ~]# ls >a

例 3-36 不管运行多少次，文件 a 中都不会有重复的文件名，因为">"会先将原有数据全部清空再添加数据。

例 3-37   将 helloopenstack 字符串添加到文件 a 中。

[root@localhost ~]# echo helloopenstack>>a

例 3-37 运行完成后，可以看到文件 a 中除了 helloopenstack 外，其前面还有例 3-36 中获得的所有文件名。因为">>"不清空原有数据，只是在末尾添加新的数据。

（6）查看文本文件内容命令（cat 命令）

cat 命令用于查看文件并将其输出到标准输出设备上，其基本用法如下。

cat <文件名>

下面用两个例子演示 cat 命令的基本用法。

例 3-38   查看文件 a 的内容。

[root@localhost ~]# cat a

cat 命令结合">"和">>"，还可以实现文件复制，如例 3-39 所示。

例 3-39   将文件 a 的内容写入文件 b。

[root@localhost ~]# cat a > b

（7）重命名文件命令（rename 命令）

通过 rename 命令可以更改文件名称，其基本用法如下。

rename <原来的字符串> <更改后的字符串> <被更改的目标文件>

例 3-40   把 abc 的文件名更改为 abdd。

第 1 步，创建一个名为 abc 的新文件。

45

```
[root@localhost ~]# touch abc
```
第2步，将文件名 abc 中的 c 用 dd 进行替换，完成文件更名。
```
[root@localhost ~]# rename c dd abc
```
第3步，查看当前目录下的文件。
```
[root@localhost ~]# ls
abdd
```
（8）复制文件命令（cp 命令）

cp 命令主要用于复制文件或目录，其基本用法如下。
```
cp    [选项] <源文件路径> <目标文件路径>
```
表 3-18 所示为 cp 命令的主要选项及其功能说明。

表 3-18　cp 命令的主要选项及其功能说明

选项	功能说明
-a	此选项通常在复制目录时使用，用于保留链接、文件属性，并复制目录下的所有内容
-f	覆盖已经存在的目标文件而不给出提示
-i	与 -f 选项相反，在覆盖目标文件之前给出提示，要求用户确认是否覆盖
-p	除复制文件的内容外，还把修改时间和访问权限也复制到新文件中
-r	若给出的源文件是一个目录文件，则将复制该目录下所有的子目录和文件

下面用两个例子演示如何使用 cp 命令复制文件和目录。

例 3-41　把 A 目录下的 a 文件复制到 B 目录下，并将其重命名为 b。

第1步，创建 A、B 两个目录。
```
[root@localhost ~]# mkdir A B
```
第2步，在 A 目录下创建一个文件 a。
```
[root@localhost ~]# touch A/a
```
第3步，将 A 目录下的 a 文件复制到 B 目录下，并将其重命名为 b。
```
[root@localhost ~]# cp A/a B/b
```
也可以采用通配符的方式对源目录下的多个文件进行复制，如例 3-42 所示。

例 3-42　将"/boot"下的所有文件复制到 A 目录下。
```
[root@localhost ~]# cp -r /boot/* A/
```
（9）移动文件命令（mv 命令）

通过 mv 命令可以实现对文件或者文件夹的移动，其基本用法如下。
```
mv <原有文件> <移动到的目标地址>
```
例 3-43　将 dir1 目录下的 a 文件移动到 dir2 目录下，并将其重命名为 b。

第1步，在当前目录下新建两个文件夹 dir1、dir2。
```
[root@localhost ~]# mkdir dir1 dir2
```
第2步，在 dir1 目录下创建一个文件 a。
```
[root@localhost ~]# touch dir1/a
```
第3步，将 dir1 目录下的 a 文件移动到 dir2 目录下，并将其重命名为 b。
```
[root@localhost ~]# mv dir1/a dir2/b
```
第4步，查看 dir2 目录下的所有文件。
```
[root@localhost ~]# ls dir2
b
```

例 3-44　将刚建立的 dir2 目录整个移动到 dir1 目录下，使其成为 dir1 目录的子目录。

```
[root@localhost ~]# mv   dir2   dir1
[root@localhost ~]# ls   dir1
dir2
```

（10）删除文件命令（rm 命令）

rm 命令用于删除一个文件或者目录，其基本用法如下。

rm [选项] <要删除的目标文件>

表 3-19 所示为 rm 命令的主要选项及其功能说明。

表 3-19　rm 命令的主要选项及其功能说明

选项	功能说明
-i	删除前逐一询问确认
-f	即使原文件属性为只读，也直接删除，不需要逐一确认
-r	将目录及其中的文件逐一删除

下面用 3 个例子演示如何删除单个文件、多个文件及整个目录。

例 3-45　删除单个文件。

第 1 步，创建一个文件 a。

```
[root@localhost ~]# touch a
```

第 2 步，删除文件 a。

```
[root@localhost ~]# rm -f a
```

如果有多个文件要一起删除，则可以用通配符"*"和"？"来匹配文件名，其中"*"代表任意字符，而"？"代表单个字符，如例 3-46 所示。

例 3-46　删除多个文件。

第 1 步，创建 4 个文件。

```
[root@localhost ~]# touch a1 a2 a3 a4
```

第 2 步，将当前文件夹下以 a 开头的文件全部删除。

```
[root@localhost ~]# rm -f a*
```

删除整个目录时，如果该目录为空目录，则可以直接删除；但如果该目录不为空，则需要加上 -r 选项，以将其中的子目录和文件逐一删除，如例 3-47 所示。

例 3-47　删除整个目录。

第 1 步，创建一个目录 dir1，并在其下再创建一个目录 dir2。

```
[root@localhost ~]# mkdir dir1 dir1/dir2
```

第 2 步，在 dir1 目录下创建文件 a，在 dir2 目录下创建文件 b。

```
[root@localhost ~]# touch dir1/a dir1/dir2/b
```

第 3 步，删除不为空的文件夹 dir1，这里的 -rf 等同于 -r -f。

```
[root@localhost ~]# rm -rf dir1
```

（11）文件挂载管理命令（mount 命令和 umount 命令）

要想访问 Linux 及 openEuler 操作系统中根目录以外的文件，需要将其关联到根目录下的某个目录，这种关联操作就是挂载，该目录就是挂载点。当文件挂载好后，只要访问对应文件夹，就相当于访问了对应的文件。mount 命令可用于实现该挂载功能，而 umount 命令则是 mount 命令的反向操作，即断开由 mount 命令建立的关联。这里用几个例子来介绍 mount 命令和 umount 命令的常见用法。

例3-48 将openEuler-22.03-LTS-SP3-x86_64-dvd.iso镜像文件挂载到/opt/mydriver目录下。

第1步，在"/opt"下创建目录mydriver。

[root@localhost ~]# mkdir /opt/mydriver

第2步，将镜像文件挂载在刚创建的目录下。

[root@localhost ~]# mount openEuler-22.03-LTS-SP3-x86_64-dvd.iso /opt/mydriver

挂载成功后，可以通过读取/opt/mydriver挂载点来获取ISO镜像文件中的内容。当想取消现有挂载关联时，可以用umount命令进行断开关联的操作，如例3-49所示。

> **提示** 若文件名太长，则可以采用Tab键补全。

例3-49 卸载例3-48中创建的关联关系。

[root@localhost ~]# umount /opt/mydriver

（12）文件链接命令（ln命令）

ln命令的功能是为某一个文件在另一个位置建立一个同步的链接（映射）。当需要在不同的目录使用相同的文件时，不需要在这几个目录下都放置一个相同的文件，只需要在其中一个目录下放置该文件，而在其他目录下用ln命令链接它即可，不必重复占用磁盘空间。ln命令的基本用法如下。

ln [选项] <源文件> <目标文件>

表3-20所示为ln命令的主要选项及其功能说明。

表3-20 ln命令的主要选项及其功能说明

选项	功能说明
-s	建立软链接文件。如果不加-s选项，则建立硬链接文件
-f	强制重建链接。如果目标文件已经存在，则删除目标文件后再建立链接文件

软链接类似于Windows中的快捷方式，当源文件被删除后，目标文件（快捷方式）就不可使用；如果是硬链接，则源文件被删除后，目标文件仍然可以使用原来的数据。下面用一个例子来说明ln命令的基本用法。

例3-50 新建A、B两个目录，在A目录下新建一个文件newfile，在B目录下建立该文件的软链接。

第1步，新建A、B两个目录。

[root@localhost ~]# mkdir A B

第2步，在A目录下新建一个文件newfile。

[root@localhost ~]# echo hello>A/newfile

第3步，建立A/newfile文件的软链接到B/myfile。

[root@localhost ~]# ln -s -f /root/A/newfile B/myfile

第4步，查看链接文件。

[root@localhost ~]# cat B/myfile
hello

可见，当建立链接后，通过查看链接的目标文件也能查看到源文件的内容。在例3-50中，如果查看目录B下的文件详细信息，则可以看到文件的链接信息。

[root@localhost ~]# ll B
总用量 0
lrwxrwxrwx 1 root root 15 5月 3 01:23 myfile -> /root/A/newfile

这里可以看到目录B下的文件myfile实际指向的是/root/A/newfile。

3.2.3 网络管理

1. 网络管理命令

（1）网卡与 IP 管理命令（ip 命令）

ip 命令用来配置网卡 IP 信息，其基本用法如下。

ip [选项] <对象> [命令]

表 3-21 所示为 ip 命令的主要对象及其功能说明。

网络管理

表 3-21　ip 命令的主要对象及其功能说明

对象	功能说明
link	网络设备
address（简写为 a、addr）	设备上的协议（IP 或 IPv6）地址
addrlabel	协议地址选择的标签配置
route	路由表条目
rule	路由策略数据库中的规则

ip 命令是非常强大的网络管理工具，下面用几个例子演示它的几个基本用法。

例 3-51　查看当前主机 IP 信息。

[root@localhost ~]# ip a

或者：

[root@localhost ~]# ip addr

得到如下结果：

1: lo: <LOOPBACK,UP,LOWER_UP> mtu 65536 qdisc noqueue state UNKNOWN group default qlen 1000
    link/loopback 00:00:00:00:00:00 brd 00:00:00:00:00:00
    inet 127.0.0.1/8 scope host lo
        valid_lft forever preferred_lft forever
    inet6 ::1/128 scope host
        valid_lft forever preferred_lft forever
2: ens33: <BROADCAST,MULTICAST,UP,LOWER_UP> mtu 1500 qdisc pfifo_fast state UP group default
    link/ether 00:0c:29:b3:f3:7e brd ff:ff:ff:ff:ff:ff
    inet 192.168.10.10/24 brd 192.168.10.255 scope global noprefixroute ens33
        valid_lft forever preferred_lft forever
    inet6 fe80::6b33:8c75:dd79:2a0d/64 scope link noprefixroute
        valid_lft forever preferred_lft forever
3: ens34: <BROADCAST,MULTICAST,UP,LOWER_UP> mtu 1500 qdisc pfifo_fast state UP group default
    link/ether 00:0c:29:b3:f3:88 brd ff:ff:ff:ff:ff:ff

在以上结果中，ens 开头的内容就是该主机拥有的网卡名称。可以看出该主机拥有两块网卡，网卡名分别为 ens33 和 ens34。名为 ens33 的网卡目前绑定的 IP 地址为 192.168.10.10/24，其中的/24 代表子网掩码，即有 24 个 1，也就是 255.255.255.0；ens34 网卡还没有绑定 IP 地址。下面通过例 3-52 介绍如何为 ens34 网卡绑定 IP 地址。

例 3-52　为网卡绑定 IP 地址。

第 1 步，为 ens34 网卡设置 IP 地址和子网掩码。

[root@localhost ~]# ip a add 192.168.20.10/24 dev ens34

这里的 add 192.168.20.10/24 dev ens34 是操作网络的相关命令，其中 add 表示增加，dev 对应的是设备（网卡）名。

第 2 步，查看修改后的网卡信息。

[root@controller ~]# ip a

可以看到 ens34 网卡的信息已经变为如下内容。

3: ens34: <BROADCAST,MULTICAST,UP,LOWER_UP> mtu 1500 qdisc pfifo_fast state UP group default
　　link/ether 00:0c:29:b3:f3:88 brd ff:ff:ff:ff:ff:ff
　　inet 192.168.20.10/24 brd 192.168.20.255 scope global noprefixroute ens34
　　　valid_lft forever preferred_lft forever

如果要清除网卡已经绑定的 IP 地址，则将例 3-52 中的 add 更改为 del 即可，del 是删除（Delete）的缩写，如例 3-53 所示。

例 3-53　清除网卡已绑定的 IP 地址。

[root@localhost ~]# ip a del 192.168.20.10/24 dev ens34

这样，ens34 网卡的 IP 地址和子网掩码都被清除。

> **注意**　使用 ip 命令对网卡做的所有操作（包括绑定 IP 地址和解绑 IP 地址）在系统重启后都会失效。

（2）查看网络状态命令（netstat 命令）

netstat 命令可以显示本机网络的连接状态、运行端口（Port）和路由表等信息。因为新安装的 openEuler 操作系统中没有该命令，所以可以在连接互联网后用 yum install -y net-tools 命令将其安装到系统中再进行实验。netstat 命令的基本用法如下。

netstat [选项]

表 3-22 所示为 netstat 命令的主要选项及其功能说明。

表 3-22　netstat 命令的主要选项及其功能说明

选项	功能说明
-n	直接使用 IP 地址
-a	显示所有连接中的 Socket 信息
-c <秒数>	每隔几秒就刷新显示一次
-l	仅显示连接状态为 LISTEN 的服务的网络状态
-t	显示所有的 TCP 连接情况
-u	显示所有的 UDP 连接情况
-p	显示所属进程的 PID 和名称

下面用两个例子来简单演示 netstat 命令的基本用法。

例 3-54　显示所有连接信息。

[root@localhost ~]#　netstat -an
Active Internet connections (servers and established)

Proto	Recv-Q	Send-Q	Local Address	Foreign Address	State
tcp	0	0	127.0.0.1:25	0.0.0.0:*	LISTEN
tcp	0	0	0.0.0.0:22	0.0.0.0:*	LISTEN
tcp	0	48	192.168.10.129:22	192.168.10.1:49285	ESTABLISHED

tcp	0	0	192.168.10.129:22	192.168.10.1:49343	ESTABLISHED
tcp6	0	0	::1:25	:::*	LISTEN
tcp6	0	0	:::22	:::*	LISTEN

其运行结果说明如表 3-23 所示。

表 3-23 netstat 命令运行结果说明

选项	结果说明
Proto	使用的协议（TCP、UDP）
Recv-Q	已接收到但是还没有处理的字节数
Send-Q	已经发送但是未被远程主机确认的字节数
Local Address	本地主机地址和端口
Foreign Address	链接到本机的远程主机的地址和端口
State	状态，LISTEN 表示正在监听，ESTABLISHED 表示已经建立连接

例 3-55 显示所有 TCP 和 UDP 正在监听的连接信息。

```
[root@localhost ~]# netstat –ntulp
Active Internet connections (only servers)
Proto Recv-Q Send-Q    Local Address      Foreign Address    State      PID/Program name
tcp     0      0       127.0.0.1:25        0.0.0.0:*          LISTEN     1021/master
tcp     0      0       0.0.0.0:22          0.0.0.0:*          LISTEN     937/sshd
tcp6    0      0       ::1:25              :::*               LISTEN     1021/master
tcp6    0      0       :::22               :::*               LISTEN     937/sshd
udp     0      0       127.0.0.1:323       0.0.0.0:*                     705/chronyd
udp6    0      0       ::1:323             :::*                         705/chronyd
```

其中，Program name 代表提供服务的程序名。

2. 网络连接状态检测

（1）联通性检测命令（ping 命令）

ping 命令是最常用的检测本机与远端主机联通性的命令，其基本用法如下。

```
ping [选项] <要检测的主机 IP 地址或者域名>
```

例 3-56 测试本机的 TCP/IP 是否正常。

```
[root@controller ~]# ping 127.0.0.1
PING 127.0.0.1 (127.0.0.1) 56(84) bytes of data.
64 bytes from 127.0.0.1: icmp_seq=1 ttl=64 time=0.012 ms
64 bytes from 127.0.0.1: icmp_seq=2 ttl=64 time=0.030 ms
64 bytes from 127.0.0.1: icmp_seq=3 ttl=64 time=0.022 ms
64 bytes from 127.0.0.1: icmp_seq=4 ttl=64 time=0.020 ms
```

结果中，time 对应的数值为响应速度，单位为毫秒，其值越小说明网络状态越好。当要退出时，按 "Ctrl+C" 组合键即可。

（2）Web 服务状态检测命令（curl 命令）

curl 命令是利用统一资源定位符（Uniform Resource Locator，URL）语法在命令行方式下工作的开源文件传输工具。其利用地址和端口访问 Web 服务器，获得返回的超文本标记语言（Hyper Text Markup Language，HTML）文件。在工作中可以利用 curl 命令获得的 HTML 文件检测远端 Web 服务器工作是否正常。其基本用法如下。

```
curl <网络地址:端口>
```

例 3-57 抓取百度主页代码（需要连接互联网）。

```
[root@localhost ~]# curl http://www.baidu.com
```

得到如下结果。

```
<!DOCTYPE html>
<!--STATUS OK--><html> <head><meta http-equiv=content-type conname=referrer><link
rel=stylesheet type=text/css href=http://s#0000cc> <div id=wrapper> <div id=head> <div class=
head_wrappem/img/bd_logo1.png width=270 height=129> </div> <form id=form idden name=ie
value=utf-8> <input type=hidden name=f value=8>   name=tn value=baidu><span class="bg s_ipt_wr">
<input id=kw nainput type=submit id=su value=百度一下 class="bg s_btn"></span> <a href=
http://www.hao123.com name=tj_trhao123 class=mnav>haname=tj_trvideo class=mnav>视频</a>
<a href=http://tieba.baidu
```

通过解析获得的 HTML 文件可以知道百度服务器工作正常。

3.3 项目实施

3.3.1 管理操作系统

openEuler 及 Linux 操作系统管理人员必须学会设置服务器的重启与关闭，能够监控服务器运行状态，能够管理用户与用户组。

管理操作系统

1. 服务器自动重启与关闭

（1）设置服务器在凌晨 3 点自动重启，重启时进行磁盘校验。

```
[root@localhost ~]# shutdown -F -r 3:00
```

（2）撤销前面设置的自动重启操作。

```
[root@localhost ~]# shutdown -c
```

（3）设置服务器 30min 以后关闭并关闭电源。

```
[root@localhost ~]# shutdown -h +30
```

2. 服务器运行状态监控

（1）查看系统运行状态，以及系统已经运行了多久。

```
[root@localhost ~]# top
```

（2）查看所有进程的运行情况，找出占用 CPU 资源最多的那一个进程。

```
[root@localhost ~]# ps -ef
```

（3）查看系统剩余内存大小。

```
[root@localhost ~]# free -h
```

（4）查看"/boot"分区磁盘使用情况。

```
[root@localhost ~]# df -h /boot
```

3. 用户与用户组管理

（1）增加一个用户组 openstackGroup。

```
[root@localhost ~]# groupadd openstackGroup
```

（2）增加一个用户 openstackUser，将之加入 openstackGroup，并在/home 下创建同名家目录。

```
[root@localhost ~]# useradd -m -g openstackGroup openstackUser
```

（3）将 openstackGroup 组更名为 openGroup。

```
[root@localhost ~]# groupmod -n openGroup openstackGroup
```

（4）将 openstackUser 用户更名为 openUser。

```
[root@localhost ~]# usermod -l openUser openstackUser
```

（5）将用户 openUser 和用户组 openGroup 删除。

```
[root@localhost ~]# userdel openUser
[root@localhost ~]# groupdel openGroup
```

3.3.2　更改主机名

openEuler 主机的默认主机名是 localhost，这在登录后的提示[root@ localhost ~]中也可以看出来。本小节将利用前面介绍的文件管理命令更改 /etc/hostname 文件，达到给主机更名的目的。下面是具体操作步骤。

更改主机名

第 1 步，将目录跳转到/etc。

```
[root@localhost ~]# cd /etc
```

第 2 步，查看当前目录下是否存在名为 hostname 的文件。

```
[root@localhost etc]# ls host*
host.conf   hostname   hosts
```

这里用通配符 "*" 进行了字符匹配，找到了所有以 host 开头的文件，包括 hostname 文件。

第 3 步，查看 hostname 文件的内容。

```
[root@localhost ~]# cat hostname
```

通过查看 hostname 文件，可以得知文件内容为空，所以该主机的主机名为默认的 localhost。

第 4 步，更改该文件名并进行备份。

```
[root@localhost etc]# rename hostname hostname1 hostname
```

第 5 步，新建 hostname 文件。

```
[root@localhost etc]# touch hostname
```

第 6 步，给该文件添加主机名 controller。

```
[root@localhost etc]# echo controller > hostname
```

第 7 步，重启系统。

```
[root@localhost etc]# reboot
```

系统重启完成后，可以看到主机名已经更改为 controller。

```
[root@controller ~]#
```

3.3.3　绑定与更改 IP 地址

小王现有的虚拟机的两块网卡均是通过 DHCP 服务自动获得 IP 地址的。而在工作中通常需要自己给网卡指定 IP 地址，现在通过前面介绍的知识给网卡添加指定的 IP 地址。给内网网卡绑定 IP 地址 192.168.10.11/24，给外网网卡绑定 IP 地址 192.168.20.22/24，并测试内外网的联通性。

绑定与更改 IP 地址

第 1 步，查看目前的网卡信息。

```
[root@controller ~]# ip a
1: lo: <LOOPBACK,UP,LOWER_UP> mtu 65536 qdisc noqueue state UNKNOWN group
default qlen 1000
    link/loopback 00:00:00:00:00:00 brd 00:00:00:00:00:00
    inet 127.0.0.1/8 scope host lo
       valid_lft forever preferred_lft forever
    inet6 ::1/128 scope host
       valid_lft forever preferred_lft forever
2: ens33: <BROADCAST,MULTICAST,UP,LOWER_UP> mtu 1500 qdisc pfifo_fast state UP
group default qlen 1000
    link/ether 00:0c:29:52:47:a3 brd ff:ff:ff:ff:ff:ff
    inet 192.168.10.129/24 brd 192.168.10.255 scope global noprefixroute ens33
       valid_lft forever preferred_lft forever
```

```
        inet6 fe80::8eef:92d8:8ee4:4c1f/64 scope link noprefixroute
           valid_lft forever preferred_lft forever
3: ens34: <BROADCAST,MULTICAST,UP,LOWER_UP> mtu 1500 qdisc pfifo_fast state UP
group default qlen 1000
        link/ether 00:0c:29:52:47:ad brd ff:ff:ff:ff:ff:ff
        inet 192.168.20.128/24 brd 192.168.20.255 scope global noprefixroute dynamic ens34
           valid_lft 1795sec preferred_lft 1795sec
        inet6 fe80::7b0a:af3b:a6ce:e265/64 scope link noprefixroute
           valid_lft forever preferred_lft forever
```

对于网卡 ens33 和 ens34，由 DHCP 服务自动分配的 IP 地址分别为 192.168.10.129/24 和 192.168.20.128/24。

第 2 步，解除现有 IP 地址的绑定。

```
[root@controller ~]# ip a del 192.168.10.129/24 dev ens33
[root@controller ~]# ip a del 192.168.20.128/24 dev ens34
```

这里对两块网卡已经绑定的 IP 地址进行解绑。

第 3 步，重新绑定 IP 地址。

```
[root@controller ~]# ip a add 192.168.10.11/24 dev ens33
[root@controller ~]# ip a add 192.168.20.22/24 dev ens34
```

这里对两块网卡重新进行 IP 地址绑定。

第 4 步，测试与宿主机的联通性。

测试联通性包括测试内网联通性和外网联通性，分为以下两个测试任务。

首先，在虚拟机上测试其与宿主机的联通性。

```
[root@controller ~]# ping 192.168.10.1
PING 192.168.10.1 (192.168.10.1) 56(84) bytes of data.
64 bytes from 192.168.10.1: icmp_seq=179 ttl=64 time=0.178 ms
64 bytes from 192.168.10.1: icmp_seq=180 ttl=64 time=0.490 ms
64 bytes from 192.168.10.1: icmp_seq=181 ttl=64 time=0.592 ms
64 bytes from 192.168.10.1: icmp_seq=182 ttl=64 time=0.370 ms
64 bytes from 192.168.10.1: icmp_seq=183 ttl=64 time=0.333 ms
64 bytes from 192.168.10.1: icmp_seq=184 ttl=64 time=0.482 ms
```

> **注意** 在虚拟机上向宿主机执行 ping 命令时，如果不通，则可将宿主机的防火墙关闭。

其次，在宿主机上测试其与虚拟机的联通性。

在宿主机的 Windows 中打开【命令提示符】窗口，并输入"ping 192.168.10.11"命令，测试宿主机与虚拟机的联通性，其测试结果如图 3-2 所示。

图 3-2　宿主机与虚拟机的联通性测试结果

3.4 项目小结

OpenStack 云计算平台安装在 openEuler 操作系统之上，并由 openEuler 操作系统提供底层支持，因此在安装、配置、运维 OpenStack 云计算平台时都需要运用 openEuler 操作系统的相关管理命令。由于 openEuler 操作系统目前基于 Linux 内核，因此其管理命令和 Linux 操作系统的管理命令是通用的。

本项目通过 3 个任务训练了读者管理操作系统的三大基本技能：操作系统管理技能、文件管理技能和网络管理技能。在服务器管理技能训练任务中介绍了操作系统的服务器关闭与重启、服务器状态监控（包括系统监控、进程监控、内存监控和磁盘容量监控）、用户及用户组管理（包括新增用户与用户组、修改用户密码、修改用户与用户组信息、删除用户与用户组）；在文件管理技能训练任务中介绍了绝对路径与相对路径的写法和文件的基本操作（包括文件查看、文件查找、文件与文件夹创建、向文件中添加数据、读取文件内容、文件重命名、文件复制与移动、文件删除、文件挂载与卸载、文件链接）；在网络管理技能训练任务中介绍了网卡与 IP 管理、网络状态查看、网络连接状态检测等 Linux 的基础及常用命令。这些命令在以后的任务中还将被反复使用，以帮助读者不断提高熟练度。

项目小结

3.5 项目练习题

1. 选择题

（1）以下不能实现服务器重启的命令是（　　　）。
  A. init 　　　　　　　 B. shutdown 　　　　 C. reboot 　　　　　 D. halt

（2）在 init 命令的几个级别中，（　　　）级别对应关机。
  A. 0 　　　　　　　　 B. 1 　　　　　　　　 C. 2 　　　　　　　　 D. 3

（3）在 init 命令的几个级别中，（　　　）级别对应重启。
  A. 4 　　　　　　　　 B. 5 　　　　　　　　 C. 6 　　　　　　　　 D. 7

（4）下面几个命令中，（　　　）命令能查看系统启动时间及登录用户数。
  A. top 　　　　　　　 B. ps 　　　　　　　 C. free 　　　　　　 D. df

（5）下面几个命令中，（　　　）命令能查看内存使用情况。
  A. top 　　　　　　　 B. ps 　　　　　　　 C. free 　　　　　　 D. df

（6）下面几个命令中，（　　　）命令能查看进程运行情况。
  A. top 　　　　　　　 B. ps 　　　　　　　 C. free 　　　　　　 D. df

（7）下面几个命令中，（　　　）命令能查看磁盘空间使用情况。
  A. top 　　　　　　　 B. ps 　　　　　　　 C. free 　　　　　　 D. df

（8）更改用户密码应使用（　　　）命令。
  A. useradd 　　　　　 B. userdel 　　　　　 C. passwd 　　　　　 D. usermod

（9）增加用户应使用（　　　）命令。
  A. useradd 　　　　　 B. userdel 　　　　　 C. passwd 　　　　　 D. usermod

（10）删除用户应使用（　　　）命令。
  A. useradd 　　　　　 B. userdel 　　　　　 C. passwd 　　　　　 D. usermod

（11）更改用户名应使用（　　　）命令。
  A. useradd 　　　　　 B. userdel 　　　　　 C. passwd 　　　　　 D. usermod

（12）以下（　　　）路径的写法是绝对路径。
  A. dir 　　　　　　　 B. /dir 　　　　　　　 C. ../dir 　　　　　 D. ./dir

（13）以下（　　）路径的写法是指父目录下的 dir 目录。

    A. dir   B. /dir   C. ../dir   D. ./dir

（14）查看文件的详细信息应使用（　　）命令。

    A. ls   B. ll   C. touch   D. find

（15）查找某个文件的位置应使用（　　）命令。

    A. ls   B. ll   C. touch   D. find

（16）查找某个命令对应文件的位置应使用（　　）命令。

    A. which   B. ll   C. touch   D. find

（17）新建文件应使用（　　）命令。

    A. mkdir   B. >   C. touch   D. >>

（18）新建文件夹应使用（　　）命令。

    A. mkdir   B. >   C. touch   D. >>

（19）向文件中写入内容并把原内容清除应使用（　　）命令。

    A. cat   B. >   C. touch   D. >>

（20）向文件中写入内容但不清除原内容应使用（　　）命令。

    A. cat   B. >   C. touch   D. >>

（21）查看文件内容应使用（　　）命令。

    A. cat   B. rename   C. mv   D. cp

（22）更改文件名应使用（　　）命令。

    A. cat   B. rename   C. mv   D. cp

（23）复制文件应使用（　　）命令。

    A. cat   B. rename   C. mv   D. cp

（24）移动文件应使用（　　）命令。

    A. cat   B. rename   C. mv   D. cp

（25）删除文件应使用（　　）命令。

    A. rm   B. mount   C. umount   D. ln

（26）挂载文件应使用（　　）命令。

    A. rm   B. mount   C. umount   D. ln

（27）取消挂载文件应使用（　　）命令。

    A. rm   B. mount   C. umount   D. ln

（28）建立文件链接应使用（　　）命令。

    A. rm   B. mount   C. umount   D. ln

2．填空题

（1）设定 20min 后关闭系统的命令是_____。

（2）用以 GB、MB 等为单位的显示方式查看内存使用情况的命令是_____。

（3）查看/home 目录所在磁盘的使用情况的命令是_____。

（4）新建用户 auser 的命令是_____。

（5）更改用户 auser 的密码为 000000 的命令是_____。

（6）在/opt 目录下新建一个文件 a 的命令是_____。

3．简答题

（1）用命令方式实现：新建一个文件夹 X，并在其中创建一个文件夹 Y，向 X 与 Y 中分别新建两个文件 a、b，并将 b 文件复制到 X 文件夹中。

（2）将虚拟机的 ens33 网卡绑定 IP 地址为 192.168.10.111。

（3）检查虚拟机与百度（baidu.com）网站的联通性，如果连接正常，则获取其 HTML 页面内容。

项目4
认识文本编辑软件
与远程管理工具

04

学习目标

【知识目标】

（1）了解Vi文本编辑器的3种模式。

（2）熟悉Vi文本编辑器的操作命令。

（3）了解MobaXterm工具的基本功能。

学习目标

【技能目标】

（1）能够应用Vi文本编辑器进行文本内容编辑。

（2）能够应用MobaXterm进行远程登录。

（3）能够应用MobaXterm进行远程文件传输及管理。

引例描述

通过一段时间的练习，小王已经能够使用常用命令完成系统管理、文件管理、网络管理等操作了，信心满满。不过在练习的过程中，小王发现了一个问题，那就是对于文本内容的修改操作，如果只用以前学到的方法会非常困难，那么openEuler操作系统中有没有类似Windows中的记事本的文本编辑工具呢？同时，在学习的过程中，一位学长对他说："工欲善其事，必先利其器。你可以使用一些辅助管理工具来提高你的效率。"并向其推荐了一款常用的远程管理工具MobaXterm。

引例描述

////// **4.1** 项目陈述

小王通过调研知道，openEuler 操作系统中有类似 Windows 中的记事本的工具，即 Vi 文本编辑器。Vi 文本编辑器像记事本一样使用便捷，具有齐备的文本编辑功能，且内置在 Linux 和 openEuler 操作系统中，不需要另外安装，因此得到了广泛应用。但是，由于 Vi 文本编辑器不是图形化用户界面，因此初学时会比较困难，需要通过大量练习才能掌握其命令模式。

项目陈述

另外，服务器通常需要保持长期运行的状态，而运维人员不可能总是在现场并进行及时维护，因此远程管理服务器是运维人员的必要手段。小王学长推荐的远程管理工具 MobaXterm 有着功能强大且可以免费使用的特点，是云计算平台运维人员的必备工具之一。

Vi 文本编辑器的命令与 MobaXterm 的功能很多，本项目只选取 OpenStack 云计算平台运维所必需的基本命令及相关功能进行讲解，在以后搭建平台的过程中要反复使用它们，以获得熟练使用这两种工具的能力。

4.2 必备知识

4.2.1 Vi 文本编辑器

OpenStack 云计算平台的搭建和运维离不开对配置文件的编辑，此时需要一款能对文本进行编辑的软件。openEuler 操作系统及其他基于 Linux 的操作系统中都内置了 Vi 文本编辑器，其类似于 Windows 中内置的记事本，是最基本、最常用的文本编辑器。因此，熟练应用 Vi 文本编辑器进行文本编辑是运维人员的必备技能。

Vi 文本编辑器

Vi 文本编辑器的基本用法如下。

```
vi <要编辑的文件名>
```

在编辑文件内容的过程中，将用到 Vi 文本编辑器的 3 种模式，分别是命令模式、文本输入模式和底线命令模式。这 3 种模式的详细介绍和具体使用方式如下。

1. 命令模式

当用户开启 Vi 文本编辑器时，默认进入命令模式。此模式下，键盘的输入会被识别为命令，而非输入字符进行文本编辑。例如，在命令模式下按 Enter 键，并不会在打开文本中的某位置输入一个换行符，而是使光标下移一行。

表 4-1 所示为 Vi 文本编辑器命令模式下的常用输入指令。

表 4-1　Vi 文本编辑器命令模式下的常用输入指令

输入指令	功能说明
Enter 键	光标换行
方向键	在文本中按照方向指示移动光标
Page Up/Page Down 键	上翻页/下翻页
两次 G 键	光标移动到第一行
G 键和"数字+G"组合键	按 G 键表示移动光标到文本末行；按"数字+G"组合键则表示移动光标到数字指示的那一行，如 2G 表示移动光标到文本第二行
"数字+Enter"组合键	光标下移到数字所指的行数
H/L 键	移动光标到本页首行/末行
Home/End 键	移动光标到该行行首/行尾
x/X 键	按 x 键表示删除当前光标所在处的字符，按 X 键表示删除光标前面的字符
两次 d 键	删除该行
u/U 键	按 u 键表示撤销上一次操作，可以连续撤销；按 U 键一次表示撤销，按第二次表示取消撤销
.（点）	重复上一次的输入

2. 文本输入模式

对文件内容的编辑是在文本输入模式下进行的。在该模式下，用户输入的任何字符都会成为文件内容，并实时显示在屏幕上。

表 4-2 所示为从命令模式切换到文本输入模式的输入指令。

表 4-2 从命令模式切换到文本输入模式的输入指令

输入指令	功能说明
i/I 键	按 i 键表示将文本插入光标所在位置之前，按 I 键表示将文本插入当前行的行首
a/A 键	按 a 键表示将新文本追加到光标当前所在位置之后，按 A 键表示将新文本追加到所在行的行尾
o/O 键	按 o 键表示将在光标所在行的下面插入一个空行，按 O 键表示将在光标所在行的上面插入一个空行
两次 c 键/C 键	按两次 c 键表示将光标所在行删除，按 C 键表示将光标所在行后面的所有字符删除

在文本输入模式下，若想回到命令模式下，则按 Esc 键即可。

3. 底线命令模式

当文本编辑完成且需要保存文件或者退出编辑器时，需要切换到底线命令模式下。在文本输入模式中按 Esc 键，切换到命令模式，按 ":""/""?" 这 3 个键之一即可进入底线命令模式，此时光标会位于 Vi 文本编辑器显示窗口的最后一行（通常也是屏幕的最后一行），并等待用户输入命令。多数文件管理命令是在此模式下执行的，如文件保存、文件退出、文件内容检索等。

表 4-3 所示为 Vi 文本编辑器底线命令模式下的常用输入指令。

表 4-3 Vi 文本编辑器底线命令模式下的常用输入指令

输入指令	功能说明
:q	输入 ":q" 后按 Enter 键，将退出程序
:w	输入 ":w" 后按 Enter 键，将保存文件到磁盘中
:wq	实际上是 ":q" 和 ":w" 的组合，保存文件到磁盘中并退出 Vi 文本编辑器
:q!	取消保存并退出程序
:x	若当前编辑的文件内容被修改过，则会保存该文件并退出程序；否则直接退出程序
:nu	显示当前行的行号
/	向后检索内容。例如，"/str" 表示从光标处向下检索文本中的第一个 str 字符串，按 N 键继续检索下一个
?	向前检索内容。例如，"? str" 表示从光标处向上检索文本中的第一个 str 字符串，按 N 键继续检索下一个

当底线命令执行完成，或者按 Esc 键后，将回到命令模式下。

4.2.2 MobaXterm 远程管理工具

服务器通常放置在专用机房中，当其需要临时维护时，运维人员很可能不能及时到达现场，这时就需要进行远程管理。市面上具有远程管理功能的工具很多，secureCRT、PuTTY、Telnet、MobaXterm 等都是其中的佼佼者。

本项目将以 MobaXterm 为例进行讲解，其软件安装包可以从其官网下载或者从本书附送的软件包中获得。安装完成后的 MobaXterm 的主界面如图 4-1 所示。

MobaXterm 远程
管理工具

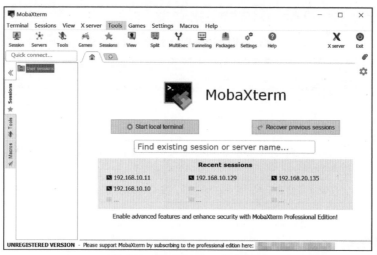

图 4-1　MobaXterm 的主界面

MobaXterm 不是开源应用，但其提供了免费使用版本。其免费使用版本提供了大量实用功能，足以支持运维人员完成远程服务器管理、远程文件传输等操作。MobaXterm 本质上是一个网络工具包，包含多种网络工具，其与服务器通信是通过会话（Session）进行的。单击 MobaXterm 主界面顶部的【Session】菜单，可以看到图 4-2 所示的 MobaXterm 与远程服务器相连所支持的各种会话协议。

图 4-2　MobaXterm 与远程服务器相连所支持的各种会话协议

从图 4-2 可以看到，MobaXterm 支持多种会话协议，如安全外壳（Secure Shell，SSH）协议、Telnet 协议、远程桌面协议（Remote Desktop Protocol，RDP）、虚拟网络控制台（Virtual Network Console，VNC）协议、文件传送协议（File Transfer Protocol，FTP）、安全文件传送协议（Secure File Transfer Protocol，SFTP）等。其中，SSH 协议是常用的远程管理服务器的协议，RDP 用于连接 Windows 的远程桌面，SFTP 用于本地与远程服务器之间的文件传输。

4.3　项目实施

4.3.1　配置网卡

配置网卡

在项目 3 中使用 ip 命令为网卡绑定的 IP 地址在服务器重启以后就会失效。本小节将介绍如何通过更改配置文件来永久更改网卡的 IP 地址。

1. 查看本机网卡信息

通过 ip 命令查看现有网络信息并获得网卡名。

```
[root@controller ~]# ip a
1: lo: <LOOPBACK,UP,LOWER_UP> mtu 65536 qdisc noqueue state UNKNOWN group
default qlen 1000
```

```
        link/loopback 00:00:00:00:00:00 brd 00:00:00:00:00:00
        inet 127.0.0.1/8 scope host lo
            valid_lft forever preferred_lft forever
        inet6 ::1/128 scope host
            valid_lft forever preferred_lft forever
2: ens33: <BROADCAST,MULTICAST,UP,LOWER_UP> mtu 1500 qdisc pfifo_fast state UP
group default qlen 1000
        link/ether 00:0c:29:67:f8:12 brd ff:ff:ff:ff:ff:ff
        inet 192.168.10.128/24 brd 192.168.10.255 scope global noprefixroute ens33
            valid_lft forever preferred_lft forever
        inet6 fe80::6b33:8c75:dd79:2a0d/64 scope link noprefixroute
            valid_lft forever preferred_lft forever
3: ens34: <BROADCAST,MULTICAST,UP,LOWER_UP> mtu 1500 qdisc pfifo_fast state UP
group default qlen 1000
        link/ether 00:0c:29:67:f8:1c brd ff:ff:ff:ff:ff:ff
        inet 192.168.20.129/24 brd 192.168.20.255 scope global noprefixroute ens34
            valid_lft forever preferred_lft forever
        inet6 fe80::fb84:a7a7:99d6:532f/64 scope link noprefixroute
            valid_lft forever preferred_lft forever
```

从查询的结果中可以得知该主机有两块网卡，名称分别为 ens33 和 ens34。

2. 编辑网卡配置文件

（1）进入网卡配置文件所在目录

```
[root@controller ~]# cd /etc/sysconfig/network-scripts/
```

在该目录下存在以 ifcfg 开头的文件，这些文件就是网卡的配置文件。例如，ifcfg-ens33 对应的就是 ens33 网卡。

> **注意** openEuler 操作系统支持单击或双击 Tab 键进行命令补全操作。

（2）编辑仅主机模式网卡的配置文件

按照网卡添加顺序，ens33 网卡对应的是第一块网卡，ens34 网卡对应的是第二块网卡。第一块网卡在项目 2 中已设置为仅主机模式，第二块网卡已设置为 NAT 模式。下面将对 ens33 网卡按照仅主机模式进行配置，通过它能够实现虚拟机和宿主机之间的通信。首先编辑 ens33 网卡的配置文件。

```
[root@controller network-scripts]# vi ifcfg-ens33
TYPE=Ethernet
PROXY_METHOD=none
BROWSER_ONLY=no
BOOTPROTO=dhcp
DEFROUTE=yes
IPV4_FAILURE_FATAL=no
IPV6INIT=yes
IPV6_AUTOCONF=yes
IPV6_DEFROUTE=yes
IPV6_FAILURE_FATAL=no
IPV6_ADDR_GEN_MODE=stable-privacy
```

```
NAME=ens33
UUID=a3c18b8e-9c2f-480d-956f-91e7cfbc892a
DEVICE=ens33
ONBOOT=yes
```

按 i 键进入文本输入模式，将 BOOTPROTO=dhcp 更改为 BOOTPROTO=static，即采用手动设置而不自动分配 IP 地址；如果 ONBOOT=no，则更改为 ONBOOT=yes，设置开机时启用该网卡。由于前面在编辑虚拟网络时已将仅主机模式网络的 IP 网段设置为 192.168.10.0/24，因此设置网卡 IP 地址为 192.168.10.10，子网掩码为 24，使该网卡挂载在该网段中。

```
IPADDR=192.168.10.10
PREFIX=24
```

以上两行代码分别对应设置了主机的 IP 地址（IPADDR）和子网掩码（NETMASK）。设置结果如以下代码段所示。

```
TYPE=Ethernet
PROXY_METHOD=none
BROWSER_ONLY=no
BOOTPROTO=static
DEFROUTE=yes
IPV4_FAILURE_FATAL=no
IPV6INIT=yes
IPV6_AUTOCONF=yes
IPV6_DEFROUTE=yes
IPV6_FAILURE_FATAL=no
IPV6_ADDR_GEN_MODE=stable-privacy
NAME=ens33
UUID=a3c18b8e-9c2f-480d-956f-91e7cfbc892a
DEVICE=ens33
ONBOOT=yes
IPADDR=192.168.10.10
PREFIX=24
```

按 Esc 键进入命令模式，并按:键进入底线命令模式，最后按 x 键与 Enter 键将文件保存并退出 Vi 文本编辑器。

（3）编辑 NAT 模式网卡的配置文件

NAT 模式网络可以使虚拟机通过网关借助宿主机网络与互联网相互通信。在前面配置虚拟网络时配置了 NAT 网段为 192.168.20.0/24，NAT 网关为 192.168.20.2。接下来通过修改 ens34 网卡的配置文件为 ens34 网卡绑定 IP 地址。

```
[root@controller network-scripts]# vi ifcfg-ens34
TYPE=Ethernet
PROXY_METHOD=none
BROWSER_ONLY=no
BOOTPROTO=dhcp
DEFROUTE=yes
IPV4_FAILURE_FATAL=no
IPV6INIT=yes
IPV6_AUTOCONF=yes
IPV6_DEFROUTE=yes
IPV6_FAILURE_FATAL=no
```

```
IPV6_ADDR_GEN_MODE=stable-privacy
NAME=ens34
UUID=aec7bc3f-0f89-4eae-b908-9a7b60edd19b
DEVICE=ens34
ONBOOT=no
```

按 i 键进入文本输入模式，将 BOOTPROTO=dhcp 更改为 BOOTPROTO=static，即采用静态 IP 方式；将 ONBOOT=no 更改为 ONBOOT=yes，设置开机时启用该网卡。安装系统时添加的第二块网卡（ens34 网卡）在 NAT 模式网络中，该网络的 IP 网段为 192.168.20.0/24，所以该网卡的 IP 地址也应该在此网段内，故设置网卡 IP 地址为 192.168.20.10/24。

```
IPADDR=192.168.20.10
PREFIX=24
GATEWAY=192.168.20.2
DNS1=114.114.114.114
```

注意，这里之所以设置网关（GATEWAY）为 192.168.20.2，是因为 NAT 模式网络的 NAT 设备的 IP 地址为 192.168.20.2，而 DNS1 对应了 DNS 域名解析服务器，通过 DNS 域名解析服务器可以用域名访问网络。设置结果代码如下。

```
TYPE=Ethernet
PROXY_METHOD=none
BROWSER_ONLY=no
BOOTPROTO=static
DEFROUTE=yes
IPV4_FAILURE_FATAL=no
IPV6INIT=yes
IPV6_AUTOCONF=yes
IPV6_DEFROUTE=yes
IPV6_FAILURE_FATAL=no
IPV6_ADDR_GEN_MODE=stable-privacy
NAME=ens34
UUID=aec7bc3f-0f89-4eae-b908-9a7b60edd19b
DEVICE=ens34
ONBOOT=yes
IPADDR=192.168.20.10
PREFIX=24
GATEWAY=192.168.20.2
DNS1=114.114.114.114
```

按 Esc 键进入命令模式，并按:键进入底线命令模式，再按 x 键与 Enter 键将文件保存并退出 Vi 文本编辑器。

3. 重启网络并验证

（1）重启网络

```
[root@controller ~]# nmcli con reload          #重新加载网络配置
[root@controller ~]# nmcli con up ens34        #启动 ens34 网卡
[root@controller ~]# nmcli con up ens33        #启动 ens33 网卡
```

（2）查看更改后的网络信息

```
[root@controller ~]# ip a
1: lo: <LOOPBACK,UP,LOWER_UP> mtu 65536 qdisc noqueue state UNKNOWN group
default qlen 1000
```

```
        link/loopback 00:00:00:00:00:00 brd 00:00:00:00:00:00
        inet 127.0.0.1/8 scope host lo
            valid_lft forever preferred_lft forever
        inet6 ::1/128 scope host
            valid_lft forever preferred_lft forever
2: ens33: <BROADCAST,MULTICAST,UP,LOWER_UP> mtu 1500 qdisc pfifo_fast state UP
group default qlen 1000
        link/ether 00:0c:29:67:f8:12 brd ff:ff:ff:ff:ff:ff
        inet 192.168.10.10/24 brd 192.168.10.255 scope global noprefixroute ens33
            valid_lft forever preferred_lft forever
        inet6 fe80::6b33:8c75:dd79:2a0d/64 scope link noprefixroute
            valid_lft forever preferred_lft forever
3: ens34: <BROADCAST,MULTICAST,UP,LOWER_UP> mtu 1500 qdisc pfifo_fast state UP
group default qlen 1000
        link/ether 00:0c:29:67:f8:1c brd ff:ff:ff:ff:ff:ff
        inet 192.168.20.10/24 brd 192.168.20.255 scope global noprefixroute ens34
            valid_lft forever preferred_lft forever
        inet6 fe80::fb84:a7a7:99d6:532f/64 scope link noprefixroute
            valid_lft forever preferred_lft forever
```

可以看到，ens33 和 ens34 网卡的 IP 地址已经更改成功。

（3）测试虚拟机与宿主机的联通性

在宿主机 Windows 的【运行】对话框中输入"cmd"后按 Enter 键，打开【命令提示符】窗口。在该窗口中输入"ping 192.168.10.10"，如果宿主机能与虚拟机通信，则将获得类似如下的结果。

```
Pinging 192.168.10.10 with 32 bytes of data:
Reply from 192.168.10.10: bytes=32 time<1ms TTL=64
Reply from 192.168.10.10: bytes=32 time=1ms TTL=64
Reply from 192.168.10.10: bytes=32 time=1ms TTL=64
Reply from 192.168.10.10: bytes=32 time=2ms TTL=64

Ping statistics for 192.168.10.10:
Packets: Sent = 4, Received = 4, Lost = 0 (0% loss),
Approximate round trip times in milli-seconds:
        Minimum = 0ms, Maximum = 2ms, Average = 1ms
```

（4）测试虚拟机与外网的联通性

此任务需要连接互联网，如果没有连接互联网，则可以跳过本步骤。

```
[root@controller ~]# ping baidu.com
```

如果出现如下结果，则说明虚拟机没有连接互联网。

```
ping: baidu: Name or service not known
```

如果没有连接互联网，则应在确保互联网连接与外网网卡配置正确的情况下，将宿主机 Windows 的内置防火墙及其他防火墙软件关闭后再进行测试。连接外网成功时会得到如下结果。

```
[root@controller ~]# ping baidu.com
PING baidu.com (39.156.66.10) 56(84) 字节的数据。
64 字节，来自 39.156.66.10 (39.156.66.10): icmp_seq=1 ttl=128 时间=583 毫秒
64 字节，来自 39.156.66.10 (39.156.66.10): icmp_seq=2 ttl=128 时间=2097 毫秒
64 字节，来自 39.156.66.10 (39.156.66.10): icmp_seq=3 ttl=128 时间=1344 毫秒
64 字节，来自 39.156.66.10 (39.156.66.10): icmp_seq=4 ttl=128 时间=743 毫秒
```

4.3.2 远程登录和远程文件传输

4.3.1 小节已经将虚拟机的内网网卡与 IP 地址 192.168.10.10 进行了绑定。现在用 MobaXterm 远程管理工具连接到该 IP 地址，以对虚拟机进行远程管理。另外，在连接上虚拟机的情况下，将本地文件（宿主机中的文件）上传到虚拟机中，实现远程文件传输。

远程登录和远程
文件传输

1. 远程登录

（1）新建 SSH 会话

选择 MobaXterm 主界面左上角的【Session】菜单，弹出图 4-3 所示的
【Session settings】对话框。

图 4-3 【Session settings】对话框

单击【SSH】按钮，设置 SSH 会话。在图 4-3 所示的【Remote host】文本框中输入要连接的远程主机 IP 地址，如 192.168.10.10，单击【OK】按钮，结束会话设置。

（2）调用会话实现远程连接

SSH 会话创建好后，MobaXterm 会自动调用该会话去连接远程服务器，进入图 4-4 所示的等待登录界面。

图 4-4 等待登录界面

输入操作系统的用户名"root"及其密码（本例密码为安装操作系统时设置的"openstack0#"），按 Enter 键登录系统。如果登录成功，则可以进入图 4-5 所示的远程登录成功界面。

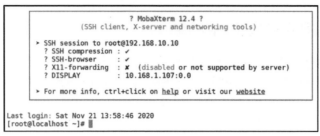

图4-5 远程登录成功界面

远程登录成功后，可以看到在光标前存在"[root@localhost ~]"字样，表示当前 root 用户已经登录了名为 localhost 的主机。这里的"~"表示用户的家目录，对于 root 用户来说，该目录就是/root。

2. 远程文件传输

MobaXterm 还可以实现本地与远程主机之间的文件传输，该功能是通过 SFTP 会话实现的。

（1）新建 SFTP 会话

选择 MobaXterm 主界面左上角的【Session】命令，然后单击【SFTP】按钮，弹出图 4-6 所示的 SFTP 会话设置界面。

图4-6 SFPT 会话设置界面

单击【SFTP】按钮，设置 SSH 会话。在图 4-6 所示的【Remote host】文本框中输入要连接的远程主机 IP 地址（如 192.168.10.10），在【Username】文本框中输入"root"，单击【OK】按钮，结束会话设置。

（2）调用会话实现远程连接

SFTP 会话创建好后，MobaXterm 会自动调用该会话去连接远程服务器，弹出图 4-7 所示的输入密码的对话框。在该对话框中输入 root 用户的密码，单击【OK】按钮，连接主机。

图4-7 输入密码的对话框

注意 如果已经用 SSH 成功连接了该主机，则用户名和密码已经被记录过，这里就不会弹出输入密码的对话框。

连接成功后，将进入图 4-8 所示的 SFTP 会话连接成功界面。

图 4-8　SFTP 会话连接成功界面

（3）实现本地与远程主机之间的文件传输

先从本地主机复制文件到远程主机中：从本机（图 4-8 左侧区域）通过拖动复制一个文件到远程主机中（图 4-8 右侧区域）。

再从远程主机复制文件到本地主机中：从远程主机通过拖动复制一个文件到本机中。

4.4　项目小结

文本编辑软件和远程管理工具是系统运维人员的常用工具，需要熟练掌握。Vi 文本编辑器是集成在 openEuler 操作系统及其他 Linux 操作系统中的一个文本编辑器，不需要安装就可以使用，具有完备的文件编辑功能。Vi 文本编辑器具有 3 种模式，通常用法是先在命令模式下快速定位到需要进行编辑的位置，再进入文本输入模式对文件进行编辑，最后进入底线命令模式，执行文件保存、退出应用等操作。在项目实施环节，通过 Vi 文本编辑器对/etc/sysconfig/network-scripts/下前缀为 ifcfg 的网卡配置文件进行了编辑，实现了网卡的定制，包括绑定 IP 地址、设定网关、开机启用网卡等。

项目小结

MobaXterm 是一款可以免费使用的多功能远程管理工具，其通过会话和远程服务器通信，可以实现命令传递、执行结果显示、远程文件传输等功能，是运维人员的远程服务器管理利器。在项目实施环节，用 MobaXterm 的 SSH 会话实现了远程登录，用 SFTP 会话实现了文件的远程传输。

4.5　项目练习题

1. 选择题

（1）在 Vi 文本编辑器（　　　）下可以进行文本内容编辑。

　　A. 命令模式　　　　B. 底线命令模式　　　C. 文本输入模式　　　D. 以上均可

（2）在 Vi 文本编辑器（　　　）下可以进行文本内容搜索。

    A. 命令模式　　　　　　B. 底线命令模式　　　C. 文本输入模式　　　　D. 以上均可

（3）在 Vi 文本编辑器（　　　）下可以进行文本内容保存。

    A. 命令模式　　　　　　B. 底线命令模式　　　C. 文本输入模式　　　　D. 以上均可

（4）在 Vi 文本编辑器（　　　）下可以进行移动光标到第 n 行的操作。

    A. 命令模式　　　　　　B. 底线命令模式　　　C. 文本输入模式　　　　D. 以上均可

（5）在以下几个命令模式的命令中，（　　　）键能删除一行。

    A. 按两次 d　　　　　　B. 按两次 g　　　　　　C. x　　　　　　　　　D. u

（6）在以下几个命令模式的命令中，（　　　）键能让光标回到第一行。

    A. 按两次 d　　　　　　B. 按两次 g　　　　　　C. x　　　　　　　　　D. u

（7）在以下几个命令模式的命令中，（　　　）键能撤销上一次操作。

    A. 按两次 d　　　　　　B. 按两次 g　　　　　　C. x　　　　　　　　　D. u

（8）以下（　　　）键可以从命令模式转换到文本输入模式，在光标所在行的下面插入一个空行。

    A. i　　　　　　　　　　B. a　　　　　　　　　　C. o　　　　　　　　　D. C

（9）以下（　　　）键可以从命令模式转换到文本输入模式，将文本插入光标所在位置之前。

    A. i　　　　　　　　　　B. a　　　　　　　　　　C. o　　　　　　　　　D. C

（10）输入以下（　　　）命令，可以在底线命令模式下将文本保存到磁盘中。

    A. :q　　　　　　　　　B. :nu　　　　　　　　　C. :!q　　　　　　　　D. :w

（11）输入以下（　　　）命令，可以在底线命令模式下不保存修改而直接退出 Vi 文本编辑器。

    A. :q　　　　　　　　　B. :nu　　　　　　　　　C. :!q　　　　　　　　D. :w

（12）在底线命令模式下，输入以下（　　　）命令，可以实现如果文件内容有修改，则保存文件后退出程序；如果没有修改，则直接退出程序的功能。

    A. :q　　　　　　　　　B. :wq　　　　　　　　　C. :x　　　　　　　　　D. :w

2. 填空题

（1）Vi 文本编辑器的 3 个模式分别是_____、_____和_____。

（2）如果要在 Vi 文本编辑器中实现光标移动到第 100 行，则需要在_____模式下执行_____命令。

（3）如果要在 Vi 文本编辑器中搜索文本中的 abc 字符串，则需要在_____模式下执行_____命令。

（4）MobaXterm 通常通过_____会话登录远程主机。

（5）MobaXterm 通常通过_____会话实现远程文件传输。

3. 实训题

（1）编辑文件 abc，找到其内容中第一个 dhcp 字符串出现的位置，并将该字符串更改为 static，最后保存文件并退出。

（2）假设要远程管理 IP 地址为 192.168.20.20 的主机，用户名和密码分别为 user1 和 000000，试写出用 MobaXterm 远程登录的具体操作过程。

中篇

OpenStack 云计算平台搭建

项目5
云计算平台基础环境准备

05

学习目标

学习目标

【知识目标】

（1）理解YUM软件包管理器的基本概念与基本命令。

（2）熟悉主机名管理命令。

（3）了解本地域名解析方法。

（4）了解防火墙的基本知识。

（5）了解Chrony时间同步服务。

（6）了解MariaDB数据库服务。

（7）了解RabbitMQ消息队列服务。

（8）了解Memcached缓存服务。

（9）了解etcd分布式键-值对存储系统。

【技能目标】

（1）能够应用本地YUM源。

（2）能够使用命令查看与更改主机名。

（3）能够实现本地域名解析。

（4）能够管理防火墙。

（5）能够配置Chrony时间同步服务。

（6）能够安装与配置MariaDB数据库。

（7）能够安装与配置RabbitMQ消息队列服务。

（8）能够安装与配置Memcached缓存服务。

（9）能够安装与配置etcd分布式键-值对存储系统。

引例描述

引例描述

　　小王掌握了Vi文本编辑器和MobaXterm远程管理工具的使用方法以后，他感觉对openEuler操作系统的应用更加得心应手了。他认为基础知识和必备操作技能已经学习完毕，是时候开展OpenStack云计算平台的搭建工作了。此时，小王又遇到了一些问题，如安装OpenStack前还要做哪些工作、是不是只需要安装OpenStack软件即可、怎样获取OpenStack安装软件、怎么把现有的一台虚拟机变成安装OpenStack所需要的两台虚拟机、两台虚拟机之间的网络该怎么设置等。

5.1 项目陈述

通过完成前面的项目，小王已经准备好了一台安装了 openEuler 操作系统的服务器（虚拟机），并且拥有了对操作系统的基本应用能力。通过调研，小王了解到 OpenStack 双节点云计算平台至少需要两台服务器才能构建，可以用 VMware Workstation 提供的虚拟机克隆功能使一台服务器通过克隆产生第二台服务器。有了双主机以后，还需要配置好双网卡的网络环境，使虚拟机之间及虚拟机和互联网之间可以相互通信。此外，在安装 OpenStack 之前必须安装并配置好时间同步服务、数据库（Database，DB）服务、消息队列（Message Queue，MQ）服务、缓存服务、分布式键-值（Key-Value）对存储服务等基础服务，因为它们可提供对 OpenStack 的必要支持。提供这些服务的软件不属于 OpenStack 云计算平台，但是这些服务是 OpenStack 云计算平台正常运行所离不开的。目前市面上有多种软件可以提供这些基础服务，但是在搭建 OpenStack 云计算平台时，Chrony、MariaDB、RabbitMQ、Memcached、etcd 这些服务软件使用得最多。这些服务软件虽然都可以直接从 openEuler 操作系统提供的软件仓库中获得，但由于这些服务软件与 OpenStack 软件包的体积非常大，直接通过互联网安装比较慢，因此可以将所需的软件资源先下载到本地再进行安装。

项目陈述

为完成以上任务，小王计划先学习以下必备知识。

（1）通过"openEuler 操作系统的软件管理"学习如何进行软件的安装、卸载、查询等。

（2）通过"主机名管理与域名解析"学习主机更名与通过主机名访问主机的方法。

（3）通过"防火墙管理"学习防火墙的开启与关闭操作，以保证网络的联通性。

（4）通过"OpenStack 的基础支持服务"学习安装 OpenStack 云计算平台之前必须安装的时间同步服务、云计算平台软件框架、数据库服务、消息队列服务、缓存服务、分布式键-值对存储系统的相关概念和安装及配置方法。

在项目实施环节，小王在项目操作手册的指导下完成了 OpenStack 云计算平台的基础环境准备工作。因为本项目是后续安装项目的基础，所以必须要保证其正确实施。

5.2 必备知识

5.2.1 openEuler 操作系统的软件管理

虚拟机安装好操作系统以后，就需要安装应用软件。在手机的操作系统中，在应用商城可以下载并安装软件。相似地，在 openEuler 操作系统中也有类似的功能，这就是软件仓库（Repository）。软件仓库收藏着可供系统安装使用的软件包（应用程序）。openEuler 操作系统软件仓库中包含数万个可供自由下载和安装的可用软件包，工作、学习中常用的软件都可以在这里下载和安装。

openEuler 操作
系统的软件管理

1. YUM 软件包管理器

openEuler 操作系统的软件仓库使用黄狗更新程序（Yellow dog Updater Modified，YUM）软件进行管理。YUM 是一个在 openEuler 操作系统和 Linux 操作系统中使用的软件包管理器，能够从指定的服务器中自动下载并安装软件包，同时可以自动处理依赖关系，从而实现一次性安装全部该软件所依赖的软件包。调用 YUM 时，使用 yum 命令即可，其用法如下。

```
yum [选项] <操作> <软件包名>
```

表 5-1 和表 5-2 所示为 yum 命令的常用操作和常用选项及其对应的功能说明。

表 5-1   yum 命令的常用操作及其功能说明

常用操作	功能说明
install	安装软件包
update	更新软件包
check-update	检查是否有可用的更新软件包
remove	删除指定的软件包
list	显示软件包列表
provides	查看某个软件是由哪个软件包提供的
search	根据关键字搜索软件包
info	显示指定软件包的描述信息和概要信息
clean	清理过期的缓存
resolvedep	显示软件包的依赖关系
deplist	显示软件包的所有依赖关系

表 5-2   yum 命令的常用选项及其功能说明

常用选项	功能说明
-h	显示帮助信息
-y	对所有的提问都回答 yes
-c	指定配置文件
-q	安静模式，即不显示软件反馈信息
-v	详细模式
-R	处理一个命令的最长等待时间
-C	完全从缓存中运行，而不下载或者更新任何文件

如果要安装一个软件，但不知道其在哪个软件包中，则可以参考例 5-1 进行软件包搜索。

例 5-1   搜索 ifconfig 软件在哪个软件包中。

```
[root@localhost ~]# yum provides ifconfig
Waiting for process with pid 1595 to finish.
net-tools-2.10-3.oe2203sp3.x86_64 : Important Programs for Networking
Repo          : OS
Matched from:
Filename      : /usr/sbin/ifconfig

net-tools-2.10-3.oe2203sp3.x86_64 : Important Programs for Networking
Repo          : everything
Matched from:
Filename      : /usr/sbin/ifconfig
```

从搜索的结果中可以看出，在 OS 和 everything 两个软件仓库中提供的名为 net-tools-2.10-3.oe2203sp3.x86_64 的软件包中都包含 ifconfig 软件。当忘记软件包的完整名称时，可以参照例 5-2 的方法根据部分名称进行软件包查询。

例 5-2 查询软件仓库中以 net-开头的所有软件包的信息。

```
[root@localhost ~]# yum list net-*
Last metadata expiration check: 0:05:55 ago on 2024 年 04 月 14 日 星期日 10 时 00 分 38 秒.
Available Packages
net-snmp.src                      1:5.9.1-6.oe2203sp3              source
net-snmp.x86_64                   1:5.9.1-6.oe2203sp3              OS
net-snmp.x86_64                   1:5.9.1-6.oe2203sp3              everything
net-snmp-debuginfo.x86_64         1:5.9.1-6.oe2203sp3              debuginfo
net-snmp-debugsource.x86_64       1:5.9.1-6.oe2203sp3              debuginfo
net-snmp-devel.x86_64             1:5.9.1-6.oe2203sp3              OS
net-tools.src                     2.10-3.oe2203sp3                source
net-tools.x86_64                  2.10-3.oe2203sp3                OS
```

这里用通配符"*"实现了通过部分名称查询相关软件包的操作。

查询出软件包名后，可以按照例 5-3 的步骤进行软件包安装。

例 5-3 安装 net-tools 软件包。

```
[root@localhost ~]# yum -y install net-tools
OS                                        7.5 kB/s | 2.1 kB     00:00
everything                                8.6 kB/s | 2.4 kB     00:00
EPOL                                      6.6 kB/s | 2.4 kB     00:00
debuginfo                                 6.8 kB/s | 2.4 kB     00:00
source                                    6.7 kB/s | 2.3 kB     00:00
update                                    9.6 kB/s | 2.7 kB     00:00
update-source                             17 kB/s | 4.5 kB      00:00
Dependencies resolved.
================================================================================
 Package          Architecture        Version              Repository      Size
================================================================================
Installing:
 net-tools        x86_64              2.10-3.oe2203sp3        OS            199 k

Transaction Summary
================================================================================
Install   1 Package

Total size: 199 k
Installed size: 881 k
Downloading Packages:
[SKIPPED] net-tools-2.10-3.oe2203sp3.x86_64.rpm: Already downloaded
Running transaction check
Transaction check succeeded.
Running transaction test
Transaction test succeeded.
Running transaction
  Preparing:                                                              1/1
  Installing       : net-tools-2.10-3.oe2203sp3.x86_64                    1/1
```

```
    Running scriptlet: net-tools-2.10-3.oe2203sp3.x86_64                    1/1
    Verifying        : net-tools-2.10-3.oe2203sp3.x86_64                    1/1

Installed:
    net-tools-2.10-3.oe2203sp3.x86_64

Complete!
```

其安装过程大致分为 3 步：首先是依赖性检查，即找出此软件包运行所依赖的所有软件包；然后将软件包及其所有依赖包从软件仓库中下载下来；最后安装软件包及其所有依赖包。

2. YUM 源

提供软件包下载的服务器就是 YUM 源。YUM 软件可以管理多个软件源。YUM 源的配置文件默认为/etc/yum.repos.d/目录下所有扩展名为.repo 的文件。

通过 ls 命令可查看 openEuler 操作系统安装好后就已经存在的 YUM 源配置文件，查询结果如下。

```
[root@localhost ~]# ls /etc/yum.repos.d/
openEuler.repo
```

该目录下的"repo"文件就是 YUM 源的配置文件。其中的每一个 YUM 源配置文件中都可以配置多个软件仓库，如打开 openEuler.repo 文件可以看到如下内容。

```
[OS]
name=OS
baseurl=http://repo.openeuler.org/openEuler-22.03-LTS-SP3/OS/$basearch/
metalink=https://mirrors.openeuler.org/metalink?repo=$releasever/OS&arch=$basearch
metadata_expire=1h
enabled=1
gpgcheck=1
gpgkey=http://repo.openeuler.org/openEuler-22.03-LTS-SP3/OS/$basearch/RPM-GPG-
KEY-openEuler
```

这些内容就是一个软件仓库的配置，也称为一个 YUM 源容器，其中[OS]是容器名。如此，可以在一个文件中配置若干个 YUM 源容器。表 5-3 所示为 YUM 源容器的配置项及其功能说明。

表 5-3　YUM 源容器的配置项及其功能说明

配置项	功能说明
name	源容器的说明
baseurl	源服务器的地址
metalink	镜像站点
metadata_expire	定义 YUM 缓存中数据的过期时间
enabled	如果不写此参数或值为 1，则表示该容器生效；值为 0，则表示该容器不生效
gpgcheck	如果值为 1，则表示需要验证软件包的数字证书信息；值为 0，则表示不需要验证
gpgkey	数字证书的公钥文件保存位置，当 gpgcheck 值为 0 时，该参数无效

通过更改 YUM 源容器的各个配置项的参数值，可以实现更换 YUM 源的目的。

5.2.2　主机名管理与域名解析

登录以后，可以发现每台主机的命令行前面都是[root@localhost ~]，这里的 localhost 就是默认的主机名。如果不更改主机名，则相同的主机名将导致这些主机之间无法区分彼此。因此，需要给每台主机配置一个唯一的名称（主机名），以方便以后直接通过主机名对相应的计算机进行管理。

主机名管理与域名解析

1. 主机名管理

（1）查看主机名

使用 hostname 命令可以查看当前计算机的主机名。

```
[root@localhost ~]# hostname
localhost
```

这里得到的结果 localhost 就是该计算机默认的主机名。

（2）更改主机名

这里介绍两种常用的更改主机名的方法，实际操作时任选其一即可。

方法一：更改/etc/hostname 文件，用新的主机名替换原有的主机名。

```
[root@localhost ~]# vi /etc/hostname
```

更改完成后需要重启系统，使更改生效。

```
[root@localhost ~]# reboot
```

方法二：使用 hostnamectl 命令更改主机名。

hostnamectl 命令用于对主机名进行管理，使用它更改主机名的方法如下。

```
hostnamectl set-hostname  <主机名>
```

这条命令将更改/etc/hostname 文件的内容，以达到更改主机名的目的。采用方法二更改主机名不需要重启系统，退出当前登录或者用远程管理工具重新连接一次即可，如例 5-4 所示。

例 5-4　将主机名更改为 controller。

第 1 步，更改主机名为 controller。

```
[root@localhost ~]# hostnamectl set-hostname controller
```

第 2 步，退出登录。

```
[root@localhost ~]# exit
```

重新登录系统后，可以看到命令行最左边的部分变成了[root@controller ~]，这就表示主机名已经成功更改为 controller。

2. 本地域名解析

如果想通过主机名直接访问对应的主机，则需要对主机名和网卡的 IP 地址进行绑定，该绑定工作可以借助本地域名解析完成。Linux 中的/ext/hosts 文件的作用就是将一些常用的域名与其对应的 IP 地址建立关联，当访问这些域名时就可以将其解析为对应的 IP 地址。利用该方法将主机名和 IP 地址进行绑定后，访问主机名就等同于访问对应的 IP 地址，这样可以提高工作效率。

打开 hosts 文件，可以看到如下内容。

```
[root@controller ~]# vi /etc/hosts
127.0.0.1    localhost localhost.localdomain localhost4 localhost4.localdomain4
::1          localhost localhost.localdomain localhost6 localhost6.localdomain6
```

如上所示，文件中的每一行都表示一个域名到 IP 地址的映射关系，其中，127.0.0.1 是 IPv4 的本地 IP 地址，而"::1"是 IPv6 的本地 IP 地址。IP 地址后面的字符串是主机名列表。主机名列表中的第一个名称为主机名，如这里的 localhost，其他名称为主机名的别名。主机名的别名可以有多个，它们之间用空格隔开。下面用例 5-5 演示如何将主机名解析为 IP 地址。

例 5-5　将主机名 controller 解析为内网 IP 地址 192.168.10.10。

第 1 步，打开 hosts 文件，在文件最后加上如下一行内容。

```
192.168.10.10 controller
```

保存文件并退出后，执行下一步操作。

第 2 步，测试与主机的联通性。

```
[root@controller ~]# ping controller
PING controller (192.168.10.10) 56(84) 字节的数据。
64 字节，来自 controller (192.168.10.10): icmp_seq=1 ttl=64 时间=0.024 毫秒
64 字节，来自 controller (192.168.10.10): icmp_seq=2 ttl=64 时间=0.071 毫秒
64 字节，来自 controller (192.168.10.10): icmp_seq=3 ttl=64 时间=0.059 毫秒
```

如果获得以上结果，则说明能够通过主机名访问对应的主机，同时表明成功地将主机名解析成了 IP 地址。

5.2.3 防火墙管理

防火墙（Firewall）是一种位于内部网络与外部网络之间的网络安全系统，可以将内部网络和外部网络隔离。通常，防火墙可以保护内部的私有局域网免受外部攻击，并防止重要数据泄露。openEuler 操作系统自带防火墙应用，默认使用 Firewall 作为系统防火墙。防火墙的管理功能集成在系统服务管理命令 systemctl 中。systemctl 命令的基本用法如下。

防火墙管理

```
systemctl <参数> <服务名>
```

表 5-4 所示为 systemctl 命令的常用参数及其功能说明。

表 5-4　systemctl 命令的常用参数及其功能说明

常用参数	功能说明
status	查看服务运行状态
start	开启服务
stop	停止服务
enable	使服务开机即启动
disable	取消服务开机即启动
restart	重启服务

例如，systemctl restart firewalld 就是重启防火墙，这里的 firewalld 是 firewalld.service 的简写，它是防火墙服务的守护进程，启动了它就启动了防火墙服务。下面用几个例子说明如何管理防火墙。

例 5-6　查看防火墙状态。

```
[root@controller ~]# systemctl status firewalld
● firewalld.service – firewalld – dynamic firewall daemon
   Loaded: loaded (/usr/lib/systemd/system/firewalld.service; enabled; vendor preset: enabled)
   Active: active (running) since Sun 2021–08–15 12:49:59 EDT; 38s ago
     Docs: man:firewalld(1)
 Main PID: 8548 (firewalld)
   CGroup: /system.slice/firewalld.service
           └─8548 /usr/bin/python2 –Es /usr/sbin/firewalld --nofork --nopid
```

运行结果中，Loaded 这一行中的 enabled 说明已经开启了开机启用服务，否则该参数项是 disabled。Active 这一行中的 active (running)说明服务已经启动，且处于运行状态；服务没有启动时，该参数项是 inactive (dead)。

例 5-7　停止防火墙。

```
[root@controller ~]# systemctl stop firewalld
```

通常，停止防火墙时，要设置禁止防火墙开机自动启动，否则一旦重启系统，防火墙仍然会自动运行。其具体命令如下。

```
[root@controller ~]# systemctl disable firewalld
```

例 5-8　启动防火墙。

启动防火墙的命令如下。

```
[root@controller ~]# systemctl start firewalld
```

防火墙启动之后，要设置防火墙开机自动启动服务，否则重启系统后防火墙会失效。其具体命令如下。

```
[root@controller ~]# systemctl enable firewalld
```

5.2.4　OpenStack 的基础支持服务

OpenStack 云计算平台要借助多个第三方提供的基础服务才能够正常运行。这些基础服务包括数据库服务、消息队列服务、时间同步服务、缓存服务等。能够提供这些基础服务的软件有很多种，这里只介绍目前常用的软件。

OpenStack 的基础
支持服务

1. Chrony 时间同步服务

网络时间协议（Network Time Protocol，NTP）是用于网络时间同步的协议。提供 NTP 网络"对时"的服务器就是 NTP 服务器。因为云计算平台是一个计算机集群，所以必然包含多台服务器（如本书中用到了两台）。因为同一系统内的计算机时间必须保持一致才能保证系统工作正常，所以需要对所有的服务器进行时间同步，即保证所有服务器处于相同的时间。提供 NTP 时间同步服务的软件有很多，这里采用 Chrony 软件实现时间同步。Chrony 软件是一款开源的自由软件，是 openEuler 中默认开启的服务。Chrony 软件包括两个核心组件，即 chronyd 和 chronyc。其中，chronyd 是后台一直运行的守护进程，用于调整计算机的系统时钟与 NTP 服务器保持同步；chronyc 是命令行的用户管理组件，用于监控性能并进行多样化的配置。图 5-1 所示为时间同步服务示意图，其中内网 NTP 服务器可以从外网 NTP 服务器获得时间同步服务，同时其为内网中的时间同步客户端提供了时间同步服务。所以，一个 NTP 服务器也可以作为另一个 NTP 服务器的客户端。

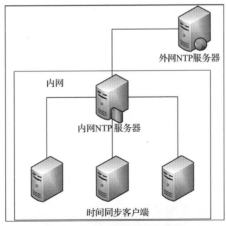

图 5-1　时间同步服务示意图

（1）时间同步服务配置

时间同步的核心是给其他计算机提供进行"对时"的 NTP 服务器。通过修改 Chrony 配置文件，可以将任意一台计算机配置成 NTP 服务器或者与 NTP 服务器连接的客户端。Chrony 的配置文件是/etc/chrony.conf。打开该配置文件后可以看到，在开始部分配置了NTP服务器，具体如下。

> pool pool.ntp.org iburst

这就是openEuler操作系统默认使用的NTP服务器集群，在连接互联网的情况下，主机将与该NTP服务器集群进行时间同步。其中，iburst参数的作用是设置NTP服务器没有在一定的时间内应答时，客户端发送8倍数量的数据包给NTP服务器，以提高同步成功率。

设置好要与之同步的NTP服务器后，该主机就成为对应NTP服务器的客户端。其将主动与NTP服务器进行时间同步，使其系统时间与NTP服务器时间保持一致。而让主机成为NTP服务器的方法也很简单，仍然是修改配置文件，设置允许某个网段的Chrony客户端使用本机的NTP服务，具体如下。

> allow 192.168.10.0/24

每次修改完配置文件后，都需要重启服务才能使其生效，具体如下。

```
systemctl restart chronyd        #重启服务
systemctl enable chronyd         #设置开机启动
```

（2）时间同步服务管理

Chrony的时间同步由chronyc命令进行监控和管理。chronyc命令的基本用法如下。

> chronyc <参数>

表5-5所示为chronyc命令的常用参数及其功能说明。

表5-5 chronyc命令的常用参数及其功能说明

常用参数	功能说明
sources [-v]	显示当前NTP服务器的信息，加上选项"-v"，将显示对数据的说明
Activity	检查有多少个NTP源在线/离线
Clients	显示访问本服务器的客户端
add server	添加新的NTP服务器
delete	删除已有的NTP服务器

例5-9 查看当前客户端与NTP服务器的连接情况。

```
[root@controller ~]# chronyc sources
MS Name/IP address      Stratum  Poll  Reach   LastRx   Last              sample
===============================================================================
^* dns1.synet.edu.cn      1       6    17      7       -4051us[-9227us] +/-   34ms
^+ ntp8.flashdance.cx     2       6    33      5       +6798us[+1622us] +/-  110ms
^+ time.cloudflare.com    3       6    35      4       +56ms[  +56ms] +/-   175ms
```

从显示结果可以看到，当前提供的NTP服务器数量为3台。其中，"^"表示连接的是服务器。"*"表示当前已经连接的NTP服务器，如果无法连接则会显示"?"；"+"表示备用的服务器。Last sample列显示了上次测量时本地时间与NTP服务器时间之间的偏移量，方括号中的内容表示实际测得的偏移量，方括号左侧的内容表示被调整的偏移量（值为正时表示客户端时间比服务器时间快），"+/-"后的内容为允许误差范围。

例5-10 添加和删除腾讯NTP服务器。

```
[root@controller ~]# chronyc add server time1.cloud.tencent.com
200 OK
```

显示200 OK，表示操作成功。接下来将该NTP服务器删除。

```
[root@controller ~]# chronyc delete time1.cloud.tencent.com
200 OK
```

2. OpenStack 云计算平台框架

OpenStack 是包含很多独立组件的云计算平台框架。在安装组件前，需要先将框架搭建出来，才能向其中放置组件。

按照下面的步骤，在控制节点与计算节点上安装由 openEuler 操作系统官方发布的 OpenStack 云计算平台框架与客户端管理工具。

（1）安装 OpenStack 云计算平台框架

其安装命令如下。

```
yum -y install openstack-release-train
```

如果觉得名称过长记不住，则可以使用 YUM 软件包管理器的软件包搜索功能，代码如下。

```
yum search train
```

（2）升级所有软件包

升级软件包的命令如下。

```
yum upgrade -y
```

这条命令会自动检查所有可以升级的软件包（不包括系统内核）并进行自动升级。

（3）安装 OpenStack 云计算平台客户端

OpenStack 的管理功能大部分集成在 openstack 命令中，而 openstack 命令是由 OpenStack 的客户端提供的。以下命令将安装 OpenStack 云计算平台客户端。

```
yum -y install python-openstackclient
```

安装好客户端以后，即可使用 openstack 命令管理云计算平台，如查看 OpenStack 的版本号的命令如下。

```
openstack --version
```

3. MariaDB 数据库服务

数据库是用于存储和处理数据的软件系统。在目前常用的 Oracle、MySQL、SQL Server 等数据库中，MySQL 得益于其开源、免费、轻量级等特点，成为众多用户的首选。但是，在 2009 年甲骨文公司收购了 MySQL 后，人们担忧 MySQL 存在被闭源的潜在风险，因此 MySQL 的创始人迈克尔·维德纽斯（Michel Widenius）主导开发了完全兼容 MySQL、开源、免费的 MariaDB 数据库。MariaDB 是一个采用 Maria 存储引擎的 MySQL 数据库的分支版本。在 OpenStack 中，MariaDB 被用于存储用户、角色、网络等信息。MariaDB 没有包含在默认安装的操作系统中，需要从软件仓库中获取并安装。

（1）安装 MariaDB 数据库

可使用以下命令安装 MariaDB 数据库。

```
[root@controller ~]# yum install -y mariadb-server python-PyMySQL
```

以上命令安装了两个软件包，其中，mariadb-server 是 MariaDB 数据库的后台服务，python-PyMySQL 是实现 OpenStack 与数据库相连的软件模块。

（2）编辑数据库配置文件

MariaDB 数据库的配置文件是/etc/my.cnf.d/下所有扩展名为.cnf 的文件。可以新建一个文件进行配置，如下命令将新建一个 openstack.cnf 配置文件。

```
[root@controller ~]# vi /etc/my.cnf.d/openstack.cnf
```

编辑新建的配置文件，按如下内容对数据库服务端进行设置。

```
[mysqld]
bind-address = 192.168.10.10
default-storage-engine = innodb
innodb_file_per_table = on
max_connections = 4096
```

```
collation-server = utf8_general_ci
character-set-server = utf8
```

其中，[mysqld]表示设置的是数据库的服务端。

MariaDB 配置文件中能够进行设置的主要参数及其功能说明如表 5-6 所示。

表 5-6　MariaDB 配置文件中能够进行设置的主要参数及其功能说明

参数	功能说明
port	数据库对外服务的端口号，默认为 3306
datadir	数据库文件存放目录
bind-address	绑定远程访问地址，只允许从该地址访问数据库
default-storage-engine	默认存储引擎，MariaDB 支持几十种存储引擎，其中，InnoDB 是比较常用的支持事务的存储引擎
innodb_file_per_table	InnoDB 引擎的独立表空间，可使每张表的数据都单独保存
max_connections	最大连接数
collation-server	字符的排序规则，也称为排列字符集，每个字符集都对应一个或多个排列字符集
character-set-server	字符集

（3）启动数据库

启动数据库，使数据库的配置生效。如果数据库无法启动或者启动后数据库的初始化有异常，则可检查配置文件中的参数是否有错。

```
[root@controller ~]# systemctl enable mariadb        #设置开机启动
[root@controller ~]# systemctl start mariadb         #立即启动服务
```

（4）初始化数据库

输入如下命令，并回答其后给出的问题，实现对数据库的初始化工作。

```
[root@controller ~]# mysql_secure_installation
Enter current password for root （enter for none）:#输入当前密码，若没有密码则直接按 Enter 键
Set root password? [Y/n] Y                           #是否设置新密码
New password:000000                                  #输入新密码
Re-enter new password:000000                         #确认新密码
Remove anonymous users? [Y/n]Y                       #是否删除匿名用户
Disallow root login remotely? [Y/n] Y                #是否禁止 root 用户远程登录
Remove test database and access to it? [Y/n] Y       #是否删除测试数据库
Reload privilege tables now? [Y/n] Y                 #是否重新加载权限表
```

完成后将得到如下文字提示，表示初始化成功。

```
All done!   If you've completed all of the above steps, your MariaDB
installation should now be secure.

Thanks for using MariaDB!
```

（5）使用数据库

MariaDB 数据库需要先登录再使用，登录使用 mysql 命令实现，其基本语法如下。

```
mysql -h<数据库服务器地址> -u<用户名> -p<密码>
```

例 5-11　登录 MariaDB 数据库。

```
[root@controller ~]# mysql -hlocalhost -uroot -p000000
Welcome to the MariaDB monitor.   Commands end with ; or \g.
```

```
Your MariaDB connection id is 13
Server version: 10.5.22-MariaDB MariaDB Server

Copyright (c) 2000, 2018, Oracle, MariaDB Corporation Ab and others.

Type 'help;' or '\h' for help. Type '\c' to clear the current input statement.

MariaDB [(none)]>
```

由于是登录本机的数据库，因此可以不用写-h 服务器选项，可以直接写为 mysql -uroot
-p000000。登录以后，出现 MariaDB [(none)]>命令行后，即可使用结构化查询语言（Structured
Query Language，SQL）来操作数据库。

例 5-12　查询所有存在的数据库。

```
MariaDB [(none)]> show databases;
+--------------------+
| Database           |
+--------------------+
| information_schema |
| mysql              |
| performance_schema |
+--------------------+
3 rows in set (0.000 sec)
```

结果显示 MariaDB 中存在 3 个数据库。

例 5-13　查询 MySQL 数据库中存在哪些表。

```
MariaDB [(none)]> use mysql;
Reading table information for completion of table and column names
You can turn off this feature to get a quicker startup with -A

Database changed
MariaDB [mysql]> show tables;
MariaDB [mysql]> show tables;
+---------------------------+
| Tables_in_mysql           |
+---------------------------+
| column_stats              |
| columns_priv              |
| db                        |
| event                     |
| func                      |
| general_log               |
| global_priv               |
| gtid_slave_pos            |
| help_category             |
| help_keyword              |
| help_relation             |
| help_topic                |
| index_stats               |
| innodb_index_stats        |
```

```
| innodb_table_stats           |
| plugin                       |
| proc                         |
| procs_priv                   |
| proxies_priv                 |
| roles_mapping                |
| servers                      |
| slow_log                     |
| table_stats                  |
| tables_priv                  |
| time_zone                    |
| time_zone_leap_second        |
| time_zone_name               |
| time_zone_transition         |
| time_zone_transition_type    |
| transaction_registry         |
| user                         |
+------------------------------+
31 rows in set (0.000 sec)
```

这里用到了两条语句，即"use mysql;"和"show tables;"。第一条语句用于改变当前操作的数据库为 MySQL，第二条语句用于显示 MySQL 数据库中的表名列表。

4. RabbitMQ 消息队列服务

消息队列是一种应用间的通信方式，消息发送到消息队列后由消息队列来确保消息的可靠传递，即消息发布者和消息使用者之间并不产生直接关系。消息发布者只负责把消息发布到消息队列中而不用关心对方有没有收到，消息使用者只负责从消息队列中取出发送给自己的消息，如图 5-2 所示。

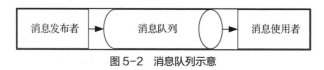

图 5-2　消息队列示意

OpenStack 各个组件之间就是通过消息队列进行相互通信的。市面上存在多种消息队列应用，其中，RabbitMQ 是一个开源的、应用广泛的消息服务系统，通常使用它来为 OpenStack 提供消息队列服务。RabbitMQ 和 MariaDB 一样，需要先安装再使用。

（1）安装 RabbitMQ 消息队列服务

可使用以下命令安装 RabbitMQ 的服务端。

```
[root@controller ~]# yum -y install rabbitmq-server
```

（2）启动 RabbitMQ 消息队列服务

按照以下命令可以启动 RabbitMQ 消息队列服务。

```
[root@controller ~]# systemctl enable rabbitmq-server    #设置开机启动
[root@controller ~]# systemctl start rabbitmq-server     #立即启动服务
```

（3）管理用户与密码

为了保证安全性，不让用户任意在消息队列中存放或获取消息，需要先进行用户名和密码的认证。给 RabbitMQ 添加一个用户并设置密码以后，用户即可使用消息队列服务。RabbitMQ 用户的用户名和密码由 rabbitmqctl 命令进行管理。

新建 RabbitMQ 用户的命令如下。

```
rabbitmqctl add_user <用户名> <密码>
```

删除 RabbitMQ 用户的命令如下。

```
rabbitmqctl delete_user <用户名>
```

修改 RabbitMQ 用户密码的命令如下。

```
rabbitmqctl change_password <用户名> <新密码>
```

下面用几个例子来进行说明。

例 5-14　给 RabbitMQ 消息队列创建一个名为 openstack 的用户，密码为 RABBIT_ PASS。

```
[root@controller ~]# rabbitmqctl add_user openstack RABBIT_PASS
Creating user "openstack"
```

例 5-15　将 RabbitMQ 消息队列中名为 openstack 的用户密码更改为 000000。

```
[root@controller ~]# rabbitmqctl change_password openstack 000000
Changing password for user "openstack"
```

例 5-16　删除 RabbitMQ 消息队列中名为 openstack 的用户。

```
[root@controller ~]# rabbitmqctl delete_user openstack
Deleting user "openstack"
```

（4）管理用户权限

管理 RabbitMQ 用户权限的代码如下。

```
[root@controller ~]# rabbitmqctl set_permissions openstack ".*" ".*" ".*"
Setting permissions for user "openstack" in vhost "/" ...
```

以上命令给用户 openstack 设置了使用队列的权限。该命令中的 3 个 ".*" 分别对应配置、写入和读取权限，其中，".*" 表示所有资源。命令执行完成后，openstack 用户就拥有了对 RabbitMQ 所有资源的配置、写入和读取权限。

如果要查看 RabbitMQ 的某个用户权限，则可以用以下代码。

```
[root@controller ~]# rabbitmqctl list_user_permissions openstack
Listing permissions for user "openstack"
/        .*        .*        .*
```

从运行结果中可以看出，每一个 RabbitMQ 服务器都有一个默认的虚拟机 "/"，openstack 用户对该虚拟机的所有资源拥有配置、写入和读取的权限。

（5）检查服务运行情况

每一个服务都是通过特定的一个或者数个端口对外提供服务的，只要查看对应端口占用状态，就可以分析出当前服务是否正常运行。RabbitMQ 消息队列服务对外服务端口为 25672 和 5672。

```
[root@controller ~]# netstat -tnlup
Active Internet connections (only servers)
Proto Recv-Q Send-Q  Local Address     Foreign Address  State    PID/Program name
tcp     0       0 0.0.0.0:25672  0.0.0.0:*        LISTEN   50115/beam.smp
tcp6    0       0 :::5672           :::*             LISTEN   50115/beam.smp
```

如果能看到 25672 和 5672 端口正在监听中，则说明 RabbitMQ 安装成功。

5. Memcached 内存缓存服务

内存缓存（Memcached）是一个高性能的分布式内存对象缓存系统，能够存储各种格式的数据，包括图像、视频、文件，以及数据库检索的结果等。经常用到的数据先存放到内存缓存中，使用时直接从内存缓存中读取。由于内存缓存比磁盘的读取速度快很多，因此可以大大提高读取速度。内存缓存服务对于"云"这种多人使用的系统来说可以大大提高效率和降低磁盘的损耗。想要使用 Memcached 内存缓存服务，需要从软件仓库中对其进行下载和安装。

（1）安装内存缓存服务软件

安装内存缓存服务软件的代码如下。

```
[root@controller ~]# yum -y install memcached python-memcached
```

以上代码安装了 memcached 和 python-memcached 两款软件，其中，memcached 是内存缓存服务软件，python-memcached 是对该服务进行管理的接口程序软件。安装完成后，系统将自动创建名为 memcached 的用户，可以通过如下代码查询系统用户。

```
[root@localhost ~]# cat /etc/passwd|grep memcached
memcached:x:995:992:Memcached daemon:/run/memcached:/sbin/nologin
```

（2）配置内存缓存服务

Memcached 的配置文件为"/etc/sysconfig/memcached"，其文件内容如下。

```
[root@controller ~]# vi /etc/sysconfig/memcached
PORT="11211"
USER="memcached"
MAXCONN="1024"
CACHESIZE="64"
OPTIONS="-l 127.0.0.1,::1"
```

其中，PORT 是服务端口，默认是 11211；USER 是用户名，默认是自动创建的用户 memcached；MAXCONN 是允许的最大连接数；CACHESIZE 是最大缓存大小，单位为 MB；OPTIONS 是其他选项，默认设置为指定监听地址，表示默认对本地访问进行监听。以下代码可实现对所有地址的监听。

```
OPTIONS = "-l 0.0.0.0,::1"
```

（3）启动内存缓存服务

启动内存缓存服务的方式如下。

```
[root@controller ~]# systemctl enable memcached      #设置开机启动
[root@controller ~]# systemctl start memcached       #立即启动服务
```

（4）检查服务运行情况

方法一：通过端口检查服务运行情况。

由于 Memcached 服务器要通过 11211 端口对外提供服务，因此通过查看 11211 端口是否启用可以判断该服务是否启动。

```
[root@localhost ~]# netstat -tnlup|grep memcached
tcp        0      0 192.168.10.10:11211    0.0.0.0:*      LISTEN      9283/memcached
tcp        0      0 127.0.0.1:11211        0.0.0.0:*      LISTEN      9283/memcached
tcp6       0      0 ::1:11211              :::*           LISTEN      9283/memcached
```

可以看到，192.168.10.10 服务器的 11211 端口处于 LISTEN 状态，说明服务正在运行。

方法二：通过 telnet 命令连接服务器进行检查。

telnet 命令用于远端登录，通常用于测试服务的端口状态。telnet 命令需要安装后才能使用。

```
[root@controller ~]# yum -y install telnet
```

使用 telnet 命令连接服务器的方式如下。

```
telnet <服务器地址> <端口号>
```

如果不输入端口号，则默认连接 23 端口。下面演示如何与 Memcached 服务器相连。

```
[root@controller ~]# telnet 192.168.10.10 11211
Trying 192.168.10.10...
Connected to 192.168.10.10.
Escape character is '^]'.
```

连接上服务器后就进入命令等待状态，如果要退出程序，则输入 quit 后按 Enter 键即可。这里输入 stats 后按 Enter 键，可以查看服务器运行状态。

```
Escape character is '^]'.
stats
```

```
STAT pid 9283
STAT uptime 4973
STAT time 1629643005
STAT version 1.5.6
STAT libevent 2.0.21-stable
STAT pointer_size 64
STAT rusage_user 0.961383
STAT rusage_system 0.589234
STAT max_connections 1024
STAT curr_connections 3
STAT total_connections 5
STAT rejected_connections 0
STAT connection_structures 4
STAT reserved_fds 20
```

从显示出来的一长串结果中可以看到当前 Memcached 服务器运行的各种状态信息。例如，uptime 表示服务器已经运行的秒数，version 表示版本号，curr_connections 表示当前的连接数等。

6. etcd 分布式键-值对存储系统

etcd 是一个开源项目，其目标是构建一个高可用的分布式键-值数据库，用于配置共享和服务发现。etcd 这个名称由单机系统存储配置数据的/etc 目录和分布式系统对应英文名中的 distributed 各取部分构成，即 etc 加上 distributed 的 d，以说明这款软件的作用类似于分布式系统中/etc 目录的功能，即存储大规模分布式系统的配置信息。

（1）安装 etcd 分布式键-值对存储系统

etcd 需要安装后才能使用，可使用以下方式进行安装。

```
[root@controller ~]# yum -y install etcd
```

（2）配置服务器

etcd 服务器的配置文件为 etc/etcd/etcd.conf。打开配置文件后，按照以下内容修改参数的值（提示：可以使用 Vi 文本编辑器的查找功能查找参数所在的位置）。

```
[root@controller ~]# vi /etc/etcd/etcd.conf
ETCD_NAME=controller
ETCD_LISTEN_PEER_URLS="http://192.168.10.10:2380"
ETCD_LISTEN_CLIENT_URLS="http://192.168.10.10:2379,http://127.0.0.1:2379"
ETCD_INITIAL_ADVERTISE_PEER_URLS="http://192.168.10.10:2380"
ETCD_INITIAL_CLUSTER="controller=http://192.168.10.10:2380"
ETCD_INITIAL_CLUSTER_STATE="new"
ETCD_INITIAL_CLUSTER_TOKEN="etcd-cluster-01"
ETCD_ADVERTISE_CLIENT_URLS="http://192.168.10.10:2379"
```

etcd 的配置参数很多，本书仅介绍在安装 OpenStack 时涉及的配置参数。表 5-7 所示为 etcd 服务端配置文件的配置参数及其说明。

表 5-7　etcd 服务端配置文件的配置参数及其说明

配置参数	说明
ETCD_LISTEN_PEER_URLS	用于监听其他 etcd 成员的地址，只能是 IP 地址，不能是域名
ETCD_LISTEN_CLIENT_URLS	对外提供服务的地址，只能是 IP 地址，不能是域名

续表

配置参数	说明
ETCD_NAME	当前 etcd 成员的名称，成员必须有唯一名称，建议采用主机名
ETCD_INITIAL_ADVERTISE_PEER_URLS	列出该成员的伙伴地址，通告给集群中的其他成员
ETCD_ADVERTISE_CLIENT_URLS	列出该成员的客户端地址，通告给集群中的其他成员
ETCD_INITIAL_CLUSTER	启动初始化集群配置，值为"成员名=该成员服务地址"
ETCD_INITIAL_CLUSTER_TOKEN	初始化 etcd 集群标识，用于多个 etcd 集群相互识别
ETCD_INITIAL_CLUSTER_STATE	初始化集群状态（新建值为 new，已存在值为 existing）。如果该选项被设置为 existing，则 etcd 将试图加入已有的集群

（3）启动服务器

启动服务器的命令如下。

```
[root@controller ~]# systemctl enable etcd        #设置开机启动
[root@controller ~]# systemctl start etcd         #立即启动服务
```

（4）检查服务运行情况

正如在配置文件中配置的，etcd 服务需要监听 2379 和 2380 端口，故可以通过检查这两个端口的情况来判断服务运行情况。

```
[root@controller ~]# netstat –tnlup|grep etcd
tcp        0      0 192.168.10.10:2379       0.0.0.0:*           LISTEN        3706/etcd
tcp        0      0 192.168.10.10:2380       0.0.0.0:*           LISTEN        3706/etcd
```

（5）etcd 服务管理

etcdctl 是管理 etcd 服务的工具，利用它可以实现数据的存取。下面用两个例子演示在 etcd 中如何实现对数据的存取。

例 5-17　向 etcd 中存入一个键-值对，键为 testkey，值为 001。

```
[root@controller ~]# etcdctl put testkey 001
```

其中，put 表示执行存入键-值对操作；其后跟的两个数据中，第一个数据是键，第二个数据是值。

例 5-18　从 etcd 中读取键 testkey 对应的值。

```
[root@controller ~]# etcdctl get testkey
testkey
001
```

其中，get 表示读取操作，通过键读取其对应的值。

5.3　项目实施

5.3.1　克隆虚拟机

本书搭建的是 OpenStack 双节点平台，需要两台带双网卡的计算机主机，分别作为控制节点（主机名为 controller）和计算节点（主机名为 compute）。本书采用 VMware Workstation 虚拟两台主机进行实验，每台主机需要至少

克隆虚拟机

4GB 内存，因此安装 VMware Workstation 的物理机需要至少 8GB 内存（含 Windows 运行所需要的内存），并需要支持虚拟化功能（部分计算机需要在 BIOS 中开启支持虚拟化功能），可用磁盘空间建议在 200GB 以上。双节点 OpenStack 云计算平台的虚拟机需求清单如表 5-8 所示。

表 5-8　双节点 OpenStack 云计算平台的虚拟机需求清单

虚拟机	控制节点	计算节点
主机名	controller	compute
CPU	2 核	2 核
磁盘	100GB	100GB
内存	4GB	4GB
网卡 1	192.168.10.10/24，仅主机模式网络，用于内网通信	192.168.10.20/24，仅主机模式网络，用于内网通信
网卡 2	192.168.20.10/24 ，NAT 模式网络，用于外网通信	192.168.20.20/24，NAT 模式网络，用于外网通信

现在已经有了一台满足条件的虚拟机可以用作控制节点，还差一台虚拟机作为计算节点。VMware Workstation 具有虚拟机克隆功能，可以将现有的一台虚拟机整体克隆来生成完全一样的主机。下面就利用该功能克隆生成计算节点。

第 1 步，弹出 VMware Workstation 的【克隆虚拟机向导】对话框。

在 VMware Workstation 主界面中右击【我的计算机】下的虚拟机（虚拟机需处于关闭状态），在弹出的快捷菜单中选择【管理】→【克隆】命令，如图 5-3 所示，弹出图 5-4 所示的【克隆虚拟机向导】对话框。

图 5-3　选择虚拟机进行克隆

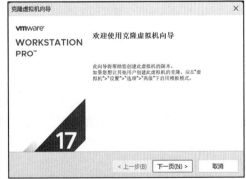

图 5-4　【克隆虚拟机向导】对话框

第2步，选择克隆源与克隆类型。

在图5-4所示的【克隆虚拟机向导】对话框中单击【下一步】按钮，进入图5-5所示的【克隆源】界面。

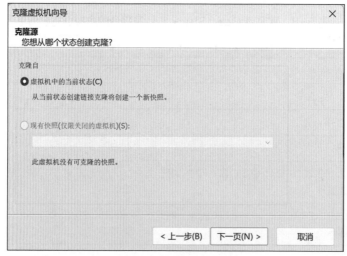

图5-5 【克隆源】界面

在【克隆源】界面中选中【虚拟机中的当前状态】单选按钮，单击【下一页】按钮，进入图5-6所示的【克隆类型】界面。

在【克隆类型】界面中选中【创建完整克隆】单选按钮，单击【下一页】按钮，进入图5-7所示的【新虚拟机名称】界面。

图5-6 【克隆类型】界面

图5-7 【新虚拟机名称】界面

第3步，设置新的虚拟机名称及存储位置，开始克隆虚拟机。

在【新虚拟机名称】界面的【虚拟机名称】文本框中输入新克隆的虚拟机的名称，在【位置】文本框中选择虚拟机存储的位置，设置完成后单击【完成】按钮，虚拟机开始克隆，显示【正在克隆】文字，如图5-8所示。

计算机经过一段时间的克隆作业并成功后，将进入图5-9所示的克隆完成界面。

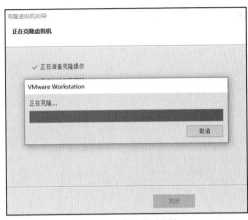

图 5-8　正在克隆虚拟机

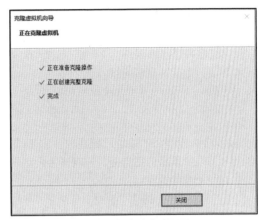

图 5-9　克隆完成界面

单击【关闭】按钮，结束任务，可以在主界面中看到【我的计算机】下多出了一个虚拟机图标，如图 5-10 所示。

图 5-10　克隆成功后的主界面

目前已经有了两台虚拟机，可将它们分别作为控制节点主机和计算节点主机使用。

5.3.2　设置主机 IP 地址

由于计算节点克隆于控制节点，因此其内部软硬件配置和控制节点的保持一致，包括网卡配置。由于在同一个网络中不允许出现两个相同的 IP 地址，因此需要更改计算节点的网卡 IP 地址。

设置主机 IP 地址

第 1 步，更改计算节点内网网卡 IP 地址。

```
[root@controller ~]# cd /etc/sysconfig/network-scripts/
[root@controller network-scripts]# vi ifcfg-ens33
```

在文件中删除 UUID，并按以下代码更改 IP 地址。

```
IPADDR=192.168.10.20
```

保存文件并退出编辑。

第 2 步，更改计算节点外网网卡 IP 地址。

```
[root@controller network-scripts]# vi ifcfg-ens34
```

在文件中删除 UUID，并按以下代码更改 IP 地址。

```
IPADDR=192.168.20.20
```

保存文件并退出编辑。

第 3 步，重启并查看网络。

```
[root@controller ~]# nmcli con reload
[root@controller ~]# nmcli con up ens34
[root@controller ~]# nmcli con up ens33
```

重启以后，因为 IP 地址已经更改，SSH 远程连接工具将会丢失连接，所以要用新的 IP 地址 192.168.10.20 重新进行连接。重新连接后查看网络信息，具体信息如下。

```
[root@controller ~]# ip a
1: lo: <LOOPBACK,UP,LOWER_UP> mtu 65536 qdisc noqueue state UNKNOWN group
default qlen 1000
    link/loopback 00:00:00:00:00:00 brd 00:00:00:00:00:00
    inet 127.0.0.1/8 scope host lo
       valid_lft forever preferred_lft forever
    inet6 ::1/128 scope host
       valid_lft forever preferred_lft forever
2: ens33: <BROADCAST,MULTICAST,UP,LOWER_UP> mtu 1500 qdisc pfifo_fast state UP
group default
    link/ether 00:0c:29:d1:e1:8b brd ff:ff:ff:ff:ff:ff
    inet 192.168.10.20/24 brd 192.168.10.255 scope global noprefixroute ens33
       valid_lft forever preferred_lft forever
    inet6 fe80::51d2:3101:32d7:3dae/64 scope link noprefixroute
       valid_lft forever preferred_lft forever
3: ens34: <BROADCAST,MULTICAST,UP,LOWER_UP> mtu 1500 qdisc pfifo_fast state UP
group default
    link/ether 00:0c:29:d1:e1:95 brd ff:ff:ff:ff:ff:ff
    inet 192.168.20.20/24 brd 192.168.20.255 scope global noprefixroute ens34
       valid_lft forever preferred_lft forever
    inet6 fe80::6d31:b55f:450b:adaf/64 scope link noprefixroute
       valid_lft forever preferred_lft forever
```

5.3.3 主机名更改与域名解析

本小节将更改主机名，并将主机名与 IP 地址绑定。

1. 更改主机名

目前，登录以后的两台虚拟机命令行前面都是[root@controller ~]，从中可以看出它们的主机名都是 controller，这是在项目 3 中更改的。为了区分两台主机，这里将计算节点主机名更改为 compute。在计算节点中运行以下代码。

主机名更改与域名
解析

```
[root@controller ~]# hostnamectl set-hostname compute
[root@controller ~]# exit
```

退出系统后重新登录系统，计算节点最左边的部分变成[root@compute ~]，表示主机名更改成功。

2. 本地域名解析

将主机名和 IP 地址绑定，以后应用主机名就等同于应用对应的 IP 地址，以提高工作效率。该任务对控制节点和计算节点都要进行操作。

第 1 步，修改控制节点的 hosts 文件。

```
[root@controller ~]# vi /etc/hosts
127.0.0.1    localhost localhost.localdomain localhost4 localhost4.localdomain4
::1          localhost localhost.localdomain localhost6 localhost6.localdomain6
```

在文件最后增加以下两行映射代码。

```
192.168.10.10 controller
192.168.10.20 compute
```

增加的两行代码将 controller 和 compute 主机名及对应的内网 IP 地址进行了绑定，以后使用主机名就如同使用内网 IP 地址一样。

第 2 步，修改计算节点的 hosts 文件。

```
[root@compute ~]# vi /etc/hosts
127.0.0.1    localhost localhost.localdomain localhost4 localhost4.localdomain4
::1          localhost localhost.localdomain localhost6 localhost6.localdomain6
```

在文件最后增加以下两行映射代码。

```
192.168.10.10 controller
192.168.10.20 compute
```

5.3.4 关闭系统防火墙

防火墙是一种在内外网之间构建一道相对隔绝的保护屏障，以保护用户资料与信息安全性的技术。在安装 OpenStack 之前，应将 Linux 操作系统自带的 SELinux 安全系统和防火墙（Firewall）关闭，避免因防火墙设置的问题造成无法连接相关服务。本任务对控制节点和计算节点都要执行相同的操作。

关闭系统防火墙

第 1 步，禁用 SELinux。

编辑 SELinux 配置文件，设置开机禁用 SELinux。

```
# vi /etc/selinux/config
```

将其中的 SELINUX=enforcing 更改为 SELINUX=disabled。

使用以下命令设置立即禁用 SELinux。

```
# setenforce 0
```

第 2 步，停用 Firewall（防火墙）。

首先，使用以下命令设置开机时禁用防火墙。

```
# systemctl disable firewalld
```

其次，使用以下命令立即停用防火墙。

```
# systemctl stop firewalld
```

第 3 步，验证网络联通性，保证两台虚拟机能够相互连通。

在计算节点中测试其与控制节点的联通性。

```
[root@compute ~]# ping controller
```

在控制节点中测试其与计算节点的联通性。

```
[root@controller ~]# ping compute
```

本任务完成后，请按照 5.3.13 小节中的表 5-9 进行自检，自检通过后再进入下一个任务。

5.3.5 搭建本地软件仓库

软件仓库类似于手机中的应用商城，是下载软件的地方。openEuler 操作系统中用 YUM 管理软件仓库，因此软件仓库也称为 YUM 源。如果能访问外网，

搭建本地软件仓库

则读者可以直接使用操作系统默认配置的 YUM 源；如果不能访问外网，则需要自己搭建本地的YUM 源。由于每台主机都需要安装软件，故而都需要配置 YUM 源，因此在控制节点和计算节点上均要完成 YUM 源配置操作。另外，软件仓库很大，没有必要在每台主机上都放置同样的软件仓库，可以通过共享的方式为其他主机提供服务。下面将演示如何在控制节点上配置 YUM 源，并搭建文件传输服务器为计算节点提供服务。本任务需要使用控制节点和计算节点。

1. 在控制节点中配置 YUM 源

随书提供的资源包中有 openStack-train.iso 文件，该镜像文件包括从网上下载好的安装OpenStack 需要用到的 YUM 源文件。

第 1 步，上传文件到控制节点中。

如图 5-11 所示，将 openStack-train.iso 镜像文件上传到"/opt"目录下。

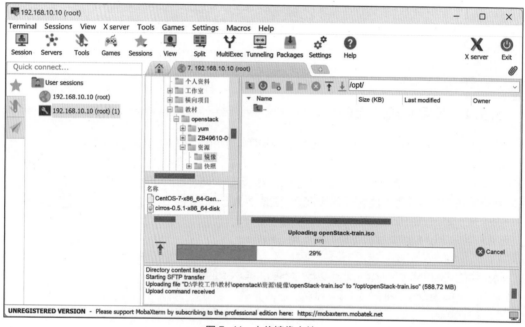

图 5-11　上传镜像文件

第 2 步，将镜像文件挂载到文件夹中。

先创建一个新文件夹，再将 openStack-train.iso 文件挂载到上面。

```
[root@controller ~]# cd   /opt
[root@controller opt]# mkdir   openstack
[root@controller opt]# mount   openStack-train.iso   openstack
```

这里采用 mount 命令将镜像文件挂载到/opt/openstack 目录下，这样就可以通过访问该文件夹来访问镜像文件中的内容。

> **注意**　当系统重启后，使用 mount 命令的挂载将失效，需要重新挂载。

可以修改/etc/fstab 文件，让系统重启后自动挂载镜像。

```
[root@controller opt]# vi /etc/fstab
```

在文件最后写入如下代码。

```
/opt/openStack-train.iso /opt/openstack iso9660 defaults 0 0
```

这行代码表示将/opt/openStack-train.iso 镜像文件挂载到/opt/openstack 目录，挂载的磁盘文件系统为 iso9660 光盘文件系统，文件系统的参数为 defaults（可读写、可执行等），后面的两个 0 分别代表如果系统执行 dump 命令进行全盘备份时不备份该文件系统、在开机过程中不检验该文件系统是否完整以提高效率。

第 3 步，备份原有 YUM 源的配置文件。

```
[root@controller opt]# cd /etc/yum.repos.d/
[root@controller yum.repos.d]# mkdir bak
[root@controller yum.repos.d]# mv *.repo bak
```

第 4 步，编辑本地 YUM 源文件，使其指向本地文件。

```
[root@controller yum.repos.d]# vi OpenStack.repo
[OS]
name=OS
baseurl=file:///opt/openstack/OS
enable=1
gpgcheck=0

[everything]
name=everything
baseurl=file:///opt/openstack/everything
enable=1
gpgcheck=0

[EPOL]
name=EPOL
baseurl=file:///opt/openstack/EPOL
enable=1
gpgcheck=0

[update]
name=update
baseurl=file:///opt/openstack/update
enable=1
gpgcheck=0

[OpenStack_Train]
name=OpenStack_Train
baseurl=file:///opt/openstack/OpenStack_Train
enable=1
gpgcheck=0
```

这里的"file:///"表示链接到本地文件系统的地址。

第 5 步，清除原有 YUM 源缓存并重建缓存，再次检测 YUM 源是否可用。

首先，清除缓存。

```
[root@controller yum.repos.d]# yum clean all
50 files removed
```

其次，重新建立 YUM 源缓存。

```
[root@controller yum.repos.d]# yum makecache
```

最后，检测 YUM 源是否可用。

```
[root@controller yum.repos.d]# yum repolist
repo id                              repo name
EPOL                                 EPOL
OS                                   OS
OpenStack_Train                      OpenStack_Train
everything                           everything
update                               update
```

如果可以看到 OS、everything、EPOL、update、OpenStack_Train 这 5 个库，则说明配置正确。

2. 在控制节点中配置 FTP 服务器

控制节点上的 YUM 源已经配置成功，在计算节点上同样可以按照控制节点的操作步骤进行配置。但通常不应该把软件仓库复制后存放在多个服务器，因为这样会占用很多磁盘资源。为了共享控制节点上的软件仓库，可以在控制节点上搭建一个 FTP 服务器，利用共享控制节点上已有的软件仓库为计算节点提供服务。

第 1 步，安装 FTP 软件包。

安全 FTP（Very Secure FTP，VSFTP）是一款在 Linux 中非常常用的 FTP 服务器，这里选择它作为 FTP 服务器。

```
[root@controller ~]# yum -y install   vsftpd
```

第 2 步，配置 FTP 主目录为软件仓库目录。

```
[root@controller ~]# vi /etc/vsftpd/vsftpd.conf
anonymous_enable=YES      #启用匿名用户
anon_root=/opt            #设置匿名用户访问的主目录
```

第 3 步，启动 FTP 服务，并设置开机启动。

```
[root@controller ~]# systemctl start vsftpd
[root@controller ~]# systemctl enable vsftpd
```

3. 在计算节点上配置 YUM 源

接下来修改计算节点的 YUM 源配置文件，使 YUM 源指向控制节点 FTP 服务器中的软件仓库。

第 1 步，备份原有 YUM 源的配置文件。

```
[root@compute ~]# cd /etc/yum.repos.d/
[root@compute yum.repos.d]# mkdir bak
[root@compute yum.repos.d]# mv *.repo bak
```

第 2 步，从控制节点中远程复制配置文件，以减少修改工作量。

```
[root@compute yum.repos.d]#scp root@controller:/etc/yum.repos.d/OpenStack.repo OpenStack.repo
The authenticity of host 'controller (192.168.10.10)' can't be established.
ECDSA key fingerprint is SHA256:p8f5bWWbpeUX3DiZiLCx6qeVZPwqHcV2FCc2aKTcTRc.
ECDSA key fingerprint is MD5:2a:52:b1:b6:25:88:c7:0a:d9:f8:0f:07:95:b9:b3:f7.
Are you sure you want to continue connecting (yes/no)? yes
Warning: Permanently added 'controller,192.168.10.10' (ECDSA) to the list of known hosts.
root@controller's password:
OpenStack.repo                    100%  423    402.4KB/s    00:00
```

scp 命令是远程复制命令，这里用该命令将控制节点的 YUM 源配置文件 OpenStack.repo 复制到计算节点中。当出现"Are you sure you want to continue connecting (yes/no)?"时，应输入yes，表示同意该连接；当显示"root@controller's password:"时，应输入控制节点 root 用户的密码，如本例为"openstack0#"，验证通过后将远程复制控制节点的 YUM 源配置文件到计算节点中。

第 3 步，编辑 YUM 源配置文件，使用控制节点 FTP 服务器中的软件仓库。

```
[root@compute yum.repos.d]# vi OpenStack.repo
```

按照如下内容进行修改。

```
[OS]
name=OS
baseurl=ftp://controller/openstack/OS/
enable=1
gpgcheck=0

[everything]
name=everything
baseurl=ftp://controller/openstack/everything/
enable=1
gpgcheck=0

[EPOL]
name=EPOL
baseurl=ftp://controller/openstack/EPOL/
enable=1
gpgcheck=0

[update]
name=update
baseurl=ftp://controller/openstack/update/
enable=1
gpgcheck=0

[OpenStack_Train]
name=OpenStack_Train
baseurl=ftp://controller/openstack/OpenStack_Train/
enable=1
gpgcheck=0
```

第 4 步，清除原有 YUM 源缓存并重建缓存。

```
[root@compute ~]# yum clean all
[root@compute ~]# yum makecache
```

第 5 步，安装网络工具箱软件，测试 YUM 源是否可用。

在控制节点和计算节点中均运行以下语句。

```
# yum -y install net-tools
```

当看到最后的结果中有"Complete！"字样时，说明安装成功。如果在 5.2.1 小节的任务中已经安装过 net-tools 软件包，则最后会显示 Nothing to do，说明已经安装过该软件包，这也是正确的。

本任务完成后，请按照 5.3.13 小节中的表 5-10 进行自检，自检通过后再进入下一个任务。

5.3.6 拍摄系统快照

安装系统并部署好基础环境会花费较长时间。为了避免在接下来的工作中由于失误而出现需要重装系统以致前功尽弃的情况，可以利用 VMware Workstation 的快照功能将操作系统的现有状态进行保存，当出现需要重装系统的状况时，只需

拍摄系统快照

要花几分钟恢复到拍照时的状态即可。下面演示用 VMware Workstation 快照功能拍摄快照的步骤。

第 1 步，选择【拍摄快照】选项。

在 VMware Workstation 主界面的【我的计算机】下右击需要拍摄快照的主机，在弹出的快捷菜单中选择【快照】→【拍摄快照】命令，如图 5-12 所示。

第 2 步，设置快照名称并拍摄快照。

选择【拍摄快照】命令以后，将弹出图 5-13 所示的【控制节点-拍摄快照】对话框，在【名称】文本框中填写快照的名称，单击【拍摄快照】按钮，完成快照拍摄工作。

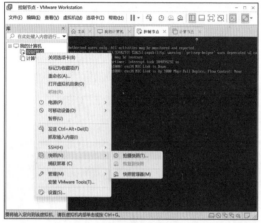

图 5-12　选择【拍摄快照】命令

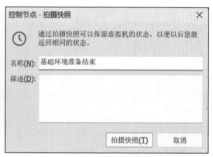

图 5-13　【控制节点-拍摄快照】对话框

第 3 步，查看与管理快照。

再次右击相应的主机查看快照，就可以看到刚才创建的快照名称，如图 5-14 所示，以后即可利用创建的快照进行快速系统还原操作。

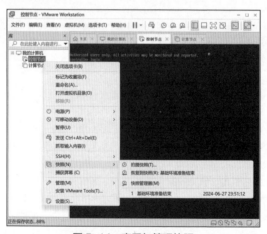

图 5-14　查看与管理快照

5.3.7　安装 Chrony 时间同步服务

在双主机环境或多机环境中，要让系统正常通信，必须保证其时间的一致性。本任务将实现控制节点和计算节点的时间同步，控制节点作为时间同步系统服务端，计算节点作为客户端。

安装 Chrony 时间
同步服务

1. 设置局域网时间同步

（1）配置控制节点为 NTP 时间服务器

第 1 步，打开 Chrony 的配置文件。

```
[root@controller ~]# vi /etc/chrony.conf
```

第 2 步，编辑配置文件。

当外网的 NTP 服务器不可用时，可采用本地时间作为同步标准。

```
local stratum 1
```

在配置文件中，设置允许同网段的主机使用本机的 NTP 服务。

```
allow 192.168.10.0/24
```

第 3 步，重启时间同步服务，使配置生效。

```
[root@controller ~]# systemctl restart chronyd
```

（2）配置计算节点与控制节点时间同步

第 1 步，打开 Chrony 的配置文件。

```
[root@compute ~]# vi /etc/chrony.conf
```

第 2 步，编辑配置文件。

首先，将配置文件中默认的同步服务器删除。

```
pool pool.ntp.org iburst
```

其次，增加控制节点的时间同步服务器，即使计算节点与控制节点进行"对时"。

```
server controller iburst
```

第 3 步，重启时间同步服务，使配置生效。

```
[root@compute ~]# systemctl restart chronyd
```

2. 检查时间同步服务状态

查看计算节点与控制节点的同步情况。

```
[root@compute ~]# chronyc sources
 210 Number of sources = 1
MS Name/IP address             Stratum Poll Reach LastRx Last sample
===============================================================================
^* controller                     3    6    17     3   +1552ns[ +294us] +/- 1215ms
```

从结果中可以看到，时间同步服务器为 controller，结果的左下方显示"*"，表示连接成功；如果显示"?"，则表示连接时间同步服务器不成功。如果有不成功的情况，则应检查配置是否错误，并检查是否重启了服务。注意，配置文件修改后，需要重启服务后才能使修改生效。

本任务完成后，请按照 5.3.13 小节中的表 5-11 进行自检，自检通过后再进入下一个任务。

5.3.8 安装 OpenStack 云计算平台基础框架

OpenStack 是一个云计算平台基础框架，其包含很多独立的组件。本任务将搭建 OpenStack 云计算平台基础框架。在控制节点与计算节点上均需要执行以下操作。

安装 OpenStack
云计算平台基础
框架

第 1 步，安装 OpenStack（Train 版）软件框架。

```
# yum -y install openstack-release-train
```

这条命令会在/etc/yum.repos.d 下生成 openstack-train.repo 的 YUM 源文件，在未连接外网时用不到该配置文件，所以需要将其删除。

```
# rm -rf /etc/yum.repos.d/openstack-train.repo
```

第 2 步，升级所有软件。

将现有软件（除了内核外）升级到最新版本。

```
# yum clean all
# yum makecache
# yum -y upgrade
```

第3步，安装 OpenStack 云计算平台管理客户端。

```
# yum   -y install python-openstackclient
```

安装客户端以后，即可使用 openstack 命令管理云计算平台。

本任务完成后，请按照 5.3.13 小节中的表 5-12 进行自检，自检通过后再进入下一个任务。

5.3.9　安装 MariaDB 数据库服务

数据库服务在 OpenStack 中是非常重要的基础服务，OpenStack 云计算平台的每个核心组件都会使用到它。本任务将安装常用的 MariaDB 数据库。

安装 MariaDB
数据库服务

MariaDB 数据库的安装与配置只需在控制节点上进行。

第1步，安装 MariaDB 数据库。

安装 MariaDB 数据库的方法如下。

```
[root@controller ~]# yum -y install   mariadb-server python-PyMySQL
```

以上语句安装了两款软件。其中，mariadb-server 是数据库的服务端；python-PyMySQL 是数据库管理接口，OpenStack 云计算平台通过它管理数据库。

第2步，创建数据库配置文件。

首先，在数据库配置文件目录中新建一个配置文件，文件名任取，但扩展名必须为.cnf。

```
[root@controller ~]# vi /etc/my.cnf.d/openstack.cnf
```

其次，在文件中新增以下内容。

```
[mysqld]
bind-address = 192.168.10.10
default-storage-engine = innodb
innodb_file_per_table = on
max_connections = 4096
collation-server = utf8_general_ci
character-set-server = utf8
```

第3步，启动数据库。

首先，设置开机启动数据库服务。

```
[root@controller ~]# systemctl enable mariadb
```

其次，立即启动数据库服务。

```
[root@controller ~]# systemctl start mariadb
```

如果启动出现问题，则应认真检查第2步中的配置文件内容是否正确。

第4步，初始化数据库。

在数据库启动成功的情况下，按以下方法初始化数据库。

```
[root@controller ~]# mysql_secure_installation
Enter current password for root （enter for none）:        #输入当前密码，直接按 Enter 键
Set root password? [Y/n] Y                                 #是否设置新密码
New password:000000                                        #输入新密码
Re-enter new password:000000                               #确认新密码
Remove anonymous users? [Y/n]Y                             #是否删除匿名用户
Disallow root login remotely? [Y/n] Y                      #是否禁止 root 用户远程登录
Remove test database and access to it? [Y/n] Y             #是否删除测试数据库
Reload privilege tables now? [Y/n] Y                       #是否重新加载权限表
```

第 5 步，登录数据库进行测试。

```
[root@controller ~]# mysql -uroot -p000000
Welcome to the MariaDB monitor.   Commands end with ; or \g.
Your MariaDB connection id is 3
Server version: 10.5.22-MariaDB MariaDB Server

Copyright (c) 2000, 2018, Oracle, MariaDB Corporation Ab and others.

Type 'help;' or '\h' for help. Type '\c' to clear the current input statement.

MariaDB [(none)]>
```

登录成功后，输入 quit 并按 Enter 键退出。

本任务完成后，请按照 5.3.13 小节中的表 5-13 进行自检，自检通过后再进入下一个任务。

5.3.10　安装 RabbitMQ 消息队列服务

OpenStack 各个组件之间是通过消息队列进行相互通信的，因此消息队列也是一个必不可少的基础支持组件。本任务将安装常用的 RabbitMQ 消息队列服务。RabbitMQ 消息队列服务只需要在控制节点上进行安装与设置。

第 1 步，安装 RabbitMQ 消息队列服务软件包。

安装 RabbitMQ
消息队列服务

```
[root@controller ~]# yum -y install rabbitmq-server
```

第 2 步，启动消息队列服务。

首先，设置开机启动消息队列服务。

```
[root@controller ~]# systemctl enable rabbitmq-server
```

其次，立即启动消息队列服务。

```
[root@controller ~]# systemctl start rabbitmq-server
```

第 3 步，添加用户，并设置用户权限。

为 RabbitMQ 系统添加一个名为 rabbitmq 的用户并设置其密码为 000000，以后通过该用户使用消息队列服务。

```
[root@controller ~]# rabbitmqctl add_user rabbitmq 000000
```

为 rabbitmq 用户授予对消息队列服务中所有资源的配置、写入和读取权限。

```
[root@controller ~]# rabbitmqctl set_permissions rabbitmq ".*" ".*" ".*"
```

第 4 步，检查服务运行情况。

检查 RabbitMQ 消息队列服务的对外服务端口 25672 和 5672 是否处于监听状态。

```
[root@controller ~]# netstat -tnlup|grep 5672
tcp        0      0 0.0.0.0:25672        0.0.0.0:*           LISTEN      977/beam.smp
tcp6       0      0 :::5672              :::*                LISTEN      977/beam.smp
```

如果能看到 25672 和 5672 端口正处于监听（LISTEN）状态，则说明 RabbitMQ 消息队列服务处于运行状态。

本任务完成后，请按照 5.3.13 小节中的表 5-14 进行自检，自检通过后再进入下一个任务。

5.3.11　安装 Memcached 缓存服务

安装 Memcached
缓存服务

Memcached 是一个高性能的分布式内存对象缓存系统，能大大提高云计算平台的数据分发效率，是 OpenStack 云计算平台的一个重要的基础服务。

Memcached 缓存服务只需要在控制节点上进行安装和设置。

第 1 步，安装 Memcached 缓存服务软件。

```
[root@controller ~]# yum -y install memcached python-memcached
```

以上语句安装了 memcached 和 python-memcached 两款软件。其中，memcached 是缓存服务；而 python-memcached 是该服务的管理接口，OpenStack 通过它管理缓存服务。

第 2 步，配置缓存服务，设置对控制节点的访问进行监听。

```
[root@controller ~]# vi /etc/sysconfig/memcached
```

将配置文件内容中 OPTIONS 参数的值更改为以下内容。

```
OPTIONS = "-l 0.0.0.0,::1"
```

第 3 步，启动缓存服务。

```
[root@controller ~]# systemctl enable memcached        #设置开机启动
[root@controller ~]# systemctl start memcached         #立即启动服务
```

第 4 步，检查服务运行情况。

由于 Memcached 服务器要通过 11211 端口对外服务，因此通过查看 11211 端口是否处于监听状态可以判断该服务是否处于运行状态。

```
[root@controller ~]# netstat -tnlup|grep 11211
tcp    0    0 192.168.10.10:11211    0.0.0.0:*      LISTEN    3394/memcached
tcp    0    0 127.0.0.1:11211        0.0.0.0:*      LISTEN    3394/memcached
tcp6   0    0 ::1:11211              :::*           LISTEN    3394/memcached
```

本任务完成后，请按照 5.3.13 小节中的表 5-15 进行自检，自检通过后再进入下一个任务。

5.3.12 安装 etcd 分布式键-值对存储系统

etcd 分布式键-值对存储系统用于存储大规模分布式系统的配置信息，以及进行组件的注册和服务发现等，也是 OpenStack 的一个重要应用。

安装etcd分布式键-值对存储系统

etcd 分布式键-值对存储系统只需要在控制节点上进行安装与设置。

第 1 步，安装 etcd 软件。

```
[root@controller ~]# yum -y install etcd
```

第 2 步，配置服务器。

```
[root@controller ~]# vi /etc/etcd/etcd.conf
```

修改并启用（取消注释）以下数据。

```
ETCD_NAME=controller
ETCD_LISTEN_PEER_URLS="http://192.168.10.10:2380"
ETCD_LISTEN_CLIENT_URLS="http://localhost:2379,http://192.168.10.10:2379"
ETCD_INITIAL_ADVERTISE_PEER_URLS="http://192.168.10.10:2380"
ETCD_INITIAL_CLUSTER="controller=http://192.168.10.10:2380"
ETCD_INITIAL_CLUSTER_STATE="new"
ETCD_INITIAL_CLUSTER_TOKEN="etcd-cluster-01"
ETCD_ADVERTISE_CLIENT_URLS="http://192.168.10.10:2379"
```

对于长文件的编辑，可以使用 Vi 文本编辑器的查找功能"/"和"?"。另外，"#"表示注释，如果要启用配置，则需要将行首的"#"删除。

第 3 步，启动 etcd 服务。

首先，设置开机启动 etcd 服务。

```
[root@controller ~]# systemctl enable etcd
```

其次，立即启动 etcd 服务。

```
[root@controller ~]# systemctl start etcd
```

第 4 步，检查服务运行情况。

正如在配置文件中配置的，etcd 服务需要监听 2379 和 2380 端口，所以通过查看 2379 和 2380 端口是否处于监听状态，可以判断该服务是否处于运行状态。

```
[root@controller ~]# netstat –tnlup|grep etcd
tcp        0      0 192.168.10.10:2379        0.0.0.0:*        LISTEN        51560/etcd
tcp        0      0 127.0.0.1:2379            0.0.0.0:*        LISTEN        51560/etcd
tcp        0      0 192.168.10.10:2380        0.0.0.0:*        LISTEN        51560/etcd
```

本任务完成后，请按照 5.3.13 小节中的表 5-16 进行自检，自检通过后再进入下一个任务。

5.3.13　安装完成情况检测

安装 OpenStack 的各个任务之间是相互关联的，必须在保证前一个任务成功完成后才能继续其下的任务。因此，本项目针对每个重要任务都设计了检测环节，以方便读者自行检测任务完成情况。

表 5-9 所示为 5.3.2～5.3.4 这 3 小节介绍结束后，即网络环境配置好以后的完成情况自检工单，读者可按照表中所列举的项对实施情况进行自我评估，同时对相应项失败的原因进行分析和记录，这将有助于定位问题，并能通过解决问题积攒经验。

表 5-9　网络环境配置自检工单

检测内容	检测方法	合格标准	检测结果		失败原因
			成功	失败	
从控制节点到计算节点的联通性检测	ping 计算节点的内网 IP 地址	ping 通			
	ping 计算节点的外网 IP 地址	ping 通			
	ping 计算节点的主机名	ping 通			
从计算节点到控制节点的联通性检测	ping 控制节点的内网 IP 地址	ping 通			
	ping 控制节点的外网 IP 地址	ping 通			
	ping 控制节点的主机名	ping 通			
从宿主机到控制节点的联通性检测	ping 控制节点的内网 IP 地址	ping 通			
	ping 控制节点的外网 IP 地址	ping 通			
从宿主机到计算节点的联通性检测	ping 计算节点的内网 IP 地址	ping 通			
	ping 计算节点的外网 IP 地址	ping 通			

表 5-10 所示为 5.3.5 小节"搭建本地软件仓库"结束后的完成情况自检工单，读者可按照表中所列举的项对实施情况进行自我评估，同时对相应项失败的原因进行分析和记录，这将有助于提高解决实际问题的能力。

表 5-10　本地 YUM 源搭建自检工单

检测内容	检测方法	合格标准	检测结果		失败原因
			成功	失败	
控制节点 YUM 源检测	yum repolist	存在 base、extra、train、update、virt这 5 个库			
	使用 yum 命令安装 net-tools	能正常安装			
	使用 yum 命令安装 telnet	能正常安装			
控制节点 FTP服务检测	使用 systemctl status vsftpd 命令检测 FTP 服务的开启情况	运行态，显示active(running)			
计算节点 YUM 源检测	yum repolist	存在 base、extras、train、update、virt这 5 个库			
	使用 yum 命令安装 net-tools	能正常安装			
	使用 yum 命令安装 telnet	能正常安装			

表 5-11 所示为 5.3.7 小节“安装 Chrony 时间同步服务”结束后的完成情况自检工单，读者可按照表中所列举的项对实施情况进行自我评估，同时对相应项失败的原因进行分析和记录。

表 5-11　Chrony 时间同步服务安装自检工单

检测内容	检测方法	合格标准	检测结果		失败原因
			成功	失败	
在计算节点上检测与控制节点的时间同步情况	用 chronyc sources 命令查询计算节点连接的 NTP 服务器	NTP 服务器源为控制节点，显示成功连接			
	用 date 命令查询当前时间	控制节点与计算节点的时间一致			

表 5-12 所示为 5.3.8 小节“安装 OpenStack 云计算平台基础框架”结束后的完成情况自检工单，读者可按照表中所列举的项对实施情况进行自我评估，同时对相应项失败的原因进行分析和记录。

表 5-12　OpenStack 云计算平台基础框架安装自检工单

检测内容	检测方法	合格标准	检测结果		失败原因
			成功	失败	
在控制节点上检测安装结果	查看 /etc/yum.repos.d/ 目录下的文件	只有自建的扩展名为.repo的文件			
	使用 openstack --version 命令检测 OpenStack 版本号	显示版本号			

续表

检测内容	检测方法	合格标准	检测结果		失败原因
			成功	失败	
在计算节点上检测安装结果	查看/etc/yum.repos.d/目录下的文件	只有自建的扩展名为.repo的文件			
	使用 openstack --version 命令检测 OpenStack 版本号	显示版本号			

表 5-13 所示为 5.3.9 小节"安装 MariaDB 数据库服务"结束后的完成情况自检工单，读者可按照表中所列举的项对实施情况进行自我评估，同时对相应项失败的原因进行分析和记录。

表 5-13　MariaDB 数据库服务安装自检工单

检测内容	检测方法	合格标准	检测结果		失败原因
			成功	失败	
控制节点上的MariaDB 是否安装成功	重启服务器后，使用 netstat -tnlup 命令查看端口占用情况	3306 端口为LISTEN 状态			
	使用 mysql -uroot -p000000 命令登录数据库	能够登录数据库			
	在登录情况下查询数据库列表"show databases;"	存在名为mysql 的数据库			

表 5-14 所示为 5.3.10 小节"安装 RabbitMQ 消息队列服务"结束后的完成情况自检工单，读者可按照表中所列举的项对实施情况进行自我评估，同时对相应项失败的原因进行分析和记录。

表 5-14　RabbitMQ 安装自检工单

检测内容	检测方法	合格标准	检测结果		失败原因
			成功	失败	
控制节点上的RabbitMQ是否启用	重启服务器后，使用 netstat -tnlup 命令查看端口占用情况	25672 与 5672端口处于监听状态			
RabbitMQ 的用户是否正确	使用 rabbitmqctl list_ users 命令查看用户列表	存在自建的用户			
权限是否正确	查看自建用户的权限	具有对所有资源的配置、写入和读取权限			

表 5-15 所示为 5.3.11 小节"安装 Memcached 缓存服务"结束后的完成情况自检工单，读者可按照表中所列举的项对实施情况进行自我评估，同时对相应项失败的原因进行分析和记录。

表 5-15　Memcached 缓存服务安装自检工单

检测内容	检测方法	合格标准	检测结果		失败原因
			成功	失败	
控制节点上服务是否启用	重启服务器后，使用 netstat -tnlup 命令查看端口占用情况	11211 端口处于监听状态			
控制节点用 Telnet 能否连接	用 Telnet 连接服务器，输入"stats"	能连接，并且在 stats 状态下能看到服务器已经运行的时间 uptime			
计算节点用 Telnet 能否连接	用 Telnet 连接服务器，输入"stats"	能连接，并且在 stats 状态下能看到服务器已经运行的时间 uptime			

表 5-16 所示为 5.3.12 小节"安装 etcd 分布式键-值对存储系统"结束后的完成情况自检工单，读者可按照表中所列举的项对实施情况进行自我评估，同时对相应项失败的原因进行分析和记录。

表 5-16　etcd 分布式键-值对存储系统安装自检工单

检测内容	检测方法	合格标准	检测结果		失败原因
			成功	失败	
控制节点上的 etcd 服务是否启用	重启服务器后，使用 netstat -tnlup 命令查看端口占用情况	2379 与 2380 端口处于监听状态			
能否正常存取数据	使用 etcdctl 命令向键 mykey 存入值 007；使用 etcdctl 命令读取键 mykey 的值	能存入，也能正确读到值			

5.4　项目小结

OpenStack 云计算平台是一个复杂的软件框架结构，可以把它类比为一栋公司大楼，其中完成具体工作的是大楼内的各个业务部门，如财务部、保卫部、经营部等，这些部门就是 OpenStack 中的组件。要想让这栋大楼真正运转起来，首先要建造大楼主体，而在建设过程中又需要电力公司、水力公司、交通运输公司等提供基础服务的机构，这些机构显然不属于这栋大楼，但它们保障了这栋大楼的建造过程。相似地，OpenStack 云计算平台能够搭建和运行也离不开相关的基础服务，其中就包括数据库服务、时间同步服务、消息队列服务、缓存服务、分布式键-值对存储系统等。

本项目围绕如何搭建 OpenStack 云计算平台相关的基础服务展开。首先，使用虚拟机克隆获得双节点 OpenStack 云计算平台所需要的两台节点主机，再为两台节点主机的双网卡绑定内外网地址，通过修改 hostname 和 hosts 文件实现主机名修改与域名解析，并关闭防火墙，这些操作为 OpenStack 云计算平台构建了基础网络环境；其次，为 YUM 软件包管理器配置 YUM 源，并使用 yum 命令解决如何安装软件的问题；最后，在以上网络条件准备好的情况下安装并配置相关服务，分别是提供主机间"对时"的 Chrony 时间同步服务、提供数据存储与处理的 MariaDB 数据库服务、OpenStack 云计算平台基础框架、用于 OpenStack 组件之间消息传递的 RabbitMQ 消息队列服务、能有效提高 OpenStack 数据分发效率的 Memcached 缓存服务、用于服务注册和服务发现的

etcd 分布式键-值对存储系统。另外，为了达到离线安装的目的，本项目还介绍了本地软件仓库的搭建方法。在项目实施过程中，为了防止虚拟机数据丢失，还额外介绍并示范了 VMware Workstation 的拍摄快照功能。学会使用这项功能后，每完成一个任务就可以拍摄一个快照，这样能够避免很多由于误操作而造成的返工。

5.5 项目练习题

1. 选择题

（1）以下（　　　）参数是 yum 命令中用来安装软件包的。

    A. install   B. update   C. remove   D. search

（2）以下（　　　）参数是 yum 命令中用来卸载软件包的。

    A. install   B. update   C. remove   D. search

（3）以下（　　　）参数是 yum 命令中用来升级软件包的。

    A. install   B. update   C. remove   D. search

（4）以下（　　　）参数是 yum 命令中用来搜索软件包的。

    A. install   B. update   C. remove   D. search

（5）修改主机名需要修改（　　　）文件。

    A. hosts   B. hostname   C. ifcfg-ens33   D. chrony.conf

（6）修改域名映射需要修改（　　　）文件。

    A. hosts   B. hostname   C. ifcfg-ens33   D. chrony.conf

（7）openEuler 操作系统默认的防火墙是（　　　）。

    A. Windows Defender   B. 360 防火墙

    C. Firewall   D. Iptables

（8）查看时间同步源的命令是（　　　）。

    A. chronyc add server   B. chronyc sources

    C. chronyc delete server   D. chronyc clients

（9）MariaDB 数据库兼容（　　　）数据库。

    A. MySQL   B. SQL Server   C. Oracle   D. SQLite

（10）以下（　　　）命令用来管理 RabbitMQ 消息队列。

    A. chronyc   B. rabbitmqctl   C. mysql   D. telnet

2. 填空题

（1）修改主机名时需要修改的文件是_____。

（2）用于本地域名解析的文件是_____。

（3）yum 命令中的_____参数用于安装软件包，_____参数用于删除软件包。

（4）Firewall 防火墙的启动命令是_____。

（5）重启 Chrony 时间同步服务的命令是_____。

（6）Memcached 缓存服务的默认用户名是_____。

（7）获取 etcd 中 key 值的命令是_____，存放键-值对的命令是_____。

3. 实训题

（1）只知道一个网桥软件包的前缀是 bridge，现在需要查询到该网桥软件包并安装它，试写出过程命令。

（2）假设数据库允许远程连接，数据库的 IP 地址是 10.10.0.1，用户是 abc，密码是 123456，试写出登录该数据库的命令。

项目6
认证服务（Keystone）安装

06

学习目标

【知识目标】

（1）了解Keystone的功能。

（2）理解角色、用户、服务、端点等专业名词。

（3）了解Keystone的组件架构。

（4）了解Keystone认证的基本步骤。

学习目标

【技能目标】

（1）能够安装与配置Keystone组件。

（2）能够配置Web服务。

（3）能够初始化身份认证信息。

（4）能够用命令创建项目和角色。

（5）能够用命令查阅用户、域名、项目、角色等信息。

引例描述

小王已经完成了OpenStack云计算平台基础环境的部署，这类似于公司大楼已经建好，接下来就该让各个业务部门入驻大楼开始工作了，这里的业务部门就是OpenStack云计算平台的各个组件。但此时小王发现了一个问题，OpenStack云计算平台的组件有很多，该先安装哪个组件呢？

引例描述

6.1 项目陈述

小王通过调研了解到，由于 OpenStack 云计算平台是由众多组件构成的一套复杂系统，因此哪些组件被允许连入系统、进入系统后允许使用哪些组件功能，都需要一个认证单元进行判断和决定。Keystone 在 OpenStack 云计算平台中就是这个认证单元，负责各个组件的认证工作。既然 OpenStack 云计算平台的所有组件都要通过 Keystone 组件的认证才能进入云计算平台，那么应该首先安装 Keystone 组件。

项目陈述

在具体安装 Keystone 组件之前，小王将先学习以下必备知识。

（1）通过"Keystone 的基本概念"学习与身份认证相关的专业名词。

（2）通过"Keystone 的组件架构"了解 Keystone 的组成结构。

（3）通过"Keystone 认证的基本步骤"了解 Keystone 在组件交互中如何发挥作用。

最后，在项目实施环节，小王将在项目操作手册的指导下，在控制节点端完成 Keystone 的安装与配置工作，为 OpenStack 云计算平台后续核心组件的加入打下基础。

6.2 必备知识

6.2.1 Keystone 的基本概念

从本项目开始将出现很多 OpenStack 的专业名词，如域、项目、服务、端点、用户、角色、凭据、认证、令牌、组等，理解这些名词对初学者来说比较难。下面通过一个浅显的例子来介绍它们。

Keystone 的基本概念

假设李四投资了一个会员制网吧，这个网吧就是项目（Project）。该网吧提供多种服务（Service），如上网、喝咖啡、阅览室读书等。每个服务都有一个不同的服务地址，不同的地址对应着不同的服务，如到网吧的咖啡屋中就可以喝咖啡，这里的咖啡屋的地址就是服务端点（Endpoint）。在这个项目中，李四、网管和来上网的人都是用户（User），因为他们都可以使用该网吧的服务。但他们在网吧中的权限是不一样的，因为他们的角色（Role）不一样。李四的角色是老板，有查账权限；网管的角色是管理人员，有收银和软硬件管理权限；其他人的角色是顾客，只有上网与消费权限。用户来到网吧将出示用户名和密码作为身份凭据（Credentials），以认证（Authentication）其身份，只有网吧会员才允许进入。认证通过后获得一个令牌（Token），该令牌的形式可能是手环或者上网卡。进入网吧后，每次使用服务都要先验证持有该令牌的用户是否有权使用该服务（如不是 VIP 用户，则不能进入 VIP 区）。如果用户很多，给每个用户单独分配权限非常麻烦，则可以将若干个用户分为一组（Group），如 VIP 组、战队组等，只需要给组分配权限，用户加入某个组就自动拥有了这个组的所有权限。随着业务扩大，有其他网吧（不同的项目）加盟，此时其中一个网吧的会员到其他网吧中也是会员。为便于管理，可以把部分项目和用户划分到一个域（Domain）中，并规定只有本域中的用户才能使用本域中项目的资源。

其中，域、项目、组、用户和角色的关系模型如图 6-1 所示。

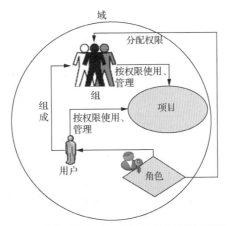

图 6-1 域、项目、组、用户和角色的关系模型

OpenStack 常用专业名词解释如表 6-1 所示。

表 6-1　OpenStack 常用专业名词解释

名词	解释
项目	项目是供用户使用的资源集合，不同项目之间的资源是隔离的。OpenStack 自带 admin 项目
用户	用户是任何拥有身份验证信息来使用 OpenStack 的实体，可以是真正的使用人、其他系统或者某一服务。OpenStack 中自带 admin 用户，该用户属于 admin 项目并分配了 admin 角色。用户必须要指定一个项目才可以申请使用 OpenStack 的服务
域	域是项目和用户的集合。OpenStack 默认存在 Default 域。如果没有另外创建域，则所有项目和用户都将属于 Default 域。用户只可以使用同域中的项目
角色	角色是预定义的权限集合。OpenStack 自带两个预定义角色，即 admin 和 member。其中，member 角色集合了普通用户的访问权限，而 admin 角色集合了对整个 OpenStack 进行管理的特权。角色可以分配给用户或者组，如果某个用户被分配了 admin 角色，则该用户将获得与 admin 用户相同的权限
组	组是域中部分用户的集合。通过分配角色到组中，可以批量向在该组中的所有用户分配权限
认证	认证是 Keystone 认证用户身份的过程
凭据	凭据是 Keystone 认证用户身份时需要的身份验证数据。这些数据可以是用户名/密码、令牌等
令牌	令牌是一个加密字符串，是访问资源的"通行证"。一个令牌包含在指定范围和有效时间内可以被访问的资源信息
服务	服务是 OpenStack 云计算平台中所提供的组件服务，如计算服务、镜像服务等
端点	端点是一个用来访问或定位某个服务的地址，通常是一个 URL。每个服务的端点都有如下 3 类。 （1）admin-url：给 admin 用户提供服务的地址。 （2）internal-url：给内部组件提供服务的地址。 （3）public-url：给其他公共用户提供服务的地址。 在 OpenStack（Train 版）中，这 3 类端点已经统一，只保留了不同的类型，如 Keystone 组件对外提供服务的端点都是"http://[控制节点 IP 地址]:5000/v3"

6.2.2　Keystone 的组件架构

OpenStack 云计算平台中的组件是由不同的服务模块构成的，每个模块各自负责一些任务，它们各司其职，一起形成了一个有机整体。Keystone 的组件架构如图 6-2 所示。

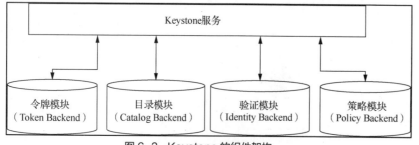

Keystone 的组件
架构

图 6-2　Keystone 的组件架构

由图 6-2 可知，Keystone 服务是由令牌、目录、验证和策略四大后端模块所支持的。Keystone 组成模块的功能说明如表 6-2 所示。

表 6-2　Keystone 组成模块的功能说明

模块	功能说明
令牌	用来生成和管理令牌
目录	用来存储和管理服务以及与之对应的端点信息

续表

模块	功能
验证	用来管理项目、用户、角色，以及提供认证服务
策略	用来存储和管理所有的访问权限

6.2.3　Keystone 认证的基本步骤

OpenStack 云计算平台的各个组件在加入云计算平台系统或者使用其他组件服务时都需要通过 Keystone 的认证。例如，在用户创建虚拟机的过程中，各个组件的相互协作关系如图 6-3 所示。

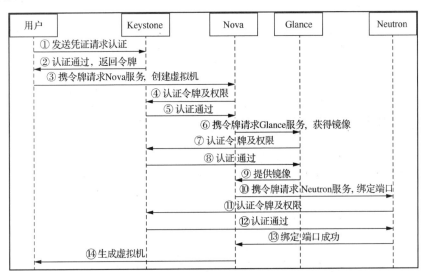

Keystone 认证的
基本步骤

图 6-3　创建虚拟机的过程中各个组件的相互协作关系

从图 6-3 可以看到，每项服务请求都需要经过 Keystone 的认证。Keystone 的认证分为两种。

第 1 种，判断用户凭证是否合法。用户初次登录系统时，需要向 Keystone 提交用户名、密码等用户凭证信息。Keystone 进行认证以判断其是否为合法用户。如果是合法用户，则给用户颁发令牌，用于后续认证。颁发的令牌中包含用户对服务的使用权限、令牌的失效时间等信息。

第 2 种，判断用户令牌是否合法。当用户已经登录系统并开始使用 OpenStack 的任一组件服务时，都需要提交已获得的令牌。提供服务的组件将收到的令牌转交给 Keystone，判断该令牌是否合法、是否过期、是否有权获得服务等。只有通过了 Keystone 的认证，服务才会响应相应的请求。

6.3　项目实施

6.3.1　安装与配置 Keystone

安装与配置
Keystone

为了避免接下来的工作中由于操作不当而造成需要重装系统的情况发生，需将前期工作拍摄快照保存。由于本任务只在控制节点上实施，因此仅需要给控制节点拍摄快照。以下安装与配置 Keystone 的工作皆在控制节点上进行。Keystone 的安装与配置需要经历如下 4 个阶段。

1. 安装 Keystone 软件包

使用以下命令安装 Keystone 组件的必要软件包。

```
[root@controller ~]# yum  -y install openstack-keystone httpd mod_wsgi
```

Keystone 实际是运行在 Web 服务器上的一个支持 Web 服务器网关接口（Web Server Gateway Interface，WSGI）的 Web 应用。因此，这里安装了 3 款软件：openstack-keystone、httpd 和 mod_wsgi。其中，openstack-keystone 是 Keystone 的软件包，httpd 是阿帕奇（Apache）Web 服务器的软件包名，mod_wsgi 是使 Web 服务器支持 WSGI 的插件。

在安装 openstack-keystone 软件包时，会自动创建名为 keystone 的 Linux 用户及同名用户组。可以用以下方式查看系统自动生成的 keystone 用户和 keystone 用户组的相关信息。

（1）查看用户信息

在 passwd 文件中查看所有包含 keystone 字符串的行。

```
[root@controller ~]# cat /etc/passwd | grep keystone
keystone:x:163:983:OpenStack Keystone Daemons:/var/lib/keystone:/sbin/nologin
```

在结果中能看到已经存在 keystone 用户。

（2）查看用户组信息

在 group 文件中查看所有包含 keystone 字符串的行。

```
[root@controller ~]# cat /etc/group | grep keystone
keystone:x:983:
```

在结果中能看到已经存在 keystone 用户组。

2. 创建 Keystone 的数据库并授权

（1）进入数据库服务器

使用以下方法进入 MariaDB 数据库服务器。

```
[root@controller ~]# mysql -uroot -p000000
Welcome to the MariaDB monitor.   Commands end with ; or \g.
Your MariaDB connection id is 3
Server version: 10.5.22-MariaDB MariaDB Server

Copyright (c) 2000, 2018, Oracle, MariaDB Corporation Ab and others.

Type 'help;' or '\h' for help. Type '\c' to clear the current input statement.

MariaDB [(none)]>
```

（2）新建 keystone 数据库

在数据库服务器中创建一个名为 keystone 的数据库。

```
MariaDB [（none）]> CREATE DATABASE keystone;
```

 注意 SQL 命令需要以 "；" 作为结束符。

（3）给用户授权使用新建数据库

将新建数据库的管理权限授予本地登录和远程登录的 keystone 用户。

```
MariaDB [（none）]> GRANT ALL PRIVILEGES ON keystone.* TO 'keystone'@'localhost'
IDENTIFIED BY '000000';
MariaDB [（none）]> GRANT ALL PRIVILEGES ON keystone.* TO 'keystone'@'%' IDENTIFIED
BY '000000';
```

上面两条语句把 keystone 数据库的所有表（keystone.*）的所有权限（ALL PRIVILEGES）授予本地主机（'localhost'）及任意远程主机（'%'）上登录的名为 keystone 的用户，验证密码为 000000。

> **注意** 对本地主机和远程主机的用户授权操作均要执行，不能只执行其中一个操作。

（4）退出数据库

输入 quit 并按 Enter 键，退出数据库。

```
MariaDB [（none）]> quit
```

3. 修改 Keystone 配置文件

修改 Keystone 配置文件包括两个步骤：找到并打开配置文件，以及编辑配置文件。

（1）找到并打开配置文件

Keystone 的配置文件为/etc/keystone/keystone.conf，用以下方法打开该文件。

```
[root@controller ~]# vi /etc/keystone/keystone.conf
```

（2）编辑配置文件

这是一个很长的配置文件，应使用 Vi 文本编辑器的搜索功能完成任务。

第 1 步，修改[database]部分，实现与数据库的连接。在文件中搜索到[database]，增加或者修改以下代码。

```
connection = mysql+pymysql://keystone:000000@controller/keystone
```

以上代码配置了数据库连接信息，使用用户名 keystone 和密码 000000 连接 controller 主机中名为 keystone 的数据库。

第 2 步，修改[token]部分，配置令牌的加密方式。在[token]部分取消注释，使以下设置生效。

```
provider = fernet
```

Keystone 令牌有 3 种生成方式：UUID、PKI 和 Fernet。其中，Fernet Token 是当前主流推荐的令牌加密格式。它是一种轻量级的消息格式，一个 Fernet Token 是一个很长的字符串，该字符串中存储了被加密的用户信息、权限信息、过期时间信息等。Keystone 在验证时将用解密密钥对（Key Pair）进行解密，以获得原始信息。

4. 初始化 Keystone 的数据库

Keystone 安装文件提供了数据库的基础表数据，此时还没有将数据导入 keystone 数据库中，故需要手动将数据同步导入数据库中。

（1）同步数据库

同步数据库的方法如下。

```
[root@controller ~]# su keystone -s /bin/sh -c "keystone-manage db_sync"
```

该命令的解释如下。

① su keystone：su 命令用于用户切换。这里之所以切换到 keystone 用户，是因为 keystone 用户（安装时自动创建的用户）拥有对 keystone 数据库的管理权限。执行完后，把用户切换回 root 用户。

② -s /bin/sh：-s 为 su 命令的选项，指定了使用什么编译器（Shell）执行命令，/bin/sh 就是指定的编译器。

③ -c：su 命令的选项，其后引号内的是具体执行的命令。

这里用到了 keystone-manage 命令，该命令是 Keystone 服务的管理工具。其基本使用方法如下。

```
keystone-manage [选项] <操作>
```

keystone-manage 命令的常见操作及其功能说明如表 6-3 所示。

表 6-3　keystone-manage 命令的常见操作及其功能说明

常见操作	功能说明
db_sync	同步数据库
fernet_setup	创建一个 Fernet 密钥库，用于令牌加密
credential_setup	创建一个 Fernet 密钥库，用于凭证加密
bootstrap	初始化身份认证信息，并将这些信息存入数据库
token_flush	清除过期的令牌

（2）检查数据库

通过以下方法检查数据库是否同步成功。

```
[root@controller ~]# mysql -uroot -p000000          #进入数据库
MariaDB [（none）]> use keystone;                     #转换到 keystone 数据库
MariaDB [keystone]> show tables;
+------------------------------------+
| Tables_in_keystone                 |
+------------------------------------+
| access_rule                        |
| access_token                       |
| application_credential             |
| application_credential_access_rule |
| application_credential_role        |
| assignment                         |
| config_register                    |
| consumer                           |
| credential                         |
| endpoint                           |
| endpoint_group                     |
| federated_user                     |
| federation_protocol                |
| group                              |
| id_mapping                         |
| identity_provider                  |
| idp_remote_ids                     |
| implied_role                       |
| limit                              |
| local_user                         |
| mapping                            |
```

如果见到如上所示的 keystone 数据库中的数据表列表，则表示数据库已经同步成功。

6.3.2　Keystone 组件初始化

Keystone 及相关软件安装好以后，需要为 Keystone 初始化密钥库、用户身份认证信息、服务和服务端点等，使之能够启用。这些操作分为以下 3 个主要步骤。

Keystone 组件
初始化

1. 初始化 Fernet 密钥库

以下命令将自动创建/etc/keystone/fernet-keys/目录，并在该目录下生成两个 Fernet 密钥，这两个密钥用于加密和解密令牌。

```
[root@controller ~]# keystone-manage fernet_setup --keystone-user keystone --keystone-group keystone
```

以下命令将自动创建/etc/keystone/credential-keys/目录，并在该目录下生成两个 Fernet 密钥，这两个密钥用于加密和解密用户凭证。

```
[root@controller ~]# keystone-manage credential_setup --keystone-user keystone --keystone-group keystone
```

2. 初始化用户身份认证信息

已知 OpenStack 有一个默认用户 admin，但现在还没有对应的密码等登录所必需的信息。下面使用 keystone-manage bootstrap 命令为 admin 用户初始化登录凭证，以后登录时出示凭证与此比对即可进行认证。

```
[root@controller ~]# keystone-manage bootstrap --bootstrap-password 000000 --bootstrap-admin-url http://controller:5000/v3 --bootstrap-internal-url http://controller:5000/v3 --bootstrap-public-url http://controller:5000/v3 --bootstrap-region-id RegionOne
```

这里的 keystone-manage bootstrap 命令初始化验证所需要的登录相关信息，并把这些信息存入 MariaDB 的 keystone 数据库的相应表中。其各项参数及其功能说明如表 6-4 所示。

表 6-4　keystone-manage bootstrap 命令的各项参数及其功能说明

参数	功能说明
--bootstrap-username	设置登录用户名，如果没有该参数，则默认登录用户为 admin 用户
--bootstrap-password	设置登录用户的密码
--bootstrap-admin-url	设置 admin 用户使用的服务端点
--bootstrap-internal-url	设置内部用户使用的服务端点
--bootstrap-public-url	设置公共用户使用的服务端点
--bootstrap-region-id	设置区域 ID 名称，用于配置集群服务

运行该命令后，在 keystone 数据库中就已经存放了登录时需要验证的信息。登录时把用户提供的用户名及密码等信息与数据库中的数据进行比对，一致则通过认证，否则认证失败。

3. 配置 Web 服务

Keystone 实际上是一个运行在支持 WSGI 的 Web 服务器上的应用，所以要为其先配置好 Web 服务。本项目采用的是 Apache 服务器，这是一种常见的 Web 服务器，服务名为 httpd。通过以下 3 个步骤来配置 Web 服务。

（1）为 Apache 服务器增加 WSGI 支持

为 Apache 服务器增加 WSGI 支持的方法如下。

```
[root@controller ~]# ln -s /usr/share/keystone/wsgi-keystone.conf /etc/httpd/conf.d/
```

以上命令将 wsgi-keystone.conf 文件软链接到/etc/httpd/conf.d/目录，链接完成后，在该目录下可以看到 wsgi-keystone.conf 文件。这里并没有把文件复制过去，只是建立了一个映射，类似于快捷方式。因为/etc/httpd/conf.d/目录下的 conf 文件都是 Apache 服务器的配置文件，所以该命令使 wsgi-keystone.conf 文件成为 Apache 服务器的配置文件之一，使 Apache 服务器能够应用前面安装的 mod_wsgi 插件以支持 WSGI 协议。

（2）修改 Apache 服务器配置并启动 Apache 服务

由于 Keystone 本质上是一个 Web 应用，因此要借助 Web 服务器运行。Apache 服务器的配置文件为/etc/httpd/conf/httpd.conf。使用以下命令打开该配置文件并进行修改。

```
[root@controller ~]# vi /etc/httpd/conf/httpd.conf
```

修改 ServerName 的值为 Web 服务所在的域名或 IP 地址，以下代码表示将其设为本机域名。

```
ServerName controller
```

（3）重启 Apache 服务

首先，设置开机启动 Apache 服务。

```
[root@controller ~]# systemctl enable httpd
```

其次，立即启动 Apache 服务。

```
[root@controller ~]# systemctl start httpd
```

6.3.3　模拟登录验证

此时，已经初始化了 OpenStack 用户 admin 的登录密码为 000000。那么如何通过 Keystone 的认证登录系统呢？可以通过环境变量传送用户名及密码等凭证给 Keystone，再由其进行验证。下面的两个步骤实现了模拟登录验证的过程。

模拟登录验证

1. 创建初始化环境变量文件

新建一个文件，用于存储身份凭证。

```
[root@controller ~]# vi admin-login
```

在文件中写入如下信息。

```
export OS_USERNAME=admin
export OS_PASSWORD=000000
export OS_PROJECT_NAME=admin
export OS_USER_DOMAIN_NAME=Default
export OS_PROJECT_DOMAIN_NAME=Default
export OS_AUTH_URL=http://controller:5000/v3
export OS_IDENTITY_API_VERSION=3
export OS_IMAGE_API_VERSION=2
```

文件中定义了登录 OpenStack 云计算平台的用户名（OS_USERNAME）是 admin，登录密码（OS_PASSWORD）是 000000，用户属于的域（OS_USER_DOMAIN_NAME）是 Default，项目属于的域（OS_PROJECT_DOMAIN_NAME）是 Default，认证地址（OS_AUTH_URL）是 http://controller:5000/v3，Keystone 版本号（OS_IDENTITY_ API_VERSION）是 3，镜像管理应用的版本号（OS_IMAGE_API_VERSION）是 2。

2. 导入环境变量进行验证

有了身份凭证文件后，通过以下方法即可将其导入环境变量。

```
[root@controller ~]# source admin-login
```

再使用以下方法查看现有环境变量。

```
[root@controller ~]# export -p
declare -x OS_AUTH_URL="http://controller:5000/v3"
declare -x OS_IDENTITY_API_VERSION="3"
declare -x OS_IMAGE_API_VERSION="2"
declare -x OS_PASSWORD="000000"
declare -x OS_PROJECT_DOMAIN_NAME="Default"
declare -x OS_PROJECT_NAME="admin"
```

```
declare -x OS_USERNAME="admin"
declare -x OS_USER_DOMAIN_NAME="Default"
```

如果能看到如上结果，则说明环境变量已经导入成功。这里初始化环境变量的目的就是模拟用户登录，Keystone 从环境变量中获取相关信息并将其和数据库中的登录信息进行比对，一致则通过认证。

6.3.4　检测 Keystone 服务

检测 Keystone 服务

OpenStack 云计算平台所有对组件的操作都需要 Keystone 认证后才能进行，所以如果使用 OpenStack 的管理命令 openstack 能正常执行云计算平台管理操作，则说明 Keystone 的服务运行正常。

如果在以后的操作中看到类似 "Missing value auth-url required for auth plugin password" 的错误信息，则说明用户的登录信息还没有导入环境变量，此时将前面创建的 admin-login 文件数据使用 source 命令导入环境变量进行模拟登录即可。

1. 创建与查阅项目列表

（1）创建名为 project 的项目

使用以下命令在默认域中创建一个名为 project 的项目。

```
[root@controller ~]# openstack project create --domain default project
+-------------+----------------------------------+
| Field       | Value                            |
+-------------+----------------------------------+
| description |                                  |
| domain_id   | default                          |
| enabled     | True                             |
| id          | d2287578bb6f4c20a57a48f17afc4058 |
| is_domain   | False                            |
| name        | project                          |
| options     | {}                               |
| parent_id   | default                          |
| tags        | []                               |
+-------------+----------------------------------+
```

该命令的解释如下。

① openstack project create：创建一个项目。

② --domain default：该项目属于 ID 为 default 的域。

③ project：新项目的名称。

 注意 系统默认有一个名为 Default、ID 为 default 的域，由于"--domain"后的输入既可以是域的名称，又可以是域的 ID，因此这里输入 Default 或 default 都可以。

（2）查看现有项目列表

使用以下代码查看 OpenStack 云计算平台中现有的项目列表。

```
[root@controller ~]# openstack project list
+----------------------------------+---------+
| ID                               | Name    |
+----------------------------------+---------+
| 10702e8c9e024bcf909aaa83c5fc0736 | admin   |
| d2287578bb6f4c20a57a48f17afc4058 | project |
+----------------------------------+---------+
```

可以从列表中看到刚才创建的 project 项目。

2. 创建角色与查阅角色列表

（1）创建一个名为 user 的角色。

使用以下代码为 OpenStack 云计算平台创建一个名为 user 的角色。

```
[root@controller ~]# openstack role create user
+-------------+----------------------------------+
| Field       | Value                            |
+-------------+----------------------------------+
| description | None                             |
| domain_id   | None                             |
| id          | bfdad47d5195458e9904aba39351900e |
| name        | user                             |
| options     | {}                               |
+-------------+----------------------------------+
```

（2）查看现有角色列表

使用以下代码查看 OpenStack 云计算平台现有的角色列表。

```
[root@controller ~]# openstack role list
+----------------------------------+--------+
| ID                               | Name   |
+----------------------------------+--------+
| 2f726ab9ad7e40d8a427f3cbe949dd4f | admin  |
| ae42e0b7851b40a1818f16922e8df529 | member |
| bfdad47d5195458e9904aba39351900e | user   |
| fc1665b07e174e1c97bea65dae54d0f9 | reader |
+----------------------------------+--------+
```

可以从列表中看到刚才创建的 user 角色。

3. 查看域列表和用户列表

（1）查看现有域列表。

使用以下代码查看 OpenStack 云计算平台现有的域列表。

```
[root@controller ~]# openstack domain list
+---------+---------+---------+--------------------+
| ID      | Name    | Enabled | Description        |
+---------+---------+---------+--------------------+
| default | Default | True    | The default domain |
+---------+---------+---------+--------------------+
```

这里能够看到系统中存在一个名为 Default、ID 为 default 的域。

（2）查看现有用户列表。

使用以下代码查看 OpenStack 云计算平台现有的用户列表。

```
[root@controller ~]# openstack user list
+----------------------------------+-------+
| ID                               | Name  |
+----------------------------------+-------+
| 313b46f5e2cf4eb9b831b95975c46e5f | admin |
+----------------------------------+-------+
```

可以看到目前只存在一个名为 admin 的用户。

6.3.5　安装完成情况检测

安装 OpenStack 的各个任务之间是相互关联的，必须保证前一个任务成功完成后才能继续其后的任务。因此，本书针对每个重要任务都设计了检测环节，方便读者自行检测任务完成情况。

表 6-5 所示为 Keystone 安装自检工单，读者可按照表中列举的项对实施情况进行自我评估，同时对相应项失败的原因进行分析和记录。

安装完成情况检测

表 6-5　Keystone 安装自检工单

检测内容	检测方法	合格标准	检测结果 成功	检测结果 失败	失败原因
控制节点是否有 keystone 用户	使用 cat /etc/passwd | grep keystone 命令	能看到 keystone 用户信息			
控制节点是否有 keystone 用户组	使用 cat /etc/group | grep keystone 命令	能看到 keystone 用户组信息			
控制节点是否有 keystone 数据库	进入数据库，使用"show database;"命令	能看到 keystone 数据库			
keystone 用户对数据库是否拥有完全权限	在数据库中使用"show grants for 'keystone'@'%';"和"show grants for 'keystone'@'localhost';"命令	远程和本地的 keystone 用户被授予了对 keystone 数据库的完全控制权限			
keystone 数据库是否同步成功	进入数据库，查看 keystone 数据库中的数据表列表	存在相应的数据表			
检查 Fernet 密钥库是否创建	查看 /etc/keystone/fernet-keys/ 目录和 /etc/keystone/credential-keys/ 目录	均存在 0 和 1 两个文件（密钥文件）			
WSGI 配置文件是否成为 Apache 服务器的配置文件	查看 /etc/httpd/conf.d/ 目录下的文件	能看到 wsgi-keys-tone.conf			
登录信息是否导入环境变量	使用 export -p 命令	输出结果中存在 OS_USERNAME、OS_PASSWORD、OS_PROJECT_NAME 等信息			
在控制节点上查看现有域信息是否正确	使用 openstack domain list 命令	能看到 Default 域			
在控制节点上查看现有用户信息是否正确	使用 openstack user list 命令	能看到 admin 用户			
在控制节点上查看现有角色信息是否正确	使用 openstack role list 命令	能看到 admin、user 角色			

117

续表

检测内容	检测方法	合格标准	检测结果		失败原因
			成功	失败	
在控制节点上查看现有项目信息是否正确	使用 openstack project list 命令	能看到 admin 项目和 service 项目			
Keystone 服务端点是否运行正常	使用 curl http://controller:5000 命令	能够获得 Web 服务器返回数据			

6.4 项目小结

如果说 OpenStack 云计算平台是一栋办公大楼，那么 Keystone 就是它的安保部门。新加入的业务部门需要通过 Keystone 认证后才能入驻，部门之间相互调用服务时也要通过它来评判是否有权调用。Keystone 的认证服务由令牌、目录、验证和策略四大后端模块支持。OpenStack 云计算平台主要存在两种情况需要 Keystone 进行认证：第一种是登录系统时，用户提供凭证（如用户名和密码等）进行验证，验证通过后，Keystone 签发一个令牌；第二种是用户已经进入系统且想调用其他组件的服务时，需要出示登录时获得的令牌，由 Keystone 验证令牌的有效期和权限等，通过后才能继续调用组件服务。

项目小结

本项目带领读者在控制节点上搭建了 Keystone 组件。

第 1 步，安装与配置 Keystone。Keystone 实际上是一个运行在 Web 服务器上的应用，因此要想安装和运行 Keystone，还需要为其安装和配置好 Web 服务器，本书采用的是 Apache 服务器。Keystone 安装时会自动在 Linux 操作系统中创建名为 keystone 的用户，其负责对 Keystone 对应的数据库 Keystone 进行操作，因此在数据库中需要开放 keystone 用户对数据库的操作权限。这里的操作权限包括从本地和远程登录两种。在配置 Keystone 时主要配置了其和数据库的连接方式，以及令牌的加密方式。连接数据库以后，通过数据库同步将安装文件中的数据库基础数据上传到数据库中。

第 2 步，Keystone 组件初始化。这里进行了密钥库初始化、登录用的身份认证信息初始化和 Apache 服务初始化。

经过这两步操作以后，Keystone 组件就已经安装完毕。接下来通过环境变量为 Keystone 传递凭证进行身份认证，认证通过后即可使用 openstack 命令对 OpenStack 云计算平台的用户、域、服务、角色、项目等进行各种管理操作。

6.5 项目练习题

1. 选择题

（1）供用户访问的资源集合是（　　）。

    A. 用户   B. 项目   C. 组   D. 域

（2）项目和用户的集合是（　　）。

    A. 用户   B. 项目   C. 组   D. 域

（3）（　　）是一个用来访问和定位某个服务的地址，通常是一个 URL。

    A. 服务   B. 端点   C. 凭证   D. 令牌

（4）在登录时，用户将提交（　　）给 Keystone 进行认证。

    A．服务　　　　　　　　B．端点　　　　　　　　C．凭证　　　　　　　　D．令牌

（5）登录成功后，Keystone 将给用户签发（　　），用于后续认证。

    A．服务　　　　　　　　B．端点　　　　　　　　C．凭证　　　　　　　　D．令牌

（6）四大后端组件模块中，（　　）用于管理认证。

    A．令牌　　　　　　　　B．目录　　　　　　　　C．验证　　　　　　　　D．策略

（7）四大后端组件模块中，（　　）用于存储与管理服务和端点的对应关系。

    A．令牌　　　　　　　　B．目录　　　　　　　　C．验证　　　　　　　　D．策略

（8）以下（　　）是 Keystone 从环境信息中获取到的用户名变量。

    A．OS_USERNAME　　　　　　　　　　　B．OS_PASSWORD

    C．OS_PROJECT_NAME　　　　　　　　　D．OS_USER_DOMAIN_NAME

（9）以下（　　）是 Keystone 从环境信息中获取到的密码变量。

    A．OS_USERNAME　　　　　　　　　　　B．OS_PASSWORD

    C．OS_PROJECT_NAME　　　　　　　　　D．OS_USER_DOMAIN_NAME

2．填空题

（1）端点有 3 种类型，分别是_____、_____和_____。

（2）Keystone 安装后将自动创建一个名为_____的用户。

（3）数据库授权命令 GRANT 中表示任意远程主机的是_____。

（4）数据库授权命令 GRANT 中表示本地主机的是_____。

3．实训题

（1）创建和删除用户 myuser。

（2）创建和删除角色 myrole。

（3）列出所有角色列表，并用 openstack 命令的 show 操作查看 admin 角色的权限详细信息。

项目7
镜像服务（Glance）安装

07

学习目标

【知识目标】

（1）了解Glance的功能。

（2）理解镜像的概念及功能。

（3）了解Glance管理的镜像数据类型。

（4）了解磁盘格式与容器格式。

（5）了解Glance的组件架构。

（6）了解Glance的基本工作流程。

【技能目标】

（1）能够安装与配置Glance组件。

（2）能够为Glance创建用户与分配角色。

（3）能够初始化Glance服务与端点。

（4）能够用命令检测Glance服务。

（5）能够用命令创建与查看镜像。

学习目标

引例描述

　　小王安装完Keystone以后，接下来的任务就是让其他组件依次进入云计算平台。当他看到放在角落里的Windows操作系统安装光盘时想到一个问题：云计算平台中的虚拟机怎么安装操作系统呢？

引例描述

///// 7.1 项目陈述

　　云计算平台是供多用户同时使用的系统，在云计算平台上同时运行着非常多的虚拟机，如果还是像本地安装操作系统一样，一台一台地分别安装虚拟机，则将大大增加磁盘吞吐量，影响云计算平台的性能，甚至会让整个系统崩溃；用户体验也会很糟糕，因为用户会花费大量的时间来安装操作系统。小王经过调研得知，云计算平台通常采用镜像来解决安装操作系统的问题，OpenStack 云计算平台中的镜像管理是通过 Glance 组件实现的。本项目将给 OpenStack 云计算平台安装 Glance 组件。

　　在开始安装 Glance 之前，小王将先学习以下必备知识。

　　（1）通过"Glance 的基本概念"学习镜像的概念，了解 Glance 的功能。

项目陈述

（2）通过"Glance 的组件架构"了解 Glance 的组成结构。

（3）通过"Glance 的基本工作流程"了解 Glance 是如何与数据库和后端存储配合实现镜像管理的。

最后，在项目实施环节，小王将在项目操作手册的指导下，在控制节点端完成 Glance 组件的安装与配置工作，并亲手在 OpenStack 云计算平台上创建一个可以使用的 Linux 操作系统镜像。

7.2 必备知识

7.2.1 Glance 的基本概念

Glance 是镜像服务（Image Service）的项目代号，是 OpenStack 的核心组件之一。Glance 和 Keystone 一样，是一个支持 WSGI 协议的 Web 服务，用户可以通过 Web 访问或者用命令行控制 Glance 对镜像进行管理，其功能包括虚拟机镜像和快照的注册、检索、删除、权限管理等。下面介绍 Glance 组件涉及的几个基本概念。

Glance 的基本概念

1. 镜像的概念及功能

镜像是给云计算平台中的虚拟机安装和备份操作系统的一种解决方案。在传统 IT 环境下，通常使用 CD 或者 U 盘安装计算机操作系统，或者通过复制文件安装。这些方法存在安装效率低、安装时间长，安装完成后必须重新配置网络环境等问题。对于云计算平台这种成千上万人同时使用的系统来说，这些传统的方法已经不适合使用。云计算平台需要一种在几秒之内可以完成系统安装、备份甚至批量生成虚拟机并使之立即可用的解决方案，这就是镜像所能提供的服务。下面用一个例子来说明镜像是如何工作的。例如，有一家公司需要为每位员工在云端分配一台虚拟机用于办公，这台虚拟机需要安装 Windows 操作系统及相关办公软件，则其在 OpenStack 云计算平台上可按如下步骤实现。

第 1 步，手动为一台虚拟机安装操作系统和软件。该安装过程和传统的安装计算机操作系统及软件的过程并没有太大不同，也需要手动安装，会花费相当长的时间。

第 2 步，获得虚拟机镜像。对安装好的虚拟机执行拍摄快照操作，这就得到了一个镜像。得到镜像后，其后的工作就和传统的安装操作系统不同了。

第 3 步，利用镜像创建新的虚拟机。当需要一台或者多台新的虚拟机时，只要用该镜像生成即可。这一步的执行速度非常快，可以在几秒之内同时批量生成多台虚拟机，且它们的网络环境会同时被配置好，因此这些虚拟机可以直接使用。

2. Glance 管理的镜像数据类型

Glance 支持用多种方式存储镜像，包括操作系统的文件系统、Swift（OpenStack 的对象存储）、S3（亚马逊云对象存储格式）等。这些存储方式都包括以下两种类型的镜像数据。

（1）镜像元数据

镜像元数据（Metadata）是存放在数据库中的关于镜像的相关信息，如文件名、大小、状态等字符串信息，用于快速检索。例如，想查询云计算平台中存在哪些镜像、镜像处于什么状态，均可以从镜像元数据中获取。

（2）镜像文件

镜像文件即镜像本身，其存储于后端存储（Store Backend）。后端存储就是第三方存储系统，如文件系统、Swift、S3、Cinder 等。

3. 磁盘格式与容器格式

（1）磁盘格式

Glance 中的磁盘格式（Disk Format）指的是镜像文件的存储格式。在创建镜像时，必须声明生成的镜像文件的磁盘格式。表 7-1 所示为 Glance 支持的部分磁盘格式及其描述。

表 7-1　Glance 支持的部分磁盘格式及其描述

格式类型	格式描述
raw	无结构的磁盘格式
vhd	通用的虚拟机磁盘格式，适用于 VMware、Xen、Microsoft Virtual PC、VirtualBox 等虚拟机
vmdk	和 vhd 类似的一种通用虚拟机磁盘格式
vdi	VirtualBox 和 QEMU 支持的一种磁盘格式
iso	光盘磁盘格式
qcow2	QEMU 支持的一种动态可扩展并支持快照的磁盘格式，是 OpenStack 的常用磁盘格式
ami、ari、aki	亚马逊云支持的磁盘格式

（2）容器格式

容器格式（Container Format）是镜像元数据的存放方式。可以理解为有一个"容器"，其中存放着镜像元数据及用户自定义的数据，该容器有多种"格式"用于打包。在创建镜像时，必须告诉系统镜像元数据如何存放，即要声明容器格式。表 7-2 所示为 Glance 支持的部分容器格式及其描述。

表 7-2　Glance 支持的部分容器格式及其描述

格式类型	格式描述
bare	没有容器的镜像元数据格式，OpenStack 通常采用的格式
ovf	开放虚拟化格式（Open Virtualization Format）
ova	开放虚拟化设备（Open Virtualization Appliance）格式

OpenStack 云计算平台通常使用 bare 这种只有镜像元数据而没有外层容器的格式。

7.2.2　Glance 的组件架构

Glance 的组件架构

如图 7-1 所示，OpenStack（Train 版）中的 Glance 组件为 v2 版，其主要通过一个应用接口（Glance-API）对外提供服务，在应用接口中集成了存储适配器（Store Adapter）。存储适配器通过调用后端存储（Store Backend）的文件管理功能来实现对镜像文件的操作。

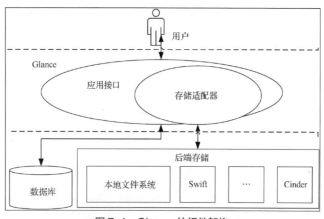

图 7-1　Glance 的组件架构

下面对 3 个专用名词进行解释。

1. 应用接口

应用接口是提供对外服务的接口。如果外部服务请求对镜像元数据进行操作，则 Glance-API 会与数据库进行交互，实现对镜像元数据的检索、存储等功能；如果外部服务请求对镜像文件进行操作，则 Glance-API 会通过存储适配器调用后端存储对镜像文件进行操作，完成具体镜像文件的上传、删除等工作。

2. 存储适配器

存储适配器是一个接口层，其中包含对镜像文件的各种操作方法，但这些方法都需要调用后端存储中的具体文件系统（Swift、S3、Cinder 等）来进行相应的文件处理。

3. 后端存储

后端存储独立于 Glance，不是 Glance 的组件。Glance 自己并不存储镜像，真正的镜像文件存放在独立的存储系统中。这些独立的存储系统统称为后端存储。表 7-3 所示为 Glance 支持的部分后端存储及其简介。

表 7-3　Glance 支持的部分后端存储及其简介

后端存储	简介
本地文件系统	这是默认配置，在本地的文件系统里进行镜像保存
GridFS	一种文件存储系统，使用 MongoDB 数据库存储镜像
Ceph RBD	Ceph 分布式系统所支持的块存储系统（Rados Block Device，RBD）
S3	亚马逊云的 S3 存储系统
Sheepdog	专为 QEMU/KVM 提供的一个分布式存储系统
Cinder	OpenStack 的块存储系统
Swift	OpenStack 的对象存储系统

对于 OpenStack 使用的后端存储的类型，可以在 Glance 的配置文件中根据具体需要进行指定。

7.2.3　Glance 的基本工作流程

所有对 Glance 合法的请求都会通过 Glance-API 这个入口，如果是对镜像元数据的处理请求，则 Glance-API 会与数据库交互，并对处理请求予以响应。而所有对镜像文件的操作都是通过调用存储接口执行的，因为存储接口负责与后端存储的交互。图 7-2 所示为计算组件在生成虚拟机时向 Glance 请求镜像的工作流程。

Glance 的基本工作流程

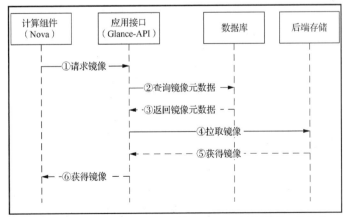

图 7-2　计算组件在生成虚拟机时向 Glance 请求镜像的工作流程

从图 7-2 可以看出，当计算组件向 Glance-API 请求镜像后，Glance-API 首先向数据库进行查询，看有没有这个镜像，如果有，则获得镜像文件地址；然后根据镜像文件地址到后端存储获得具体的镜像文件；最后将获得的镜像文件返回给计算组件。

7.3 项目实施

7.3.1 安装与配置 Glance 镜像服务

为了避免在接下来的工作中由于操作不当而造成需要重装系统的情况出现，应将前期工作拍摄快照进行保存。安装与配置 Glance 镜像服务只在控制节点上进行，因此仅需要给控制节点拍摄快照。Glance 的安装与配置需经历如下 4 个阶段。

安装与配置 Glance
镜像服务

1. 安装 Glance 软件包
安装 Glance 软件包的方法如下。

```
[root@controller ~]# yum -y install openstack-glance
```

在安装 openstack-glance 软件包时，会自动在系统中生成一个名为 glance 的用户和同名用户组。可以用以下两种方法查看 Linux 操作系统用户及用户组信息。

（1）查看用户信息

在 passwd 文件中查看所有包含 glance 字符串的行。

```
[root@controller ~]# cat /etc/passwd | grep glance
glance:x:983:982:OpenStack glance Daemon:/var/lib/glance:/sbin/nologin
```

在结果中能看见已经存在 glance 用户。

（2）查看用户组信息

在 group 文件中查看所有包含 glance 字符串的行。

```
[root@controller ~]# cat /etc/group | grep glance
glance:x:982:
```

在结果中能看见已经存在 glance 用户组。

2. 创建 Glance 的数据库并授权
（1）进入数据库服务器

使用以下方法进入 MariaDB 数据库服务器。

```
[root@controller ~]# mysql -uroot -p000000
Welcome to the MariaDB monitor.   Commands end with ; or \g.
Your MariaDB connection id is 3
Server version: 10.5.22-MariaDB MariaDB Server

Copyright (c) 2000, 2018, Oracle, MariaDB Corporation Ab and others.

Type 'help;' or '\h' for help. Type '\c' to clear the current input statement.

MariaDB [(none)]>
```

（2）新建 glance 数据库

在数据库服务器中创建一个名为 glance 的数据库。

```
MariaDB [（none）]> CREATE DATABASE glance;
```

（3）为用户授权使用新建数据库

将新建数据库的管理权限授予本地登录和远程登录的 glance 用户。

```
MariaDB [( none )]> GRANT ALL PRIVILEGES ON glance.* TO 'glance'@'localhost' IDENTIFIED
BY '000000';
MariaDB [ ( none ) ]> GRANT ALL PRIVILEGES ON glance.* TO 'glance'@'%' IDENTIFIED BY
'000000';
```

上面两条语句把 glance 数据库中所有表（glance.*）的所有权限（ALL PRIVILEGES）授予本地主机（'localhost'）及任意远程主机（'%'）上登录的名为 glance 的用户，验证密码为 000000。

> **注意** 对本地主机和远程主机的用户授权操作均要执行，不能只执行一个。

（4）退出数据库

输入 quit 并按 Enter 键，退出数据库。

```
MariaDB [ ( none ) ]> quit
```

3. 修改 Glance 配置文件

Glance 的配置文件是/etc/glance/glance-api.conf。修改该配置文件，可以实现 Glance 与数据库及 Keystone 的连接。由于 glance-api.conf 文件的内容中存在很多注释，直接进行编辑比较麻烦，因此可以将注释和空行删除后再对其进行编辑。

（1）将配置文件中的注释和空行删除

第 1 步，备份配置文件。

```
[root@controller ~]# cp /etc/glance/glance-api.conf /etc/glance/glance-api.bak
```

第 2 步，删除配置文件中的所有注释和空行，生成新的配置文件。

```
[root@controller ~]# grep –Ev '^$|#' /etc/glance/glance-api.bak > /etc/glance/glance-api.conf
```

以上命令采用正则表达式的方法将配置文件中的注释删除后进行编辑。其中，grep 命令用于查找文件中符合条件的字符串，–E 选项表示采用匹配正则表达式的方法读取文件内容，–v 选项表示匹配所有不满足正则表达式的行。所以，这里的正则表达式"^$|#"的具体含义如下：匹配空行（"^$"，其中"^"是一行的开头，"$"是一行的结尾），或者（符号"|"表示或者）匹配第一个字符为"#"的行。结合反向匹配参数–v，最终匹配的是所有不为空和不以注释符号"#"开头的行。将匹配后的结果写入（">"表示写入）/etc/glance/glance-api.conf 文件。

（2）编辑新的配置文件

第 1 步，打开配置文件并进行编辑。

```
[root@controller ~]# vi /etc/glance/glance-api.conf
[DEFAULT]
[cinder]
[cors]
[database]
[file]
[glance.store.http.store]
[glance.store.rbd.store]
[glance.store.sheepdog.store]
[glance.store.swift.store]
[glance.store.vmware_datastore.store]
[glance_store]
[image_format]
[keystone_authtoken]
```

125

```
[oslo_concurrency]
[oslo_messaging_amqp]
[oslo_messaging_kafka]
[oslo_messaging_notifications]
[oslo_messaging_rabbit]
[oslo_middleware]
[oslo_policy]
[paste_deploy]
[profiler]
[store_type_location_strategy]
[task]
[taskflow_executor]
```

可以看到，这个新的配置文件已经不存在空行和注释行。

第2步，修改[database]部分，实现与数据库的连接。

```
[database]
connection = mysql+pymysql://glance:000000@controller/glance
```

第3步，修改[keystone_authtoken]和[paste_deploy]部分，实现与 Keystone 的交互。

```
[keystone_authtoken]
auth_url = http://controller:5000
memcached_servers = controller:11211
auth_type = password
username = glance
password = 000000
project_name = project
user_domain_name = Default
project_domain_name = Default
[paste_deploy]
flavor = keystone
```

第4步，修改[glance_store]部分，指定后端存储系统。

```
[glance_store]
stores = file
default_store = file                              #默认存储系统为本地文件系统
filesystem_store_datadir = /var/lib/glance/images/   #镜像文件实际存储的目录
```

> **注意** /var/lib/glance/文件夹是在安装 Glance 的时候自动生成的，glance 用户具有该文件夹的完全操作权限，不要随意将其更改为其他 glance 用户没有权限的目录。

4．初始化 Glance 的数据库

（1）同步数据库

同步数据库的目的是将安装文件中的数据库的表信息填充到数据库中。Glance 数据库同步的方法如下。

```
[root@controller ~]# su glance -s /bin/sh -c "glance-manage db_sync"
```

（2）检查数据库

通过以下方法检查数据库是否同步成功。

```
[root@controller ~]# mysql –uroot –p000000     #进入数据库
MariaDB [（none）]> use glance;                 #转换到 glance 数据库
```

```
MariaDB [glance]> show tables;                    #查询该数据库中的所有表
+-----------------------------------+
| Tables_in_glance                  |
+-----------------------------------+
| alembic_version                   |
| image_locations                   |
| image_members                     |
| image_properties                  |
| image_tags                        |
| images                            |
| metadef_namespace_resource_types  |
| metadef_namespaces                |
| metadef_objects                   |
| metadef_properties                |
| metadef_resource_types            |
| metadef_tags                      |
| migrate_version                   |
| task_info                         |
| tasks                             |
+-----------------------------------+
15 rows in set (0.000 sec)
```

如果在 glance 数据库中存在以上数据表，则表示数据库已经同步成功。

7.3.2 Glance 组件初始化

Glance 安装与配置成功以后，需要给 Glance 初始化用户及密码，并分配用户角色、初始化服务和服务端点等，使 Glance 组件可以启用。这些操作分为以下 3 个主要步骤。

Glance 组件初始化

1. 创建 Glance 用户并分配角色

（1）为 OpenStack 云计算平台创建 glance 用户

第 1 步，导入环境变量，模拟登录。

使用 source 或者 "." 都可以执行环境变量导入操作，代码如下。

```
[root@controller ~]# . admin-login
```

第 2 步，在 OpenStack 云计算平台中创建用户 glance。

通过以下代码在 default 域中创建一个名为 glance、密码为 000000 的用户。

```
[root@controller ~]# openstack user create --domain default --password 000000 glance
+---------------------+----------------------------------+
| Field               | Value                            |
+---------------------+----------------------------------+
| domain_id           | default                          |
| enabled             | True                             |
| id                  | 554dc430f7f14c17a7c06c7a095a266d |
| name                | glance                           |
| options             | {}                               |
| password_expires_at | None                             |
+---------------------+----------------------------------+
```

注意 这里的用户名和密码一定要与 glance-api.conf 文件中[keystone_authtoken]的用户名和密码一致。

（2）为用户 glance 分配 admin 角色

以下代码授予 glance 用户操作 project 项目时的 admin 的权限。

```
[root@controller ~]# openstack role add --project project --user glance admin
```

2. 创建 Glance 服务及服务端点

（1）创建服务

以下语句创建了一个名为 glance、类型为 image 的服务。

```
[root@controller ~]# openstack service create --name glance image
+----------+----------------------------------+
| Field    | Value                            |
+----------+----------------------------------+
| enabled  | True                             |
| id       | f0334dd861e34278abb07e60e8f3f7c4 |
| name     | glance                           |
| type     | image                            |
+----------+----------------------------------+
```

（2）创建镜像服务端点

OpenStack 组件的服务端点有 3 种，分别对应公众用户（public）、内部组件（internal）和 Admin 用户（admin）服务的地址。

第 1 步，创建公众用户访问的服务端点。

```
[root@controller ~]# openstack endpoint create --region RegionOne glance public
http://controller:9292
+--------------+----------------------------------+
| Field        | Value                            |
+--------------+----------------------------------+
| enabled      | True                             |
| id           | 0a154447f90a4e6ebda19574e90d8363 |
| interface    | public                           |
| region       | RegionOne                        |
| region_id    | RegionOne                        |
| service_id   | f0334dd861e34278abb07e60e8f3f7c4 |
| service_name | glance                           |
| service_type | image                            |
| url          | http://controller:9292           |
+--------------+----------------------------------+
```

第 2 步，创建内部组件访问的服务端点。

```
[root@controller~]# openstack endpoint create --region RegionOne glance internal
http://controller:9292
+--------------+----------------------------------+
| Field        | Value                            |
+--------------+----------------------------------+
| enabled      | True                             |
| id           | 76c160734c344bb8ad842aa4bc9ca119 |
| interface    | internal                         |
```

```
| region          | RegionOne                            |
| region_id       | RegionOne                            |
| service_id      | f0334dd861e34278abb07e60e8f3f7c4     |
| service_name    | glance                               |
| service_type    | image                                |
| url             | http://controller:9292               |
+---------------+--------------------------------------+
```

第 3 步，创建 Admin 用户访问的服务端点。

[root@controller ~]# openstack endpoint create --region RegionOne glance admin
http://controller:9292

```
+---------------+--------------------------------------+
| Field         | Value                                |
+---------------+--------------------------------------+
| enabled       | True                                 |
| id            | 5cf58ec9ef1f4b138a541768ae289593     |
| interface     | admin                                |
| region        | RegionOne                            |
| region_id     | RegionOne                            |
| service_id    | f0334dd861e34278abb07e60e8f3f7c4     |
| service_name  | glance                               |
| service_type  | image                                |
| url           | http://controller:9292               |
+---------------+--------------------------------------+
```

3. 启动 Glance 服务

首先，设置开机启动 Glance 服务。

[root@controller ~]# systemctl enable openstack-glance-api

其次，立即启动 Glance 服务。

[root@controller ~]# systemctl start openstack-glance-api

7.3.3 验证 Glance 服务

这里介绍两种方法来验证 Glance 服务是否正常，通常只采用其中一种方法即可。

验证 Glance 服务

1. 查看端口占用情况

Glance 服务要占用 9292 端口，因此查看 9292 端口的状态就可以判断服务是否运行。可使用以下代码查看端口占用情况。

[root@controller ~]# netstat -tnlup|grep 9292
tcp   0   0 0.0.0.0:9292   0.0.0.0:*   LISTEN   5805/python2

在结果中可见 9292 端口，且其正处于 LISTEN 状态，因此服务为正常开启。

2. 查看服务运行状态

也可以使用 systemctl status 命令查看服务的运行状态。

[root@controller ~]# systemctl status openstack-glance-api
  Loaded: loaded (/usr/lib/systemd/system/openstack-glance-api.service; enabled; vendor
    preset: disabled)
  Active: active (running) since Sat 2024-05-04 12:59:44 CST; 11s ago

当第一行结果中出现 enabled 时，表示该服务已经设置开机自动启动；当第二行结果中出现 activie（running）时，说明该服务正处于运行状态。

129

7.3.4 用 Glance 制作镜像

CirrOS 是一种很小的 Linux 操作系统，仅有十几兆字节大小。这里，Glance 将用其来制作一个镜像。CirrOS 镜像文件可以在其官网上下载，下载后可通过 MobaXterm 的文件上传功能将安装镜像文件上传到控制节点上。下面的步骤是已将 CirrOS 镜像文件 cirros-0.5.1-x86_64-disk.img 上传到/root 目录下再开展的。

用 Glance 制作镜像

1. 制作镜像

以下代码将调用 Glance 创建一个镜像。

```
[root@controller ~]# openstack image create --file cirros-0.5.1-x86_64-disk.img --disk-
   format qcow2 --container-format bare --public cirros
```

其中，openstack image create 语句表示对镜像（image）执行了创建（create）操作，创建了一个名为 cirros 的公有（public）镜像。其由当前目录的 cirros-0.5.1-x86_64-disk.img 文件制作而成，生成的镜像磁盘格式为 qcow2，容器格式为 bare。

2. 查看镜像

可以使用 openstack 命令查阅镜像元数据来获知镜像的相关信息，也可以到后端存储中直接查看物理镜像文件。

（1）查看镜像列表

以下是通过使用 openstack 命令查阅镜像元数据以获得镜像列表的方法。

```
[root@controller ~]# openstack image list
+--------------------------------------+--------+--------+
| ID                                   | Name   | Status |
+--------------------------------------+--------+--------+
| 9ab1bb2f-3256-4f5e-b9ae-8150cd6f7029 | cirros | active |
+--------------------------------------+--------+--------+
```

从结果中可以看到，刚创建的镜像状态（Status）为有效可用（active）。

镜像的状态信息作为镜像元数据存放在数据库中，用户可以根据状态的描述了解当前镜像的大致情况。表 7-4 所示为镜像的各种状态及其说明。

表 7-4 镜像的各种状态及其说明

状态	说明
queued	Glance 注册表中已保留该镜像标识，但还没有镜像数据上传到 Glance 中
saving	镜像的原始数据正在上传到 Glance 中
active	在 Glance 中完全可用的镜像
deactivated	不允许任何非管理员用户访问镜像数据
killed	在上传镜像数据期间发生错误，且镜像不可读
deleted	Glance 保留了关于镜像的信息，但镜像不再可用。此状态下的镜像将在以后自动删除
ending_delete	Glance 尚未删除的镜像数据。 处于此状态的镜像无法恢复

（2）查看镜像物理文件

以下代码用于直接进入后端存储查看镜像物理文件。

```
[root@controller ~]# ll /var/lib/glance/images/
-rw-r----- 1 glance glance 16338944  4 月 14 21:53 9ab1bb2f-3256-4f5e-b9ae-8150cd6f7029
```

/var/lib/glance/images/文件夹是镜像文件的存储位置，它在 glance-api.conf 配置文件中被定义。可以看到，文件夹中存在以镜像 ID 为文件名的镜像文件，可以获知镜像文件大小、创建时间、创建人等信息。

7.3.5 安装完成情况检测

安装 OpenStack 的各个任务之间是相互关联的，必须保证前一个任务成功完成后才能继续其后的任务。因此，本书针对每个重要任务都设计了检测环节，以便读者自行检测任务完成情况。

安装完成情况检测

表 7-5 所示为 Glance 安装自检工单，读者可按照表中所列举的项对实施情况进行自我评估，同时对相应项失败的原因进行分析和记录。

表 7-5　Glance 安装自检工单

检测内容	检测方法	合格标准	检测结果		失败原因
			成功	失败	
控制节点是否建立了 glance 用户	运行 cat /etc/ passwd | grep glance 命令	能看到 glance 用户信息			
控制节点是否建立了 glance 用户组	运行 cat /etc/group | grep glance 命令	能看到 glance 用户组信息			
是否建立了 glance 数据库	运行 "show database;" 命令	能看到 glance 数据库			
glance 用户对数据库的权限	在数据库中运行 "show grants for 'glance' @'%';" 和 "show grants for 'glance'@'localhost';" 命令	远程和本地的 glance 用户被授予了对 glance 数据库的完全控制权限			
glance 数据库是否同步成功	进入数据库，查看 glance 数据库中的数据表列表	存在相应的数据表			
检查 OpenStack 中 glance 用户是否存在	使用 openstack user list 命令查询用户列表	存在 glance 用户			
检查 glance 用户是否具有 admin 权限	① 使用 openstack user list 命令获得用户 ID ② 使用 openstack role list 命令获得角色 ID ③ 使用 openstack role assignment list 命令查看 glance 用户是否和 admin 角色绑定	能看到 glance 用户和 admin 角色已绑定			
检查是否创建了服务实体 glance	使用 openstack service list 命令查看服务列表	能看到 glance 实体，类型为 image			
Glance 的 3 个服务端点是否建立	使用 openstack endpoint list 命令	应该看到 3 行 Service Name 为 glance 的信息，且其具有相同的 URL			
Glance 服务运行是否正常	使用 systemctl status openstack-glance-api 命令查看 Glance 服务状态	能够看到 Active 状态为 active（running）			

续表

检测内容	检测方法	合格标准	检测结果		失败原因
			成功	失败	
查看 Glance 服务端口运行是否正常	使用 curl controller: 9292 命令查看对外服务端口是否正常	能够获得数据			
上传的镜像是否存在	使用 openstack image list 命令查看镜像信息	能够看到上传的镜像信息，且 Status 列为 active			
镜像物理文件是否存在	查看配置的镜像文件存放目录，如 /var/lib/ glance/ images/ 目录下的文件信息	应该存在相应的镜像物理文件			

7.4 项目小结

　　OpenStack 云计算平台是一个产生虚拟机给用户使用的系统。虚拟机和一般计算机一样，必须安装操作系统才能使用。为虚拟机提供操作系统的是镜像。Glance 是 OpenStack 云计算平台中用于镜像管理的组件。Glance 实现了镜像数据的上传、创建、注册、检索、删除等功能。镜像数据分为两种：一种是用于信息检索的镜像元数据，它是一些字符串，存储于数据库中；另一种是镜像文件，它是实现具体功能的物理文件，存储于后端存储系统中。Glance 不具体存取数据，只与后端存储系统交互，让后端存储完成存取具体镜像文件的操作。Glance 支持的后端存储类型很多，如本地文件系统、独立的存储系统等。

项目小结

　　本项目带领读者在控制节点上搭建了 Glance 组件。

　　第 1 步，安装与配置 Glance 镜像服务。Glance 在安装时会自动在操作系统中创建名为 glance 的用户，它负责对 Glance 的数据库进行管理，因此在数据库中需要开放该用户对数据库的操作权限，开放的操作权限包括用户从本地登录和远程登录两种。在配置 Glance 时，主要配置了其和数据库的连接方式以及提供给 Keystone 认证的凭证信息。修改完配置文件后，利用 glance 用户可以对数据库进行修改的权限，将安装文件中的数据库基础数据同步到数据库中。

　　第 2 步，Glance 组件初始化。在 OpenStack 云计算平台中创建了 Glance 的用户并为其分配了角色，创建了 Glance 的服务及服务端点后启动服务。

　　经过以上两步，Glance 组件就能够正常启用了。可以通过查看端口情况和服务运行状态来检测 Glance 服务。最后，使用 openstack 命令中的镜像管理功能创建了一个 CirrOS 镜像。

7.5 项目练习题

1. 选择题

（1）云计算平台采用（　　）安装系统。

　　A. 磁盘　　　　　　B. 镜像文件　　　　　C. 服务　　　　　　D. 光盘镜像文件

（2）Glance 管理的镜像数据存在数据库中的是（　　）。

　　A. 镜像文件　　　　B. 镜像元数据　　　　C. 用户自定义数据　　D. 其他

（3）Glance 管理的镜像数据存在后端存储中的是（　　）。

　　A. 镜像文件　　　　B. 镜像元数据　　　　C. 用户自定义数据　　D. 其他

（4）以下（　　　）磁盘格式支持动态扩展和快照，是 OpenStack 云计算平台常用的磁盘格式。

    A．vmdk   B．vdi   C．iso   D．qcow2

（5）以下（　　　）容器格式表示没有容器。

    A．bare   B．ovf   C．ova   D．aki

（6）安装 Glance 软件包时，名为（　　　）的 Linux 操作系统用户将被创建。

    A．keystone   B．glance   C．Glance   D．admin

（7）安装 Glance 软件包时，名为（　　　）的 Linux 操作系统用户组将被创建。

    A．keystone   B．glance   C．Glance   D．admin

（8）命令"openstack（　　　）…"可对服务进行管理。

    A．service   B．image   C．role   D．user

（9）命令"openstack（　　　）…"可对角色进行管理。

    A．service   B．image   C．role   D．user

（10）命令"openstack endpoint create …"表示（　　　）。

    A．创建端点   B．查看端点   C．列出端点   D．删除端点

2．填空题

（1）创建 Glance 服务的 3 个端点分别为_____、_____和_____用户提供服务。

（2）正则表达式_____表示匹配空行。

（3）创建镜像时必须要指定_____和_____两种格式。

（4）Glance 服务的默认端口是_____。

3．实训题

（1）写出查看镜像列表的命令。

（2）写出删除某个镜像的命令。

（3）写出查看某个镜像的详细信息的命令。提示：openstack image show。

项目8
放置服务（Placement）安装

08

学习目标

【知识目标】

（1）了解Placement的功能。

（2）了解Placement的组件架构。

（3）了解Placement的基本工作流程。

【技能目标】

（1）能够安装与配置Placement组件。

（2）能够初始化Placement用户与服务。

（3）能够用命令检测Placement服务。

学习目标

引例描述

　　小王安装完了Glance，使OpenStack云计算平台增加了镜像支持功能。在准备进行下一个组件安装时，小王又发现了一个新问题：云计算平台是由很多计算机组成的集群，当用户想租用一台云主机时，云计算平台怎么知道该由计算机集群中的哪一台计算机来生成云主机为用户服务呢。

引例描述

8.1 项目陈述

　　IaaS 云计算平台是一个集合了多种计算资源的系统。这些资源包括主机、网络、存储等。云计算平台将这些资源通过虚拟化方式提供给用户使用。由于资源很多，因此云计算平台只有在获得系统现有资源信息的情况下才能够决定选择哪些资源来为用户服务。小王经过调研得知，OpenStack 云计算平台用放置组件（Placement）和计算组件（Nova）一起完成选择资源这一工作。Placement在其中起着重要作用，监控整个系统中的资源使用情况。本项目将为 OpenStack 云计算平台安装 Placement 组件。

项目陈述

　　在开始安装 Placement 之前，小王首先学习以下必备知识。

　　（1）通过"Placement 的基本概念"学习 Placement 的基本概念，了解 Placement 的功能。

　　（2）通过"Placement 的组件架构"了解 Placement 的组成结构。

　　（3）通过"Placement 的基本工作流程"了解 Placement 是如何与 Nova 一起实现资源选择的。

　　最后，在项目实施环节，小王将在项目操作手册的指导下，在控制节点上完成 Placement 组件的安装与配置工作，为下一个项目（安装 Nova）打好基础。

8.2 必备知识

8.2.1 Placement 的基本概念

云计算平台中的云主机（虚拟机）不是凭空出现的，其是从云中现有的磁件资源中划分出来的。每创建一台云主机，都会使用一部分物理主机资源，如 CPU、磁盘、内存等。因此，在创建某台云主机前，OpenStack 云计算平台需要先知道云中所有的计算机集群中还有哪些计算机拥有足够的硬件资源能够创建云主机，然后才能判断选择哪台计算机来产生这台云主机。Placement 就是监控云中所有硬件资源使用情况的组件。

Placement 的基本概念

在 OpenStack 的 Stein 版出现之前，系统资源的监控和云主机资源的选择都是由 Nova 独立完成的。从 OpenStack（Stein 版）开始，对系统资源的监控功能才从 Nova 中独立出来，成为一个独立的组件，该组件名为 Placement。

8.2.2 Placement 的组件架构

Placement 的主要组成是接口模块（Placement-API），该模块监控系统资源信息并给 Nova 提供其获得的系统资源信息。Placement-API 与 Nova 相关模块之间的关系如图 8-1 所示。

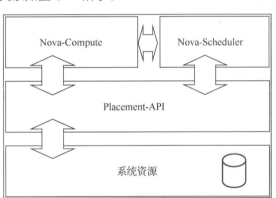

图 8-1　Placement-API 与 Nova 相关模块之间的关系

从图 8-1 可知，Placement 和 Nova 之间的合作关系大致如下：Nova 的计算模块（Nova-Compute）将要创建的云主机的硬件需求提交给 Placement-API；Placement-API 收到需求后从系统资源库中查询到现有资源满足创建云主机的所有计算机的信息，并将结果返回给 Nova 的计划模块（Nova-Scheduler）；Nova-Scheduler 根据获得的信息选择其中一台计算机来生成云主机并将结果告诉 Nova-Compute。

8.2.3 Placement 的基本工作流程

Placement 的系统监测功能主要是为 Nova 创建云主机时提供支持服务的，其基本工作流程如图 8-2 所示。

Placement 的基本工作流程

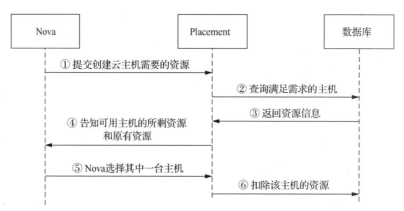

图 8-2　Placement 的基本工作流程

　　Nova 在创建云主机前需要调用 Placement 获得系统资源信息，并根据获得的信息选择其中一台主机来创建新的云主机。该过程大致分为如下 6 步。

　　第 1 步，Nova 告诉 Placement 要创建的云主机需要什么资源、数量如何（如云主机需要 2 核 CPU、4GB 内存、100GB 磁盘等）。

　　第 2 步，Placement 从数据库中查询并获得两个数据，第一个数据是具备足够空闲资源以创建云主机的物理主机的信息，第二个数据是这些物理主机原有的资源信息。

　　第 3 步，数据库为 Placement 返回查询到的数据。

　　第 4 步，Placement 将获得的两个数据告知 Nova。

　　第 5 步，Nova 用这两个数据通过算法选择好创建云主机的物理主机，并将选择结果告诉 Placement。

　　第 6 步，Placement 修改数据库，将相应资源从该物理主机的资源中扣除。

8.3　项目实施

8.3.1　安装与配置 Placement 放置服务

1. 安装 Placement 软件包

使用以下方法安装 Placement 软件包。

```
[root@controller ~]# yum -y install openstack-placement-api
```

安装 openstack-placement-api 软件包时会自动在系统中生成一个名为 placement 的用户和同名用户组。可以使用以下两种方法查看 Linux 操作系统的用户及用户组信息。

安装与配置
Placement 放置
服务

（1）查看用户信息

在 passwd 文件中查看所有包含 placement 字符串的行。

```
[root@controller ~]# cat /etc/passwd | grep placement
placement:x:993:990:OpenStack Placement:/:/bin/bash
```

在结果中能看见已经存在 placement 用户。

（2）查看用户组信息

在 group 文件中查看所有包含 placement 字符串的行。

```
[root@controller ~]# cat /etc/group | grep placement
placement:x:990:
```

在结果中能看见已经存在 placement 用户组。

2. 创建 Placement 的数据库并授权

（1）进入数据库

使用以下方法进入 MariaDB 数据库服务器。

```
[root@controller ~]# mysql –uroot –p000000
Your MariaDB connection id is 4
Server version: 10.5.22–MariaDB MariaDB Server

Copyright (c) 2000, 2018, Oracle, MariaDB Corporation Ab and others.

Type 'help;' or '\h' for help. Type '\c' to clear the current input statement.

MariaDB [(none)]>
```

（2）新建 placement 数据库

在数据库服务器中创建一个名为 placement 的数据库。

```
MariaDB [（none）]> CREATE DATABASE placement;
```

（3）为数据库授权

授予 placement 用户从本地和远程管理新建数据库的权限。

```
MariaDB [（none）]> GRANT ALL PRIVILEGES ON placement.* TO 'placement'@'localhost'
IDENTIFIED BY '000000';
MariaDB [（none）]> GRANT ALL PRIVILEGES ON placement.* TO 'placement'@'%'
IDENTIFIED BY '000000';
```

上面两条语句把 placement 数据库中的所有表（placement.*）的所有权限（ALL PRIVILEGES）赋予本地主机（'localhost'）及任意远程主机（'%'）上登录的名为 placement 的用户，验证密码为 000000。

（4）退出数据库

输入 quit 并按 Enter 键，退出数据库。

```
MariaDB [（none）]> quit
```

3. 修改 Placement 配置文件

Placement 的配置文件是/etc/placement/placement.conf。通过修改该配置文件，可实现 Placement 与数据库及 Keystone 的连接。由于 placement.conf 文件的内容存在很多注释，直接进行编辑比较麻烦，因此可以先将注释和空行删除后再对其进行编辑。

（1）将配置文件中的注释和空行删除

第 1 步，备份配置文件。

```
[root@controller ~]# cp /etc/placement/placement.conf   /etc/placement/placement.bak
```

第 2 步，删除配置文件中的所有注释和空行，生成新的配置文件。

```
[root@controller ~]# grep –Ev '^\$|#' /etc/placement/placement.bak > /etc/placement/placement.conf
```

（2）编辑新的配置文件

对该配置文件的修改可以参考 Placement 配置文件的内容。

第 1 步，打开配置文件并进行编辑。

```
[root@controller ~]# vi /etc/placement/placement.conf
[DEFAULT]
[api]
[cors]
[keystone_authtoken]
```

```
[oslo_policy]
[placement]
[placement_database]
[profiler]
```

可以看到，这个新的配置文件已经不存在空行和注释行。

第 2 步，修改[placement_database]部分，实现与数据库的连接。

```
[placement_database]
connection = mysql+pymysql://placement:000000@controller/placement
```

第 3 步，修改[api]与[keystone_authtoken]部分，实现与 Keystone 的交互。

```
[api]
auth_strategy = keystone
[keystone_authtoken]
auth_url = http://controller:5000
memcached_servers = controller:11211
auth_type = password
project_domain_name = Default
user_domain_name = Default
project_name = project
username = placement
password = 000000
```

4. 初始化 Placement 的数据库

（1）同步数据库

同步数据库的目的是将安装文件中的数据库的表信息填充到数据库中。Placement 数据库同步方法如下。

```
[root@controller ~]# su placement -s /bin/sh -c "placement-manage db sync"
```

（2）检查数据库

通过以下方法检查数据库是否同步成功。

```
[root@controller ~]# mysql -uroot -p000000          #进入数据库
MariaDB [（none）]> use placement;                    #转换到 placement 数据库
MariaDB [placement]> show tables;                    #查询该数据库中的所有表
+------------------------------+
| Tables_in_placement          |
+------------------------------+
| alembic_version              |
| allocations                  |
| consumers                    |
| inventories                  |
| placement_aggregates         |
| projects                     |
| resource_classes             |
| resource_provider_aggregates |
| resource_provider_traits     |
| resource_providers           |
| traits                       |
| users                        |
+------------------------------+
12 rows in set (0.000 sec)
```

如果 placement 数据库中存在以上数据表，则表示数据库同步成功。

8.3.2 Placement 组件初始化

Placement 组件
初始化

1. 创建 Placement 用户并分配角色

（1）为 OpenStack 云计算平台创建 placement 用户

第 1 步，导入环境变量，模拟登录。

使用 source 或者 "."都可以执行环境变量导入操作，代码如下。

```
[root@controller ~]# source admin-login
```

第 2 步，在 OpenStack 云计算平台中创建用户 placement。

通过以下代码，在 default 域中创建一个名为 placement、密码为 000000 的用户。

```
[root@controller ~]# openstack user create --domain default --password 000000 placement
+---------------------+----------------------------------+
| Field               | Value                            |
+---------------------+----------------------------------+
| domain_id           | default                          |
| enabled             | True                             |
| id                  | f1e5a33863704d6280d5d3319258ea8f |
| name                | placement                        |
| options             | {}                               |
| password_expires_at | None                             |
+---------------------+----------------------------------+
```

> **注意** 这里的用户名和密码一定要与 placement.conf 文件[keystone_authtoken]中的用户名和密码一致。

（2）为用户 placement 分配 admin 角色

以下代码授予 placement 用户操作 project 项目时的 admin 权限。

```
[root@controller ~]# openstack role add --project project --user placement admin
```

2. 创建 Placement 服务及服务端点

（1）创建服务

以下代码可创建一个名为 placement、类型为 placement 的服务。

```
[root@controller ~]# openstack service create --name placement placement
+---------+----------------------------------+
| Field   | Value                            |
+---------+----------------------------------+
| enabled | True                             |
| id      | ef86c269c89b485dad77eb068f078f77 |
| name    | placement                        |
| type    | placement                        |
+---------+----------------------------------+
```

（2）创建服务端点

OpenStack 组件的服务端点有 3 个，分别对应公众用户（public）、内部组件（internal）、Admin 用户（admin）服务的地址。

第 1 步，创建公众用户访问的端点。

```
[root@controller ~]# openstack endpoint create --region RegionOne placement public
http://controller:8778
+---------------+--------------------------------------+
| Field         | Value                                |
+---------------+--------------------------------------+
| enabled       | True                                 |
| id            | 4c652da460fc4a3099527bad91d669d2     |
| interface     | public                               |
| region        | RegionOne                            |
| region_id     | RegionOne                            |
| service_id    | ef86c269c89b485dad77eb068f078f77     |
| service_name  | placement                            |
| service_type  | placement                            |
| url           | http://controller:8778               |
+---------------+--------------------------------------+
```

第 2 步，创建内部组件访问的端点。

```
[root@controller ~]# openstack endpoint create --region RegionOne placement internal
http://controller:8778
+---------------+--------------------------------------+
| Field         | Value                                |
+---------------+--------------------------------------+
| enabled       | True                                 |
| id            | f88a3e13221a4d63a3265da923355873     |
| interface     | internal                             |
| region        | RegionOne                            |
| region_id     | RegionOne                            |
| service_id    | ef86c269c89b485dad77eb068f078f77     |
| service_name  | placement                            |
| service_type  | placement                            |
| url           | http://controller:8778               |
+---------------+--------------------------------------+
```

第 3 步，创建 Admin 用户访问的端点。

```
[root@controller ~]# openstack endpoint create --region RegionOne placement admin
http://controller:8778
+---------------+--------------------------------------+
| Field         | Value                                |
+---------------+--------------------------------------+
| enabled       | True                                 |
| id            | ec6d9fd542bf43a89e4777e4d1178658     |
| interface     | admin                                |
| region        | RegionOne                            |
| region_id     | RegionOne                            |
| service_id    | ef86c269c89b485dad77eb068f078f77     |
| service_name  | placement                            |
| service_type  | placement                            |
| url           | http://controller:8778               |
+---------------+--------------------------------------+
```

3. 启动 Placement 服务

Placement 和 Keystone 及 Glance 一样，需要借助 Apache 的 Web 服务实现功能。这里需要重启 Apache 服务，以使配置文件生效。

```
[root@controller ~]# systemctl restart httpd
```

8.3.3 检测 Placement 服务

检测 Placement
服务

这里采用两种方法检测 Placement 组件的运行状况。

1. 查看端口占用情况

Placement 服务要占用 8778 端口，因此查看 8778 端口是否启用就可以知道 Placement 是否已运行。使用以下代码查看端口占用情况。

```
[root@controller ~]# netstat -tnlup|grep 8778
tcp6        0        0 :::8778            :::*            LISTEN        119996/httpd
```

2. 检验服务端点

通过 curl 命令和 Placement 提供的服务端点通信进行检验。

```
[root@controller ~]# curl http://controller:8778
{"versions": [{"id": "v1.0", "max_version": "1.36", "min_version": "1.0", "status": "CURRENT", "links":
[{"rel": "self", "href": ""}]}]}
```

如果能联通，并获得如上所示信息，则表示 Placement 服务运行正常。

8.3.4 安装完成情况检测

安装完成情况检测

安装 OpenStack 的各个任务之间是相互关联的，必须保证前一个任务成功完成后才能继续其后的任务。因此，本书针对每个重要任务都设计了检测环节，以便读者自行检测任务完成情况。

表 8-1 所示为 Placement 安装自检工单，读者可按照表中所列举的项对实施情况进行自我评估，同时对相应项失败的原因进行分析和记录。

表 8-1 Placement 安装自检工单

检测内容	检测方法	合格标准	检测结果		失败原因
			成功	失败	
控制节点是否建立了 placement 用户	运行 cat/etc/passwd | grep placement 命令	能看到 placement 用户信息			
控制节点是否建立了 placement 用户组	运行 cat /etc/group | grep placement 命令	能看到 placement 用户组信息			
是否建立了 placement 数据库	进入数据库，使用 "show database;" 命令	能看到 placement 数据库			
placement 用户对数据库的权限	在数据库中运行 "show grants for 'placement'@'%';" 和 "show grants for 'placement'@'localhost';" 命令	远程和本地的 placement 用户被授予了对 placement 数据库的完全控制权限			
placement 数据库是否同步成功	进入数据库，查看 placement 数据库中的数据表列表	存在相应的数据表			
检查 OpenStack 中的 placement 用户是否存在	使用 openstack user list 命令查询用户列表	存在 placement 用户			

续表

检测内容	检测方法	合格标准	检测结果		失败原因
			成功	失败	
检查 OpenStack 中的 placement 用户是否具有 admin 权限	① 使用 openstack user list 命令获得用户 ID ② 使用 openstack role list 命令获得角色 ID ③ 使用 openstack role assignment list 命令查看 placement 用户是否和 admin 角色绑定	能看到 placement 用户和 admin 角色已经绑定			
检查是否创建了服务实体 placement	使用 openstack service list 命令查看服务列表	能看到 placement 服务，类型为 placement			
检查 Placement 的 3 个服务端点是否建立	使用 openstack endpoint list 命令查看端点列表	能看到 3 行 Service Name 为 placement 的信息，且其具有相同的 URL			
查看 Placement 服务端口运行是否正常	使用 curl http://controller: 8778 命令查看对外服务端口是否正常	能够获得 JSON 数据			

8.4 项目小结

如果说 OpenStack 云计算平台是一栋办公大楼，那么 Placement 就是其中的资产管理部门。当有用户向云计算平台租用资源时，由产生云主机的部门——Nova 向 Placement 询问还有哪些主机资源可以使用，以及它们目前的资源占用率如何。Placement 从数据库中查询出相关信息，如实告诉 Nova。Nova 通过算法选择其中一台主机，并将它的选择告诉 Placement。Placement 再把本次使用的资源数量从数据库中扣除。

项目小结

本项目带领读者在控制节点上搭建了 Placement 组件。

第 1 步，安装 Placement 软件包。

第 2 步，创建一个数据库并授权。数据库创建好以后给数据库定义一个用户，并赋予其从本地登录和远程登录两种操作权限。

第 3 步，修改配置文件。在配置 Placement 时主要配置了其和数据库的连接方式以及提供给 Keystone 认证的凭证信息。

第 4 步，初始化数据库，将安装文件中的数据库基础数据同步到数据库中。

第 5 步，初始化 Placement 服务。创建 Placement 的用户并分配角色，创建 Nova 服务及对应的 3 个服务端点，完成以后启动服务。

经过以上 5 步，Placement 组件就能够正常启用。可以通过查看端口占用情况和测试服务端点等方法检测 Placement 服务。

8.5 项目练习题

1. 选择题

（1）OpenStack 云计算平台中负责资源监控的组件是（　　　）。

    A. Glance   B. Nova   C. Placement   D. Keystone

（2）OpenStack 云计算平台中负责决定使用哪台物理主机创建云主机的组件是（　　　）。

    A. Glance　　　　　B. Nova　　　　　　C. Placement　　　　D. Keystone

（3）以下（　　　）命令用来切换用户。

    A. su　　　　　　　B. exit　　　　　　　C. cd　　　　　　　D. ls

（4）Placement 的配置文件 placement.conf 在（　　　）目录下。

    A. /etc/placement　　　　　　　　　　B. /usr/placement

    C. /home/placement　　　　　　　　　D. /opt/placement

（5）在 MariaDB 数据库的授权语句中，（　　　）表示远程主机。

    A. localhost　　　　B. %　　　　　　　C. *　　　　　　　　D. _

2. 填空题

（1）Placement 放置服务的端口默认是_____。

（2）Placement 安装后将自动创建一个名为_____的用户。

3. 实训题

（1）检测已安装好的 Placement 服务。

（2）先为 OpenStack 云计算平台创建一个用户 ouser 并赋予 user 角色，再删除该用户。

项目9
计算服务（Nova）安装

09

学习目标

【知识目标】
（1）了解Nova的功能。
（2）了解Nova的组件架构。
（3）了解Nova的基本工作流程。

【技能目标】
（1）能够安装与配置Nova组件。
（2）能够初始化Nova用户与服务。
（3）能够用手动和自动两种方式发现计算节点。
（4）能够用命令检测Nova服务。

学习目标

引例描述

安装好负责系统安全的Keystone、负责镜像管理的Glance、负责资源监控的Placement这几个OpenStack云计算平台组件后，小王有了新的思考，谁负责OpenStack云计算平台的核心业务（即云主机的创建和管理）呢？

引例描述

9.1 项目陈述

IaaS 云计算平台的核心业务是将资源池中的资源虚拟化成基础硬件为用户提供服务，云主机就是集成这些基础硬件而得到的网上计算机。对于用户来说，云主机除了不能直接触摸以外，其使用起来和一般的计算机没有太大区别。通常，云主机被用户作为发布应用的服务器来使用。小王经过调研得知，OpenStack 云计算平台用计算组件 Nova 对云主机进行整个生命周期内的管理，包括云主机的创建、开机、关机、挂起、删除等。本项目将为 OpenStack 云计算平台安装 Nova 组件。

项目陈述

在开始安装 Nova 之前，小王首先将学习以下必备知识。

（1）通过"Nova 的基本概念"学习 Nova 的基本概念，了解 Nova 的功能。
（2）通过"Nova 的组件架构"了解 Nova 的组成结构，了解单元（Cell）管理模式。
（3）通过"Nova 的基本工作流程"了解 Nova 的各个功能模块是如何与其他组件一起创建云主机的。

最后，在项目实施环节，小王将在项目操作手册的指导下，在控制节点和计算节点上完成 Nova 组件的安装与配置工作。

9.2 必备知识

9.2.1 Nova 的基本概念

Nova 负责管理 OpenStack 中云主机的创建、删除、启动、停止等。Nova 位于 OpenStack 架构的中心，其他服务或者组件（如 Glance、Placement、Cinder、Neutron 等）对其提供支持。其中，Glance 为实例提供镜像支持，Cinder 为实例提供块存储支持，Neutron 为实例提供网络支持。Nova 自身并没有任何虚拟化能力，其通过虚拟机管理器（Hypervisor）创建和管理云主机。Hypervisor 为多种虚拟化程序（如 KVM、Xen、VMware ESX、QEMU）提供统一接口服务。

Nova 的基本概念

9.2.2 Nova 的组件架构

Nova 组件的功能强大且结构复杂，由多种模块组成，这些模块分属若干单元。每个单元又是若干计算节点的集合。

Nova 的组件架构

1. Nova 的主要模块

Nova 的主要模块如图 9-1 所示。

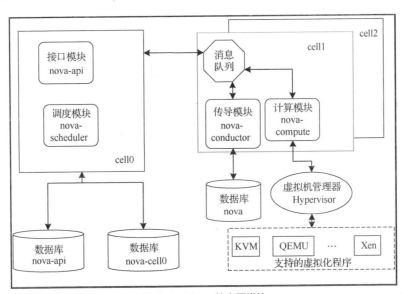

图 9-1　Nova 的主要模块

Nova 的主要模块的功能介绍如表 9-1 所示。

表 9-1　Nova 的主要模块的功能介绍

模块	功能介绍
nova-api	该模块用于接收和响应外部请求，也是外部可用于管理 Nova 的唯一入口
nova-scheduler	该模块负责虚拟机调度服务，与 Placement 合作，负责从计算机集群中选择某台主机创建虚拟机

续表

模块	功能介绍
nova-compute	该模块是 Nova 的核心模块，负责虚拟机的创建以及资源的分配。其本身并不提供任何虚拟化功能，但通过 Hypervisor 调用第三方虚拟化工具（如 KVM、Xen、QEMU 等）创建和管理云主机
nova-conductor	该模块负责与数据库的连接管理，Nova 中的其他组件均通过该模块与数据库交互

2. Nova 的单元管理模式

从图 9-1 可以看到，OpenStack 中的计算节点被分成若干小的单元进行管理，除了顶层管理单元 cell0 外，每个单元都有自己的消息队列和数据库，cell0 只有数据库。其中，单元 cell0 包含接口模块（nova-api）和调度模块（nova-scheduler）；而其余单元（如 cell1、cell2）负责具体的云主机的创建与管理。随着计算节点规模的扩大，还可以进行单元新增，如增加 cell3、cell4 等。

为 Nova 各个单元服务的数据库一共有 3 个，分别是 nova_api、nova_cell0 和 nova。顶层管理单元 cell0 使用了 nova_api 和 nova_cell0 数据库。nova_api 数据库存放的是全局信息，如单元的信息、实例类型（创建云主机的模板）信息等；nova _cell0 数据库的作用是当某台云主机调度失败时，云主机的信息将不属于任何一个单元，而只能存放到 nova_cell0 数据库中，因此 nova_cell0 数据库用于存放云主机调度失败的数据以集中管理。而 nova 数据库为其他所有单元服务，存储了单元中云主机的相关信息。

9.2.3 Nova 的基本工作流程

Nova 组件的主要功能是创建与管理云主机，其中创建云主机的基本流程如图 9-2 所示。

Nova 的基本工作流程

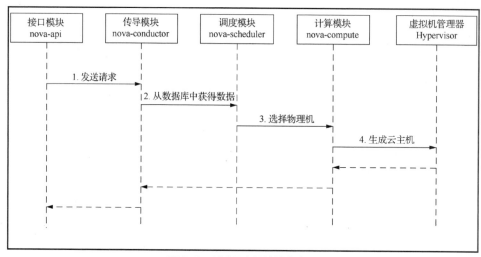

图 9-2 创建云主机的基本流程

通过图 9-2 可以知道，在创建云主机的过程中，Nova 各个模块分工合作的大致流程如下（注意，模块之间的通信都是通过消息队列传递的）。

第 1 步，nova-api 接收到用户通过管理界面或命令行发起的云主机创建请求，并将其发送到消息队列中。

第 2 步，nova-conductor 从消息队列中获得请求，从数据库中获得诸如 Cell 等的相关信息，并将请求和获得的数据放入消息队列。

第 3 步，nova-scheduler 从消息队列获得请求和数据以后，与 Placement 组件配合选择创建云主机的物理机。选择完成后，请求转入消息队列，等待 nova-compute 处理。

第 4 步，nova-compute 从消息队列获得请求后，分别与 Glance、Neutron 和 Cinder 交互以获取镜像资源、网络资源和云存储资源。一切资源准备就绪后，nova-compute 通过 Hypervisor 调用具体的虚拟化程序，如 KVM、QEMU、Xen 等，以创建虚拟机。

9.3 项目实施

9.3.1 安装与配置控制节点上的 Nova 服务

1. 安装 Nova 软件包

使用以下方法安装 Nova 软件包。

安装与配置控制
节点上的 Nova 服务

```
[root@controller ~]# yum -y install openstack-nova-api openstack-nova-conductor
    openstack-nova-scheduler openstack-nova-novncproxy
```

在控制节点上共安装了 Nova 的 4 个软件包，它们分别如下。

（1）openstack-nova-api：Nova 与外部的接口模块。

（2）openstack-nova-conductor：Nova 传导服务模块，提供数据库访问。

（3）openstack-nova-scheduler：Nova 调度服务模块，用以选择某台主机进行云主机创建。

（4）openstack-nova-novncproxy：Nova 的虚拟网络控制台（Virtual Network Console，VNC）代理模块，支持用户通过 VNC 访问云主机。

安装 openstack-nova-api 软件包时，和安装其他 OpenStack 核心组件一样，会自动创建名为 nova 的 Linux 操作系统用户和同名的用户组。可以使用以下两种方法查看 Linux 操作系统用户及用户组信息。

（1）查看用户信息

在 passwd 文件中查看所有包含 nova 字符串的行。

```
[root@controller ~]# cat /etc/passwd | grep nova
  nova:x:162:162:OpenStack Nova Daemons:/var/lib/nova:/sbin/nologin
```

在结果中能看见已经存在 nova 用户。

（2）查看用户组信息

在 group 文件中查看所有包含 nova 字符串的行。

```
[root@controller ~]# cat /etc/group | grep nova
nobody:x:99:nova
nova:x:162:nova
```

在结果中能看见已经存在 nova 用户组。

2. 创建 Nova 的数据库并授权

支持 Nova 组件的数据库一共有 3 个，即 nova-api、nova_cell0 和 nova。下面将创建这 3 个数据库并为数据库用户 nova 授权。

（1）进入数据库

使用以下方法进入 MariaDB 数据库服务器。

```
[root@controller ~]# mysql -uroot -p000000
Welcome to the MariaDB monitor.   Commands end with ; or \g.
Your MariaDB connection id is 4
Server version: 10.5.22-MariaDB MariaDB Server
```

Copyright (c) 2000, 2018, Oracle, MariaDB Corporation Ab and others.

Type 'help;' or '\h' for help. Type '\c' to clear the current input statement.

MariaDB [(none)]>

（2）新建 nova-api、nova_cell0 和 nova 数据库

使用以下 3 条数据库创建语句在 MariaDB 数据库服务器中创建 3 个数据库。

```
MariaDB [（none）]> CREATE DATABASE nova_api;
MariaDB [（none）]> CREATE DATABASE nova_cell0;
MariaDB [（none）]> CREATE DATABASE nova;
```

（3）为数据库授权

授予 nova 用户从本地和远程管理 nova-api、nova_cell0 和 nova 数据库的权限。

```
MariaDB [（none）]> GRANT ALL PRIVILEGES ON nova_api.* TO 'nova'@'localhost'
IDENTIFIED BY '000000';
MariaDB [（none）]> GRANT ALL PRIVILEGES ON nova_api.* TO 'nova'@'%' IDENTIFIED BY
'000000';
MariaDB [（none）]> GRANT ALL PRIVILEGES ON nova_cell0.* TO 'nova'@'localhost' IDENTIFIED
BY '000000';
MariaDB [（none）]> GRANT ALL PRIVILEGES ON nova_cell0.* TO 'nova'@'%' IDENTIFIED BY
'000000';
MariaDB [（none）]> GRANT ALL PRIVILEGES ON nova.* TO 'nova'@'localhost' IDENTIFIED
BY '000000';
MariaDB [（none）]> GRANT ALL PRIVILEGES ON nova.* TO 'nova'@'%' IDENTIFIED BY
'000000';
```

上面 6 条 SQL 语句把 nova-api、nova_cell0 和 nova 数据库中的所有表（库名.*）的所有权限（ALL PRIVILEGES）赋予从本地主机（'localhost'）及任意远程主机（'%'）上登录的名为 nova 的用户，验证密码为 000000。

（4）退出数据库

输入 quit 并按 Enter 键，退出数据库。

```
MariaDB [（none）]> quit
```

3. 修改 Nova 配置文件

Nova 的配置文件是/etc/nova/nova.conf。通过修改该配置文件，可实现 Nova 与数据库、Keystone 及其他组件的连接。由于 nova.conf 文件的内容存在很多注释，直接进行编辑比较麻烦，因此可以将注释和空行删除后再对其进行编辑。

（1）将配置文件中的注释和空行删除

第 1 步，备份配置文件。

```
[root@controller ~]# cp /etc/nova/nova.conf /etc/nova/nova.bak
```

第 2 步，删除配置文件中的所有注释和空行，生成新的配置文件。

```
[root@controller ~]# grep -Ev '^$|#' /etc/nova/nova.bak >/etc/nova/nova.conf
```

（2）编辑新的配置文件

第 1 步，打开配置文件并进行编辑。

```
[root@controller ~]# vi /etc/nova/nova.conf
[DEFAULT]
[api]
```

```
[api_database]
[barbican]
[cache]
[cinder]
[compute]
[conductor]
[console]
[consoleauth]
[cors]
[database]
[devices]
[ephemeral_storage_encryption]
[filter_scheduler]
[glance]
[guestfs]
[healthcheck]
[hyperv]
[ironic]
```

可以看到，这个新的配置文件中已经不存在空行和注释行。

第 2 步，修改[api_database]和[database]部分，实现与数据库 nova_api、nova 的连接。

```
[api_database]
connection = mysql+pymysql://nova:000000@controller/nova_api
[database]
connection = mysql+pymysql://nova:000000@controller/nova
```

第 3 步，修改[api]与[keystone_authtoken]部分，实现与 Keystone 的交互。

```
[api]
auth_strategy = keystone
[keystone_authtoken]
auth_url = http://controller:5000
memcached_servers = controller:11211
auth_type = password
project_domain_name = Default
user_domain_name = Default
project_name = project
username = nova
password = 000000
```

第 4 步，修改[placement]部分，实现与 Placement 的交互。

```
[placement]
auth_url = http://controller:5000
auth_type = password
project_domain_name = Default
user_domain_name = Default
project_name = project
username = placement
password = 000000
region_name = RegionOne
```

第 5 步，修改[glance]部分，实现与 Glance 的交互。

```
[glance]
api_servers = http://controller:9292
```

第 6 步，修改[oslo_concurrency]部分，配置锁路径。

oslo_concurrency 模块可以为 OpenStack 中的代码块提供线程及进程锁，以下配置给该模块指定了一条锁路径。

```
[oslo_concurrency]
lock_path = /var/lib/nova/tmp
```

这里的/var/lib/nova/tmp 是在安装软件包时由 nova 用户创建的，因此 nova 对它拥有所有权限，不要随意更改该路径。

第 7 步，修改[DEFAULT]部分，配置使用消息队列及防火墙等信息。

```
[DEFAULT]
enabled_apis = osapi_compute,metadata
transport_url = rabbit://rabbitmq:000000@controller:5672
my_ip = 192.168.10.10
use_neutron = true
firewall_driver = nova.virt.firewall.NoopFirewallDriver
```

第 8 步，修改[vnc]部分，配置 VNC 连接模式。

```
[vnc]
enabled = true
server_listen = $my_ip
server_proxyclient_address = $my_ip
```

以上文件内容中的"$"表示取变量值，因此"$my_ip"就是指在[DEFAULT]中定义的 my_ip 的值 192.168.10.10。

4. 初始化 Nova 的数据库

同步数据库的目的是将安装文件中的数据库的表信息填充到数据库中，Nova 数据库同步的方法如下。

第 1 步，初始化 nova_api 数据库。

```
[root@controller ~]# su nova -s /bin/sh -c "nova-manage api_db sync"
```

第 2 步，创建 cell1 单元，该单元将使用 nova 数据库。

```
[root@controller ~]# su nova -s /bin/sh -c "nova-manage cell_v2 create_cell --name=cell1"
```

第 3 步，映射 nova 到 cell0 数据库，使 cell0 的表结构和 nova 的表结构保持一致。

```
[root@controller ~]# su nova -s /bin/sh -c "nova-manage cell_v2 map_cell0"
```

第 4 步，初始化 nova 数据库，由于映射的存在，cell0 中同时会创建相同的数据表。

```
[root@controller ~]# su nova -s /bin/sh -c "nova-manage db sync"
```

5. 验证单元是否都已正确注册

使用下列语句获得已注册的单元列表。

```
[root@controller ~]# nova-manage cell_v2 list_cells
```

名称	UUID	Transport URL	数据库连接	Disabled
cell0	*****	********	mysql+pymysql://nova:****@controller/nova_cell0	False
cell1	*****	********	mysql+pymysql://nova:****@controller/nova	False

可以看到，当前已经存在 cell0 和 cell1 两个单元。其中，cell0 用于系统管理；cell1 用于云主机管理。每增加一个计算节点，就应增加一个和 cell1 功能相同的单元。

9.3.2 Nova 组件初始化

1. 创建 Nova 用户并分配角色

（1）为 OpenStack 云计算平台创建 nova 用户

第 1 步，导入环境变量，模拟登录。

使用 source 或者 "." 都可以执行环境变量导入操作，代码如下。

Nova 组件初始化

```
[root@controller ~]# source admin-login
```

第 2 步，在 OpenStack 云计算平台中创建用户 nova。

使用以下代码，在 default 域中创建一个名为 nova、密码为 000000 的用户。

```
[root@controller ~]# openstack user create --domain default --password 000000 nova
+---------------------+----------------------------------+
| Field               | Value                            |
+---------------------+----------------------------------+
| domain_id           | default                          |
| enabled             | True                             |
| id                  | aedab27c5c1f45aa81b78007a8694d27 |
| name                | nova                             |
| options             | {}                               |
| password_expires_at | None                             |
+---------------------+----------------------------------+
```

> **注意** 这里的用户名和密码一定要与 nova.conf 文件[keystone_authtoken]中的用户名和密码一致。

（2）为用户 nova 分配 admin 角色

以下代码授予 nova 用户操作 project 项目时的 admin 权限。

```
[root@controller ~]# openstack role add --project project --user nova admin
```

2. 创建 Nova 服务及服务端点

（1）创建服务

以下代码可创建一个名为 nova、类型为 compute 的服务。

```
[root@controller ~]# openstack service create --name nova compute
+---------+----------------------------------+
| Field   | Value                            |
+---------+----------------------------------+
| enabled | True                             |
| id      | beab6af9649d4502b891d11fe7aecf3b |
| name    | nova                             |
| type    | compute                          |
+---------+----------------------------------+
```

（2）创建服务端点

OpenStack 组件的服务端点有 3 个，分别对应公众用户（public）、内部组件（internal）和 Admin 用户（admin）服务的地址。

第 1 步，创建公众用户访问的端点。

```
[root@controller ~]# openstack endpoint create --region RegionOne nova public
http://controller:8774/v2.1
+--------------+----------------------------------+
| Field        | Value                            |
+--------------+----------------------------------+
| enabled      | True                             |
| id           | c4a8df02135a4622a7b8ff69346eaa4d |
| interface    | public                           |
| region       | RegionOne                        |
| region_id    | RegionOne                        |
| service_id   | beab6af9649d4502b891d11fe7aecf3b |
| service_name | nova                             |
| service_type | compute                          |
| url          | http://controller:8774/v2.1      |
+--------------+----------------------------------+
```

第 2 步，创建内部组件访问的端点。

```
[root@controller ~]# openstack endpoint create --region RegionOne nova internal
http://controller:8774/v2.1
+--------------+----------------------------------+
| Field        | Value                            |
+--------------+----------------------------------+
| enabled      | True                             |
| id           | c9832a2153e34d058ea891dc3c11d7cf |
| interface    | internal                         |
| region       | RegionOne                        |
| region_id    | RegionOne                        |
| service_id   | beab6af9649d4502b891d11fe7aecf3b |
| service_name | nova                             |
| service_type | compute                          |
| url          | http://controller:8774/v2.1      |
+--------------+----------------------------------+
```

第 3 步，创建 Admin 用户访问的端点。

```
[root@controller ~]# openstack endpoint create --region RegionOne compute admin
http://controller:8774/v2.1
+--------------+----------------------------------+
| Field        | Value                            |
+--------------+----------------------------------+
| enabled      | True                             |
| id           | e876b3c1d3534e3f9c9439b7410c6178 |
| interface    | admin                            |
| region       | RegionOne                        |
| region_id    | RegionOne                        |
| service_id   | beab6af9649d4502b891d11fe7aecf3b |
| service_name | nova                             |
| service_type | compute                          |
```

```
| url                    | http://controller:8774/v2.1                    |
+----------------+------------------------------------------------+
```

3. 启动控制节点的 Nova 服务

首先，将安装的 openstack-nova-api、openstack-nova-scheduler、openstack-nova-conductor 和 openstack-nova-novncproxy 四大模块设置为开机启动。

```
[root@controller ~]# systemctl enable openstack-nova-api openstack-nova-scheduler openstack-nova-conductor openstack-nova-novncproxy
```

其次，将这 4 个模块立即启动。

```
[root@controller ~]# systemctl start openstack-nova-api openstack-nova-scheduler openstack-nova-conductor openstack-nova-novncproxy
```

如果有错误，则可以逐一启动这四大模块，以找出启动时出错的模块。

9.3.3　检测控制节点的 Nova 服务

检测控制节点的
Nova 服务

这里采用两种方法检测 Nova 组件的运行状况。

1. 查看端口占用情况

由于 Nova 服务会占用 8774 和 8775 端口，因此通过查看这两个端口是否启用，可以判断 Nova 服务是否已经运行。

```
[root@controller ~]# netstat –nutpl|grep 877
tcp       0    0 0.0.0.0:8774        0.0.0.0:*        LISTEN      46716/python2
tcp       0    0 0.0.0.0:8775        0.0.0.0:*        LISTEN      46716/python2
tcp6      0    0 :::8778             :::*             LISTEN      41715/httpd
```

2. 查看计算服务列表

使用以下代码查看计算服务中各个模块的服务状态。

```
[root@controller ~]# openstack compute service list
+--+--------------+------------+----------+---------+-------+----------------------------+
| ID | Binary       | Host       | Zone     | Status  | State | Updated At                 |
+--+--------------+------------+----------+---------+-------+----------------------------+
|  4 | nova-conductor | controller | internal | enabled | up    | 2024-04-14T14:19:55.000000 |
|  5 | nova-scheduler | controller | internal | enabled | up    | 2024-04-14T14:19:59.000000 |
+--+--------------+------------+----------+---------+-------+----------------------------+
```

如果 nova-conductor 和 nova-scheduler 两个控制节点上的模块均处于开启（up）状态，则表示服务正常。

9.3.4　安装与配置计算节点上的 Nova 服务

安装与配置计算
节点上的 Nova 服务

Nova 需要在计算节点上安装它的 nova-compute 模块，所有的云主机均是该模块在计算节点上生成的。在开始安装之前，应先确定计算节点已经启动，并用 SSH 客户端（如 MobaXterm）连接计算节点的 IP 地址，如 192.168.10.20；再按照以下步骤进行安装与配置工作。

1. 安装 Nova 软件包

在计算节点上只需要安装 Nova 的计算模块 nova-compute，按照以下方法进行安装即可。

```
[root@compute ~]# yum -y install openstack-nova-compute
```

安装完成后，计算节点与控制节点一样，会自动生成 Linux 操作系统的用户 nova 和同名用户组。可以使用以下两种方法查看 Linux 操作系统用户及用户组信息。

（1）查看用户信息

在 passwd 文件中查看所有包含 nova 字符串的行。

```
[root@compute ~]# cat /etc/passwd | grep nova
nova:x:162:162:OpenStack Nova Daemons:/var/lib/nova:/sbin/nologin
```

（2）查看用户组信息

在 group 文件中查看所有包含 nova 字符串的行。

```
[root@compute ~]# cat /etc/group | grep nova
nobody:x:99:nova
qemu:x:107:nova
libvirt:x:991:nova
nova:x:162:nova
```

2. 修改 Nova 配置文件

Nova 的配置文件是/etc/nova/nova.conf。通过修改该配置文件，可实现 Nova 与数据库、Keystone 及其他组件的连接。由于 nova.conf 文件的内容存在很多注释，直接进行编辑比较麻烦，因此可以将注释和空行删除后再对其进行编辑。

（1）将配置文件中的注释和空行删除

第 1 步，备份配置文件。

```
[root@compute ~]# cp /etc/nova/nova.conf /etc/nova/nova.bak
```

第 2 步，删除配置文件中的所有注释和空行，生成新的配置文件。

```
[root@compute ~]# grep -Ev '^$|#' /etc/nova/nova.bak >/etc/nova/nova.conf
```

（2）编辑新的配置文件

第 1 步，打开配置文件。

```
[root@compute ~]# vi /etc/nova/nova.conf
```

第 2 步，修改[api]与[keystone_authtoken]部分，实现与 Keystone 的交互。

```
[api]
auth_strategy = keystone
[keystone_authtoken]
auth_url = http://controller:5000
memcached_servers = controller:11211
auth_type = password
project_domain_name = Default
user_domain_name = Default
project_name = project
username = nova
password = 000000
```

第 3 步，修改[placement]部分，实现与 Placement 的交互。

```
[placement]
auth_url = http://controller:5000
auth_type = password
project_domain_name = Default
user_domain_name = Default
project_name = project
username = placement
password = 000000
region_name = RegionOne
```

第 4 步，修改[glance]部分，实现与 Glance 的交互。

```
[glance]
api_servers = http://controller:9292
```

第 5 步，修改[oslo_concurrency]部分，配置锁路径。

oslo_concurrency 模块可以为 OpenStack 中的代码块提供线程及进程锁，以下配置为该模块指定了一条锁路径。

```
[oslo_concurrency]
lock_path = /var/lib/nova/tmp
```

这里的/var/lib/nova/tmp 是在安装软件包时由 nova 用户创建的，因此 nova 对它拥有所有权限，不要随意更改该路径。

第 6 步，修改[DEFAULT]部分，配置使用消息队列及防火墙等信息。

```
[DEFAULT]
enabled_apis = osapi_compute,metadata
transport_url = rabbit://rabbitmq:000000@controller:5672
my_ip = 192.168.10.20
use_neutron = true
firewall_driver = nova.virt.firewall.NoopFirewallDriver
compute_driver=libvirt.LibvirtDriver
instances_path = /var/lib/nova/instances/
```

第 7 步，修改[vnc]部分，配置 VNC 连接模式。

```
[vnc]
enabled = true
server_listen = 0.0.0.0
server_proxyclient_address = $my_ip
novncproxy_base_url = http://192.168.10.10:6080/vnc_auto.html
```

以上文件内容中的"$"表示取变量值，因此"$my_ip"就是指在[DEFAULT]中定义的 my_ip 的值 192.168.10.20。

第 8 步，配置[libvirt]部分，设置虚拟化类型为 QEMU。

```
[libvirt]
virt_type = qemu
```

3．启动计算节点的 Nova 服务

首先，设置开机启动服务。

```
[root@compute ~]#  systemctl enable libvirtd openstack-nova-compute
```

其次，立即启动服务。

```
[root@compute ~]#  systemctl start libvirtd openstack-nova-compute
```

其中，libvirtd 是管理虚拟化平台的开源的接口应用，提供对 KVM、Xen、VMware ESX、QEMU 和其他虚拟化程序的统一管理接口服务。

9.3.5　发现计算节点并检验服务

每当一个计算节点要加入系统时，都需要在控制节点上执行一次发现计算节点的操作，只有被控制节点发现的计算节点才能被映射为一个单元，成为 OpenStack 云计算平台中的一员。

本小节任务的操作均在控制节点上执行。

1．发现计算节点

根据以下步骤完成任务。

发现计算节点并
检验服务

（1）导入环境变量，模拟登录

按以下方法将登录凭证传入系统变量，使当前用户通过 Keystone 的认证进入 OpenStack 系统。

```
[root@controller ~]#    . admin-login
```

（2）发现新的计算节点

切换到 nova 用户，执行发现未注册计算节点的命令。

```
[root@controller ~]# su nova -s /bin/sh -c "nova-manage cell_v2 discover_hosts --verbose"
Found 2 cell mappings.
Getting computes from cell 'cell1': 14c6e7b0-f44a-41ff-be77-93aa2e6e9829
Checking host mapping for compute host 'compute': 949597af-9f89-4d4a-abc7-17bb09638541
Creating host mapping for compute host 'compute': 949597af-9f89-4d4a-abc7-17bb09638541
Found 1 unmapped computes in cell: 14c6e7b0-f44a-41ff-be77-93aa2e6e9829
Skipping cell0 since it does not contain hosts.
```

发现计算节点后，计算节点将自动与 cell1 单元形成关联，以后即可通过 cell1 对该计算节点进行管理。用以下命令可以查看单元中存在的计算节点主机信息。

```
[root@controller ~]# nova-manage cell_v2 list_hosts
+-----------+--------------------------------------+----------+
| Cell Name |              Cell UUID               | Hostname |
+-----------+--------------------------------------+----------+
|   cell1   | 14c6e7b0-f44a-41ff-be77-93aa2e6e9829 | compute  |
+-----------+--------------------------------------+----------+
```

从结果可以看到在 cell1 单元中已经存在名为 compute 的主机。

（3）设置自动发现

OpenStack 中可以有多个计算节点存在，每增加一个新的节点就需要执行以上命令进行发现。为了减少工作量，可以修改配置文件，设置每隔一段时间就自动执行一次发现命令。

第 1 步，打开控制节点的 Nova 配置文件，在配置文件中修改[scheduler]部分，设置每隔 60s 自动执行一次发现命令。

```
[root@controller ~]# vi /etc/nova/nova.conf
[scheduler]
discover_hosts_in_cells_interval = 60
```

第 2 步，重启 nova-api 服务，使修改过的配置文件生效。

```
[root@controller ~]# systemctl restart openstack-nova-api
```

2. 验证 Nova 服务

这里介绍 3 种方法来检测 Nova 组件的运行状况，均在控制节点上操作。

（1）查看计算服务列表

使用以下代码查看计算服务中各个模块的服务状态。

```
[root@controller ~]# openstack compute service list
+----+----------------+------------+----------+---------+-------+----------------------------+
| ID | Binary         | Host       | Zone     | Status  | State | Updated At                 |
+----+----------------+------------+----------+---------+-------+----------------------------+
|  4 | nova-conductor | controller | internal | enabled | up    | 2024-04-14T14:32:16.000000 |
|  5 | nova-scheduler | controller | internal | enabled | up    | 2024-04-14T14:32:20.000000 |
|  6 | nova-compute   | compute    | nova     | enabled | up    | 2024-04-14T14:32:11.000000 |
+----+----------------+------------+----------+---------+-------+----------------------------+
```

在控制节点上运行的 nova-conductor、nova-scheduler 和在计算节点上运行的 nova-compute 都处于启用（enabled）和开启（up）状态。

（2）查看所有 OpenStack 服务及端点列表

使用以下代码查看 OpenStack 现有的服务和服务对应的端点列表。

```
[root@controller ~]# openstack catalog list
+------------+------------+-------------------------------------------------+
| Name       | Type       | Endpoints                                       |
+------------+------------+-------------------------------------------------+
| nova       | compute    | RegionOne                                       |
|            |            |   public: http://controller:8774/v2.1           |
|            |            | RegionOne                                       |
|            |            |   internal: http://controller:8774/v2.1         |
|            |            | RegionOne                                       |
|            |            |   admin: http://controller:8774/v2.1            |
|            |            |                                                 |
| keystone   | identity   | RegionOne                                       |
|            |            |   admin: http://controller:5000/v3              |
|            |            | RegionOne                                       |
|            |            |   internal: http://controller:5000/v3           |
|            |            | RegionOne                                       |
|            |            |   public: http://controller:5000/v3             |
|            |            |                                                 |
| placement  | placement  | RegionOne                                       |
|            |            |   public: http://controller:8778                |
|            |            | RegionOne                                       |
|            |            |   admin: http://controller:8778                 |
|            |            | RegionOne                                       |
|            |            |   internal: http://controller:8778              |
|            |            |                                                 |
| glance     | image      | RegionOne                                       |
|            |            |   public: http://controller:9292                |
|            |            | RegionOne                                       |
|            |            |   admin: http://controller:9292                 |
|            |            | RegionOne                                       |
|            |            |   internal: http://controller:9292              |
|            |            |                                                 |
+------------+------------+-------------------------------------------------+
```

从结果中可以看到 OpenStack 云计算平台中已有的 4 个服务的名称（Name）、服务类型（Type）及服务端点（Endpoints）的信息。

（3）使用 Nova 状态检测工具进行检查

Nova 提供了一个状态检测工具 nova-status，其用法如下。

```
[root@controller ~]# nova-status upgrade check
+---------------------------------------------------------------------------+
| Upgrade Check Results                                                      |
+---------------------------------------------------------------------------+
| Check: Cells v2                                                            |
| Result: Success                                                           |
| Details: No host mappings or compute nodes were found. Remember to        |
```

```
|   run command 'nova-manage cell_v2 discover_hosts' when new
|   compute hosts are deployed.
+----------------------------------------------------------------------+
| Check: Placement API
| Result: Success
| Details: None
+----------------------------------------------------------------------+
| Check: Ironic Flavor Migration
| Result: Success
| Details: None
+----------------------------------------------------------------------+
| Check: Cinder API
| Result: Success
| Details: None
+----------------------------------------------------------------------+
```

如果检查结果中可以看到 4 个 Success，则表示运行正常。

9.3.6 安装完成情况检测

安装 OpenStack 的各个任务之间是相互关联的，必须保证前一个任务成功完成后才能继续其后的任务。因此，本书针对每个重要任务都设计了检测环节，以便读者自行检测任务完成情况。

表 9-2 所示为 Nova 安装自检工单，读者可按照表中所列举的项对实施情况进行自我评估，同时对相应项失败的原因进行分析和记录。

安装完成情况检测

表 9-2　Nova 安装自检工单

检测内容	检测方法	合格标准	检测结果		失败原因
			成功	失败	
控制节点是否建立了 nova 用户	使用 cat /etc/passwd | grep nova 命令	能看到 nova 用户信息			
控制节点是否建立了 nova 用户组	使用 cat /etc/group | grep nova 命令	能看到 nova 用户组信息			
计算节点是否建立了 nova 用户	使用 cat /etc/passwd | grep nova 命令	能看到 nova 用户信息			
计算节点是否建立了 nova 用户组	使用 cat /etc/group | grep nova 命令	能看到 nova 用户组信息			
控制节点是否建立了 nova、nova-api 和 nova_cell0 数据库	进入数据库，使用"show database;"命令	能看到 nova、nova_api 和 nova_cell0 数据库			

续表

检测内容	检测方法	合格标准	检测结果		失败原因
			成功	失败	
nova 用户对数据库的权限	在数据库中运行"show grants for 'nova'@'%';"和"show grants for 'nova'@'localhost';"命令	远程和本地的 nova 用户被授予了对 nova、nova_api 和 nova_cell0 数据库的完全控制权限			
nova 数据库是否同步成功	进入数据库，查看 nova 数据库中的数据表列表	存在相应的数据表			
nova_api 数据库是否同步成功	进入数据库，查看 nova_api 数据库中的数据表列表	存在相应的数据表			
nova-cell0 数据库是否同步成功	进入数据库，查看 nova_cell0 数据库中的数据表列表	存在相应的数据表			
检查 nova 用户是否存在	在控制节点上使用 openstack user list 命令查询用户列表	存在 nova 用户			
检查 nova 用户是否具有 admin 权限	① 使用 openstack user list 命令获得用户 ID ② 使用 openstack role list 命令获得角色 ID ③ 使用 openstack role assignment list 命令查看 nova 用户是否和 admin 角色绑定	nova 用户和 admin 角色绑定			
检查是否创建了服务实体 nova	使用 openstack service list 命令查看服务列表	能看到 nova 服务，类型为 compute			
Nova 的 3 个服务端点是否建立	使用 openstack endpoint list 命令	应该看到 3 行 Service Name 为 nova 的信息，且其具有相同的 URL			
Nova 服务是否运行正常	使用 nova-status upgrade check 命令检查 Nova 服务状态	能够看到检查结果（Result）为成功（Success）			

9.4 项目小结

Nova 是 OpenStack 云计算平台的核心组件之一，负责云主机的创建及管理。Nova 将计算节点集群分为若干单元进行管理。顶层单元只有一个，名为 cell0。cell0 负责管理其他单元，包含 nova-api 和 nova-scheduler 模块。其中，nova-api 是 Nova 对外服务的"前台"，所有请求都需要通过该"前台"；"nova-scheduler"和 Placement 一起负责选择云主机的宿主机。其他单元是同级的关系，根据计算节点的规模可以扩展单元的规模，每个单元中都有 nova-compute 和 nova-conductor 模块，其中 nova-compute 负责创建云主机，nova-conductor 负责与数据库交互并存取云主机信息。

项目小结

159

本项目带领读者在控制节点和计算节点上搭建了 Nova 组件。

第 1 步，在控制节点上安装 Nova 软件包。

第 2 步，创建 3 个数据库并授权。其中，nova-api 和 nova-cell0 数据库用于对单元 cell0 提供支持，nova-api 数据库用于存储全局信息；nova 数据库为其他单元提供支持，用于存储云主机信息。nova-cell0 和 nova 的表结构一致，用于存放云主机调度失败的信息。3 个数据库创建好以后，要给它们定义一个用户并赋予其具有本地登录和远程登录两种操作权限。

第 3 步，修改配置文件。在配置 Nova 时，主要配置了其和数据库（两个数据库：nova-api 和 nova）的连接、Keystone 认证的凭证信息、与 Placement 的连接、与 Glance 的连接等。

第 4 步，初始化数据库，将安装文件中的数据库基础数据同步到数据库中。先同步 nova-api，使得最上层的单元可以工作；再创建新的单元 cell1，其将与 nova 数据库关联，并把 nova 数据库映射到 cell0 数据库，使下次 nova 数据库发生变更时同时变更 cell0 数据库；最后同步 nova 数据库，并在 cell0 中生成相同表。

第 5 步，初始化控制节点上的 Nova 服务。和对其他组件的操作类似，创建了 Nova 的用户并分配了角色，创建了 Nova 服务及对应的 3 个服务端点，完成以后启动服务。

第 6 步，在计算节点上安装软件包。

第 7 步，修改配置文件，和对控制节点的操作类似，用于连接其他组件。修改完成后要让配置文件生效，需要重启服务。

第 8 步，从控制节点上发现新加入的计算节点服务器。

经过以上 8 步，Nova 组件就能够正常工作了。可以通过查看计算服务列表检测 Nova 服务运行是否正常。

9.5 项目练习题

1. 选择题

（1）OpenStack 云计算平台中负责管理云主机的组件是（　　）。

    A. Glance   B. Nova   C. Placement   D. Keystone

（2）Nova 模块中负责创建云主机的模块是（　　）。

    A. nova-conductor   B. nova-compute

    C. nova-scheduler   D. nova-api

（3）Nova 模块中负责与数据库交互的模块是（　　）。

    A. nova-conductor   B. nova-compute

    C. nova-scheduler   D. nova-api

（4）Nova 模块中与外部的唯一接口模块是（　　）。

    A. nova-conductor   B. nova-compute

    C. nova-scheduler   D. nova-api

（5）Nova 模块中负责选择云主机的宿主机的模块是（　　）。

    A. nova-conductor   B. nova-compute

    C. nova-scheduler   D. nova-api

（6）OpenStack 云计算平台中，（　　）是最顶层的单元，负责管理单元系统。

    A. cell0   B. cell1   C. cell2   D. cell3

（7）以下（　　）数据库用来存储单元中云主机的信息。

    A. nova_api   B. nova_cell0

    C. nova   D. nova_cell1

（8）以下（　　　）数据库用来存储云主机信息。

    A．nova_api　　　　　B．nova_cell0　　　　C．nova　　　　　　　　D．nova_cell1

（9）以下（　　　）数据库的表结构和 nova 数据库的一致。

    A．nova_api　　　　　B．nova_cell0　　　　C．nova　　　　　　　　D．nova_cell1

2．填空题

（1）Nova 服务的端口默认是_____。

（2）Nova 安装后将自动创建一个名为_____的用户。

（3）每增加一台计算节点，需要在控制节点_____一次，才能进入系统进行使用。

3．实训题

（1）查看服务和端点的对应关系列表。

（2）查看计算服务列表。

项目10
网络服务（Neutron）安装

10

学习目标

【知识目标】
（1）了解Neutron的功能。
（2）了解Neutron的组件架构。
（3）了解Neutron的基本工作流程。
（4）了解Neutron的Flat、VLAN、XVLAN和GRE网络模式。

【技能目标】
（1）能够安装与配置Neutron组件。
（2）能够初始化Neutron用户与服务。
（3）能够用命令检测Neutron服务。

学习目标

引例描述

  在安装完Nova以后，小王有了新的疑问，OpenStack云计算平台有了Nova计算组件就可以生产出一台又一台的云主机，但这些云主机毕竟是虚拟出来的，并且只能存在于网络中，用户也必须通过网络才能使用它们，那它们如何联网呢？

引例描述

10.1 项目陈述

  OpenStack 云计算平台提供的云主机只能存在于网络中，因此网络是云主机工作的必要环境。小王通过调研了解到 Neutron 是 OpenStack 云计算平台的核心组件之一，负责为云计算平台提供虚拟网络功能，并且支持多种虚拟网络的拓扑结构。本项目将为 OpenStack 云计算平台安装 Neutron 组件。

  在开始安装 Neutron 之前，小王首先学习以下必备知识。

项目陈述

  （1）通过 "Neutron 的基本概念" 学习 Neutron 的基本概念，了解 Neutron 的功能。

  （2）通过 "Neutron 的组件架构" 学习 Neutron 的组成结构，了解 Neutron 的插件与代理模式。

  （3）通过 "Neutron 的基本工作流程" 了解 Neutron 的各个功能模块是如何与其他组件一起创建云主机的。

  （4）通过 "Neutron 支持的网络类型" 了解 Neutron 能够构建的几类网络，学会选用合适的网络类型实现相应的功能。

  最后，在项目实施环节，小王将在项目操作手册的指导下，在控制节点和计算节点上完成 Neutron 组件的安装与配置工作。

10.2 必备知识

10.2.1 Neutron 的基本概念

Neutron 的基本
概念

在早期的 OpenStack 中，网络是由 Nova 的 nova-network 模块实现的。之后随着网络功能的日趋复杂，一个称为 Quantum 的新项目被创建来替代 nova-network 模块，它就是 Neutron 的前身。之后，由于发现 Quantum 这一名称已经被注册，因此项目被改名为 Neutron。Neutron 在 OpenStack 的 H 版本中首次出现。

Neutron 是 OpenStack 云计算平台的核心组件之一，负责虚拟网络设备的创建和管理。这些虚拟的网络设备包括网桥（Bridge）、网络、端口等。表 10-1 所示为 Neutron 管理的部分网络设备及其功能说明。

表 10-1　Neutron 管理的部分网络设备及其功能说明

网络设备	功能说明
网桥（Bridge）	网桥类似于交换机，用于连接不同的网络设备。Neutron 把网桥分为内部网桥（bridge- internal，br-int）和外部网桥（bridge-external，ex-ext）两类。内部网桥即实现内部网络功能的网桥，外部网桥即负责与外部网络通信的网桥
网络（Network）	一个隔离的二层网段，类似于一个虚拟局域网（Virtual Local Area Network，VLAN）。网络之间是隔离的，不同网络中的 IP 地址可以重复。子网和端口都挂接在某个网络中
子网（Subnet）	子网是一个 IPv4 或者 IPv6 地址段。子网中的云主机的 IP 地址从该地址段中进行分配。子网必须关联一个网络。网络与子网是一对多关系，一个子网只能属于某个网络，一个网络可以有多个子网
端口（Port）	端口可以看作虚拟交换机上的一个端口。端口上定义了硬件物理地址[媒体访问控制（Media Access Control，MAC 地址]和 IP 地址，当云主机的虚拟网卡（Virtual Interface，VIF）绑定到某个端口时，端口就会将 MAC 地址和 IP 地址分配给虚拟网卡。子网与端口是一对多关系，一个端口必须属于某个子网，一个子网可以有多个端口

10.2.2 Neutron 的组件架构

与 OpenStack 的其他服务组件的设计思路一样，Neutron 也采用分布式架构，由多个模块（子服务）共同对外提供网络服务。Neutron 能通过不同的插件及代理提供多种不同层级的网络服务。

Neutron 的组件
架构

1. Neutron 的模块构成

Neutron 由对外提供服务的 Neutron 服务模块 neutron-server、任意数量的插件 neutron-plugin 和与插件相对应的代理 neutron-agent 组成。图 10-1 所示为 Neutron 的主要模块构成。

Neutron 的主要模块及其功能说明如表 10-2 所示。

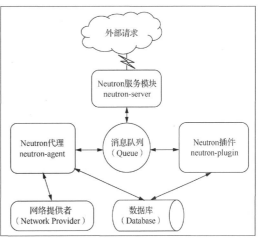

图 10-1　Neutron 的主要模块构成

表 10-2　Neutron 的主要模块及其功能说明

模块	功能说明
neutron-server	Neutron 的服务模块，对外提供 OpenStack 网络应用程序接口（Application Program Interface，API），接收请求，并调用插件处理请求
neutron-plugin	Neutron 的插件对应某个具体功能，各个厂商可以开发自己的插件放入 Neutron。插件做的事情主要有两件：在数据库中创建资源和发送请求给具体的 neutron-agent
neutron-agent	Neutron 的代理可以理解为插件在物理设备上的对应代理，插件要实现具体功能必须要通过代理。代理接收 neutron-plugin 通知的业务操作和参数，并在网络提供者（如一块真实的网卡）上实现各种网络功能，如创建网络、子网、网桥等。当设备发生问题时，neutron-agent 会将情况通知给 neutron-plugin

一般而言，neutron-server 和各 neutron-plugin 部署在控制节点或者网络节点上，而 neutron-agent 部署在网络节点和计算节点上。

2. Neutron 的网络分层模型

开放系统互连（Open System Interconnection，OSI）参考模型定义了著名的七层网络模型，Neutron 在第 2～7 层提供了插件来支持各种不同的网络设备和网络服务。这些插件按照其功能分为两类：核心插件（Core-plugin）和服务插件（Service-pluging）。

（1）核心插件

Neutron 中的核心插件即为二层模块（Modular Layer 2，ML2），其负责管理 OSI 参考模型第 2 层的网络连接。ML2 中主要包括网络、子网和端口这 3 类核心资源。Neutron 服务中必须包括核心插件，因此在 Neutron 配置文件中必须配置 ML2，否则无法启动 Neutron 服务。

（2）服务插件

服务插件是除核心插件以外的其他插件的统称，主要实现 OSI 参考模型第 3～7 层的网络服务。这些插件包括第 3 层的路由器（L3 Router）、防火墙（Firewall）、负载均衡（Load Balancer）、虚拟专用网络（Virtual Private Network，VPN）、网络监控（Metering）等。与核心插件不同的是，服务插件通常不会影响 Neutron 服务运行，因此在 Neutron 的配置文件中可以不用配置此类插件的信息。

10.2.3　Neutron 的基本工作流程

对网络的操作通常由 Nova 发起请求，该请求将由 neutron-server 接收并向下传达到 neutron-plugin，再由 neutron-plugin 调用对应的 neutron-agent 实现具体功能。Neutron 的基本工作流程如图 10-2 所示。

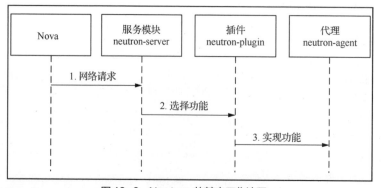

图 10-2　Neutron 的基本工作流程

下面用一个例子阐述 Neutron 的工作流程。

例 10-1　描述虚拟网络的创建过程。

第 1 步，neutron-server 服务模块收到要创建虚拟网络的请求，并将该请求通过消息队列通知给对应的 neutron-plugin 插件。假设网络提供者为开放虚拟交换机（Open vSwitch，OVS），那么这里的插件对应的就是 OVS 的插件。

第 2 步，当 OVS 插件收到请求后，将需要创建的虚拟网络的信息（名称、ID 等）保存到数据库中，并通过消息队列通知运行在各个节点上的 neutron-agent 代理。

第 3 步，neutron-agent 代理收到消息后会在节点上创建对应设备，如 VLAN 设备。

10.2.4　Neutron 支持的网络模式

Neutron 支持多种网络拓扑结构，可以组建多种不同功能的网络。这里列举几种比较常见的网络模式。

1. Flat 网络模式

Flat（扁平）网络模式在 OSI 参考模型第 2 层上用虚拟网桥建立了云主机网卡与物理网卡之间的联系，所有虚拟机的网卡 IP 地址和物理机的网卡 IP 地址同处一个网段。图 10-3 所示为 Flat 网络模式。

在 Flat 网络模式中，云主机和物理机属于同一个网段，因此云主机和物理机可以直接通信。其缺点是所有的云主机都在同一个网络内，没有进行网络隔离，容易产生广播风暴。此外，每台虚拟机都要用到宝贵的局域网 IP 地址资源，这就注定 Flat 网络模式的网络中能容纳的云主机数量不会太多。

2. VLAN 网络模式

VLAN 是一种将局域网（Local Area Network，LAN）设备从逻辑上划分成更小的局域网，从而实现虚拟工作组（单元）的数据交换技术。VLAN 网络模块将若干云主机按逻辑划分为不同的 VLAN，此时只有同一个 VLAN 中的虚拟机可以相互访问。图 10-4 所示为 VLAN 网络模式。

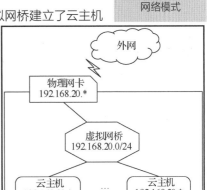

Neutron 支持的
网络模式

图 10-3　Flat 网络模式

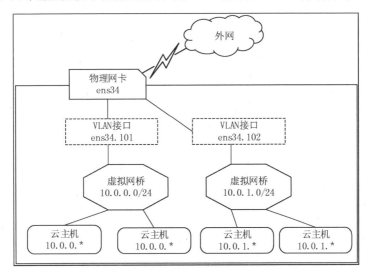

图 10-4　VLAN 网络模式

共享同一个物理网络的多个 VLAN 是相互隔离的，不同的 VLAN 默认不能相互访问，因此可以有效避免 Flat 网络模式中的广播风暴问题。在图 10-4 所示的 VLAN 接口中，物理网络 ens34.101、ens34.102 中的 101、102 被称为 VLAN ID，用于标注不同的网络。VLAN ID 的有效值为 0～4095，其中 0 和 4095 一般被保留，不使用，所以最多能标识 4094 个网络，故 VLAN 网络模式无法满足公有云超大规模用户的需求，只在私有云中的应用较多。

3. VXLAN 与 GRE 网络模式

OpenStack 还支持虚拟扩展局域网（Virtual Extensible Local Area Network，VXLAN）和通用路由封装（Generic Routing Encapsulation，GRE）这两种延展网络（Overlay Network）。延展网络是指在其他网络上扩建而来的网络。图 10-5 所示为 VXLAN 和 GRE 网络模式，它们都是建立在隧道技术上的网络模型，只是 VXLAN 构建的隧道是 VXLAN Tunnel，而 GRE 构建的隧道是 GRE Tunnel。这两种隧道技术比较复杂，本书对此不进行详细阐述，有兴趣的读者请自行学习。

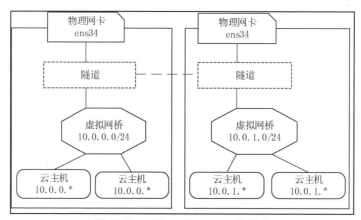

图 10-5　VXLAN 和 GRE 网络模式

与 VLAN 相比，VXLAN 与 GRE 支持更多的网段。VXLAN 与 GRE 可以支持的网段数超过 1600 万，因此它们更适用于公有云。

10.3　项目实施

本项目将为 OpenStack 云计算平台安装 Neutron 网络服务组件并配置 Flat 网络模式，整个项目将使用到控制节点和计算节点。为了避免在接下来的工作中由于操作不当而造成需要重装系统的情况出现，在开始本项目前应对两台节点服务器拍摄快照以保存前期工作成果。

10.3.1　安装与配置控制节点上的 Neutron 服务

本小节任务均在控制节点上完成。

1. 安装 Neutron 软件包

使用以下方法安装 Neutron 的相关软件包。

```
[root@controller ~]# yum -y install openstack-neutron openstack-neutron-
ml2 openstack-
    neutron-linuxbridge ebtables
```

安装与配置控制节点上的 Neutron 服务

本书搭建的是 OpenStack 双节点云计算平台，控制节点也同时充当了网络节点，所以本应安装在网络节点上的插件和代理也都安装在了控制节点上。这里一共安装了 4 个软件包，它们分别如下。

（1）openstack-neutron：neutron-server 模块的包。

（2）openstack-neutron-ml2：ML2 插件的包。

（3）openstack-neutron-linuxbridge：网桥和网络提供者相关的软件包。

（4）ebtables：以太网桥防火墙。

安装 openstack-neutron 软件包时，和安装其他 OpenStack 核心组件一样，会自动创建名为 neutron 的 Linux 操作系统用户和同名的用户组。可以使用以下两种方法查看 Linux 操作系统用户及用户组信息。

（1）查看用户信息

在 passwd 文件中查看所有包含 neutron 字符串的行。

```
[root@controller ~]# cat /etc/passwd | grep neutron
 neutron:x:990:987:OpenStack Neutron Daemons:/var/lib/neutron:/sbin/nologin
```

在结果中能看见已经存在 neutron 用户。

（2）查看用户组信息

在 group 文件中查看所有包含 neutron 字符串的行。

```
[root@controller ~]# cat /etc/group | grep neutron
neutron:x:987:
```

在结果中能看见已经存在 neutron 用户组。

2. 创建 Neutron 的数据库并授权

支持 Neutron 组件的数据库只有一个，一般将其命名为 neutron。下面将创建该数据库并为数据库用户 neutron 授权。

（1）进入数据库

使用以下方法进入 MariaDB 数据库服务器。

```
[root@controller ~]# mysql –uroot –p000000
Welcome to the MariaDB monitor.   Commands end with ; or \g.
Your MariaDB connection id is 24
Server version: 10.5.22-MariaDB MariaDB Server

Copyright (c) 2000, 2018, Oracle, MariaDB Corporation Ab and others.

Type 'help;' or '\h' for help. Type '\c' to clear the current input statement.

MariaDB [(none)]>
```

（2）新建 neutron 数据库

使用以下数据库创建语句在 MariaDB 数据库服务器中创建 neutron 数据库。

```
MariaDB [（none）]> CREATE DATABASE neutron;
```

（3）为数据库授权

授予 neutron 用户具有本地和远程管理 neutron 数据库的权限。

```
MariaDB [（none）]> GRANT ALL PRIVILEGES ON neutron.* TO 'neutron'@'localhost'
IDENTIFIED BY '000000';
MariaDB [（none）]> GRANT ALL PRIVILEGES ON neutron.* TO 'neutron'@'%' IDENTIFIED BY
'000000';
```

上面的 SQL 语句把 neutron 数据库中的所有表（库名.*）的所有权限（ALL PRIVILEGES）赋予从本地主机（'localhost'）及任意远程主机（'%'）上登录的名为 neutron 的用户，验证密码为 000000。

（4）退出数据库

输入 quit 并按 Enter 键，退出数据库。

```
MariaDB [（none）]> quit
```

3. 修改 Neutron 服务相关配置文件

Neutron 是一个比较复杂的组件，需要配置 Neutron 组件、各种插件和代理的相关信息。

（1）配置 Neutron 组件信息

Neutron 组件的配置文件为/etc/neutron/neutron.conf。

第 1 步，将配置文件中的注释和空行删除。

首先，备份配置文件。

```
[root@controller ~]# cp /etc/neutron/neutron.conf /etc/neutron/neutron.bak
```

其次，删除配置文件中的所有注释和空行，生成新的配置文件。

```
[root@controller ~]# grep -Ev '^$|#' /etc/neutron/neutron.bak>/etc/neutron/neutron.conf
```

第 2 步，编辑新的配置文件。

首先，打开配置文件并进行编辑。

```
[root@controller ~]# vi /etc/neutron/neutron.conf
[DEFAULT]
[cors]
[database]
[keystone_authtoken]
[oslo_concurrency]
[oslo_messaging_amqp]
[oslo_messaging_kafka]
[oslo_messaging_notifications]
[oslo_messaging_rabbit]
[oslo_middleware]
[oslo_policy]
[privsep]
[ssl]
```

可以看到，这个新的配置文件中已经不存在空行和注释行。

其次，按以下内容修改配置文件。

```
[DEFAULT]
core_plugin = ml2
service_plugins =
transport_url = rabbit://rabbitmq:000000@controller
auth_strategy = keystone
notify_nova_on_port_status_changes = true
notify_nova_on_port_data_changes = true

[database]
connection = mysql+pymysql://neutron:000000@controller/neutron

[keystone_authtoken]
auth_url = http://controller:5000
memcached_servers = controller:11211
auth_type = password
project_domain_name = Default
```

```
user_domain_name = Default
project_name = project
username = neutron
password = 000000

[oslo_concurrency]
lock_path = /var/lib/neutron/tmp

[nova]
auth_url = http://controller:5000
auth_type = password
project_domain_name = default
user_domain_name = default
project_name = project
username = nova
password = 000000
region_name = RegionOne
```

以上的[nova]部分需要自己新增内容，在其中配置如何与 Nova 交互。

（2）修改二层模块插件（ML2 Plugin）配置文件

二层模块插件是 Neutron 必须使用的核心插件，其配置文件为/etc/neutron/ plugins/ml2/ml2_conf.ini。

第 1 步，将配置文件中的注释和空行删除。

首先，备份配置文件。

```
[root@controller~]# cp /etc/neutron/plugins/ml2/ml2_conf.ini /etc/neutron/plugins/ml2/ml2_conf.bak
```

其次，删除配置文件中的所有注释和空行，生成新的配置文件。

```
[root@controller~]# grep -Ev '^$|#' /etc/neutron/plugins/ml2/ml2_conf.bak>/etc/neutron/plugins/ml2/ml2_conf.ini
```

第 2 步，编辑新的配置文件。

首先，打开配置文件。

```
[root@controller ~]# vi /etc/neutron/plugins/ml2/ml2_conf.ini
```

其次，按照以下内容修改配置文件。

```
[ml2]
type_drivers = flat
tenant_network_types =
mechanism_drivers = linuxbridge
extension_drivers = port_security

[ml2_type_flat]
flat_networks = provider

[securitygroup]
enable_ipset = true
```

第 3 步，启用 ML2 插件。

只有/etc/neutron/下的插件才能生效，因此将 ml2_conf.ini 映射为/etc/neutron/下的 plugin.ini 文件，使 ML2 插件启用。

```
[root@controller ~]# ln -s /etc/neutron/plugins/ml2/ml2_conf.ini /etc/neutron/plugin.ini
```

（3）修改网桥代理（Linuxbridge_agent）配置文件

在 ML2 的配置文件中设置机制驱动（mechanism_drivers）的值为 linuxbridge，这就要使用到 Linux 的 linuxbridge_agent。要让 Linuxbridge-agent 正确运行，就必须对其进行配置。Linuxbridge-agent 的配置文件为/etc/neutron/plugins/ml2/linuxbridge_agent.ini。

第 1 步，将配置文件中的注释和空行删除。

首先，备份配置文件。

[root@controller ~]# cp /etc/neutron/plugins/ml2/linuxbridge_agent.ini /etc/neutron/plugins/ml2/linuxbridge_agent.bak

其次，删除配置文件中的所有注释和空行，生成新的配置文件。

[root@controller ~]# grep -Ev '^\$|#' /etc/neutron/plugins/ml2/linuxbridge_agent.bak>/etc/neutron/plugins/ml2/linuxbridge_agent.ini

第 2 步，编辑新的配置文件。

首先，打开配置文件。

[root@controller ~]# vi   /etc/neutron/plugins/ml2/linuxbridge_agent.ini

其次，按照以下内容修改配置文件。

```
[linux_bridge]
physical_interface_mappings = provider:ens34

[vxlan]
enable_vxlan = false

[securitygroup]
enable_security_group = true
firewall_driver = neutron.agent.linux.iptables_firewall.IptablesFirewallDriver
```

> **注意** 这里的 provider 就是 ML2 插件中 flat_networks 的值。provider 对应的是外网网卡。

（4）修改 DHCP 代理（dhcp-agent）配置文件

dhcp-agent 为云主机提供了自动分配 IP 地址的服务。dhcp_agent 的配置文件为/etc/neutron/dhcp_agent.ini。

第 1 步，将配置文件中的注释和空行删除。

首先，备份配置文件。

[root@controller ~]# cp /etc/neutron/dhcp_agent.ini /etc/neutron/dhcp_agent.bak

其次，删除配置文件中的所有注释和空行，生成新的配置文件。

[root@controller ~]# grep -Ev '^\$|#' /etc/neutron/dhcp_agent.bak> /etc/neutron/dhcp_agent.ini

第 2 步，编辑新的配置文件。

首先，打开配置文件。

[root@controller ~]# vi /etc/neutron/dhcp_agent.ini

其次，按照以下内容修改配置文件。

```
[DEFAULT]
interface_driver = linuxbridge
dhcp_driver = neutron.agent.linux.dhcp.Dnsmasq
enable_isolated_metadata = true
```

（5）修改元数据代理（neutron-metadata-agent）配置文件

云主机运行在计算节点上，在其运行过程中需要和控制节点的 nova-api 模块交互，使 Nova 为云主机提供元数据。该交互需要通过 Neutron 的 neutron-metadata-agent 进行。neutron-metadata-agent 和 nova-api 一样运行在控制节点上，云主机先将元数据请求发送给 neutron-metadata-agent，neutron-metadata-agent 再将请求转发给 nova-api。neutron-metadata-agent 的配置文件为/etc/neutron/metadata_agent.ini。

首先，按以下方法打开该配置文件。

```
[root@controller ~]# vi /etc/neutron/metadata_agent.ini
```

其次，在文件[DEFAULT]部分加上以下内容，以配置 Nova 主机地址和元数据加密方式。

```
[DEFAULT]
nova_metadata_host = controller
metadata_proxy_shared_secret = METADATA_SECRET
```

（6）修改 Nova 配置文件

Nova 处于整个云计算平台系统的核心位置，需要和各个组件交互，因此 Nova 配置文件中需要指明如何与 Neutron 进行交互。

首先，按以下方法打开 Nova 配置文件。

```
[root@controller ~]# vi /etc/nova/nova.conf
```

其次，在[neutron]部分加上以下内容。

```
[neutron]
auth_url = http://controller:5000
auth_type = password
project_domain_name = default
user_domain_name = default
region_name = RegionOne
project_name = project
username = neutron
password = 000000
service_metadata_proxy = true
metadata_proxy_shared_secret = METADATA_SECRET
```

4. 同步数据库

同步数据库的目的是将安装文件中的数据库的表信息填充到数据库中。Neutron 数据库同步的方法如下。

```
[root@controller ~]# su neutron -s /bin/sh -c "neutron-db-manage --config-file /etc/neutron/
neutron.conf --config-file /etc/neutron/plugins/ml2/ml2_conf.ini upgrade head"
```

同步结束后，进入数据库进行验证。如果可以看到以下数据库表信息，则表示数据库同步成功。

```
+----------------------------------------+
| Tables_in_neutron                      |
+----------------------------------------+
| address_scopes                         |
| agents                                 |
| alembic_version                        |
| allowedaddresspairs                    |
| arista_provisioned_nets                |
| arista_provisioned_tenants             |
| arista_provisioned_vms                 |
```

```
| auto_allocated_topologies           |
| bgp_peers                           |
| bgp_speaker_dragent_bindings        |
| bgp_speaker_network_bindings        |
| bgp_speaker_peer_bindings           |
| bgp_speakers                        |
| brocadenetworks                     |
| brocadeports                        |
| cisco_csr_identifier_map            |
| cisco_hosting_devices               |
| cisco_ml2_apic_contracts            |
| cisco_ml2_apic_host_links           |
```

10.3.2　Neutron 组件初始化

本小节任务均在控制节点上完成。

1. 创建 Neutron 用户并分配角色

（1）为 OpenStack 云计算平台创建 neutron 用户

第 1 步，导入环境变量，模拟登录。

使用 source 或者 "." 都可以执行环境变量导入操作，代码如下。

Neutron 组件
初始化

```
[root@controller ~]# . admin-login
```

第 2 步，在 OpenStack 云计算平台中创建用户 neutron。

通过以下语句在 default 域中创建一个名为 neutron、密码为 000000 的用户。

```
[root@controller ~]# openstack user create --domain default --password 000000 neutron
+---------------------+----------------------------------+
| Field               | Value                            |
+---------------------+----------------------------------+
| domain_id           | default                          |
| enabled             | True                             |
| id                  | 2b0fadbf5e9e4df78131e48eea742a6a |
| name                | neutron                          |
| options             | {}                               |
| password_expires_at | None                             |
+---------------------+----------------------------------+
```

> **注意** 这里的用户名和密码一定要与 neutron.conf 文件[keystone_ authtoken]中的用户名和密码一致。

（2）为用户 neutron 分配 admin 角色

以下语句授予 neutron 用户操作 project 项目时的 admin 权限。

```
[root@controller ~]# openstack role add --project project --user neutron admin
```

2. 创建 Nova 服务及服务端点

（1）创建服务

以下语句创建一个名为 neutron、类型为 network 的服务。

```
[root@controller ~]# openstack service create --name neutron network
+---------+----------------------------------+
```

```
| Field     | Value                            |
+-----------+----------------------------------+
| enabled   | True                             |
| id        | adc2988826204338abedc09a1a9e2c0a |
| name      | neutron                          |
| type      | network                          |
+-----------+----------------------------------+
```

（2）创建服务端点

OpenStack 组件的服务端点有 3 个，分别对应公众用户（public）、内部组件（internal）和 Admin 用户（admin）服务的地址。

第 1 步，创建公众用户访问的端点。

```
[root@controller ~]# openstack endpoint create --region RegionOne neutron public
http://controller:9696
+--------------+----------------------------------+
| Field        | Value                            |
+--------------+----------------------------------+
| enabled      | True                             |
| id           | f71cf915babe4acd85a5cfd1add753f3 |
| interface    | public                           |
| region       | RegionOne                        |
| region_id    | RegionOne                        |
| service_id   | adc2988826204338abedc09a1a9e2c0a |
| service_name | neutron                          |
| service_type | network                          |
| url          | http://controller:9696           |
+--------------+----------------------------------+
```

第 2 步，创建内部组件访问的端点。

```
[root@controller ~]# openstack endpoint create --region RegionOne neutron internal
http://controller:9696
+--------------+----------------------------------+
| Field        | Value                            |
+--------------+----------------------------------+
| enabled      | True                             |
| id           | 13b689d0f3ec45abb911cb14d1549d05 |
| interface    | internal                         |
| region       | RegionOne                        |
| region_id    | RegionOne                        |
| service_id   | adc2988826204338abedc09a1a9e2c0a |
| service_name | neutron                          |
| service_type | network                          |
| url          | http://controller:9696           |
+--------------+----------------------------------+
```

第 3 步，创建 Admin 用户访问的端点。

```
[root@controller ~]# openstack endpoint create --region RegionOne neutron admin
http://controller:9696
+--------------+----------------------------------+
| Field        | Value                            |
+--------------+----------------------------------+
```

```
+---------------+----------------------------------------+
| enabled       | True                                   |
| id            | 87d046e0118c43d99fb746e7662a3252       |
| interface     | admin                                  |
| region        | RegionOne                              |
| region_id     | RegionOne                              |
| service_id    | adc2988826204338abedc09a1a9e2c0a       |
| service_name  | neutron                                |
| service_type  | network                                |
| url           | http://controller:9696                 |
+---------------+----------------------------------------+
```

3. 启动控制节点上的 Neutron 服务

由于修改了 Nova 的配置文件，因此启动 Neutron 服务前需要重启 Nova 服务。

第 1 步，重启 Nova 服务。

```
[root@controller ~]# systemctl restart openstack-nova-api
```

第 2 步，启动 Neutron 服务。

首先，设置 Neutron 服务组件、网桥代理、DHCP 代理和元数据代理开机启动。

```
[root@controller ~]# systemctl enable neutron-server neutron-linuxbridge-agent neutron-dhcp-agent neutron-metadata-agent
```

其次，立即启用 Neutron 服务组件、网桥代理、DHCP 代理和元数据代理。

```
[root@controller ~]# systemctl start neutron-server neutron-linuxbridge-agent neutron-dhcp-agent neutron-metadata-agent
```

10.3.3　检测控制节点上的 Neutron 服务

检测控制节点上的
Neutron 服务

这里采用 3 种方法检测 Neutron 组件的运行状况。

1. 查看端口占用情况

由于 Neutron 服务会占用 9696 端口，因此通过查看该端口是否启用，可以判断 Neutron 服务是否已经运行。

```
[root@controller ~]# netstat -tnlup|grep 9696
tcp        0      0 0.0.0.0:9696            0.0.0.0:*              LISTEN      2339/server.log
```

2. 检验服务端点

通过访问 Neutron 的服务端点，可以检测服务是否正常运行。

```
[root@controller ~]# curl http://controller:9696
{"versions": [{"id": "v2.0", "status": "CURRENT", "links": [{"rel": "self", "href": "http://controller:9696/v2.0/"}]}]}
```

如果得到以上类似数据，则说明通过服务端点可以正常访问服务，并且服务运行正常。

3. 查看服务运行状态

可以通过使用 systemctl status 命令查看任意服务的运行状态。

```
[root@controller ~]# systemctl status neutron-server
neutron-server.service – OpenStack Neutron Server
    Loaded: loaded (/usr/lib/systemd/system/neutron-server.service; enabled; vendor preset: disabled)
    Active: active (running) since Wed 2021-10-06 01:10:01 EDT; 1h 10min ago
  Main PID: 2339 (/usr/bin/python)
```

从结果中能看到，Loaded 状态是 enabled，说明该服务已经设置了开机启动；Active 状态是 active（running），说明服务当前处于运行状态。

10.3.4　安装与配置计算节点上的 Neutron 服务

本小节任务均在计算节点上完成。在开始安装之前，应先确定计算节点已经启动，并用 SSH 客户端（如 MobaXterm）连接计算节点的 IP 地址，如 192.168.10.20，再按照以下步骤逐步进行安装与配置工作。

安装与配置计算
节点上的 Neutron
服务

1. 安装 Neutron 软件包

在计算节点上需要安装 openstack-neutron-linuxbridge 软件包，其包括网桥和网络提供者的相关软件。

按照以下方法进行安装。

[root@compute ~]# yum -y install openstack-neutron-linuxbridge

安装完成后，计算节点与控制节点一样会自动生成 Linux 操作系统的用户 neutron 和同名用户组。可以使用以下两种方法查看 Linux 操作系统的用户及用户组信息。

（1）查看用户信息

在 passwd 文件中查看所有包含 neutron 字符串的行。

[root@compute ~]# cat /etc/passwd | grep neutron
neutron:x:993:990:OpenStack Neutron Daemons:/var/lib/neutron:/sbin/nologin

（2）查看用户组信息

在 group 文件中查看所有包含 neutron 字符串的行。

[root@compute ~]# cat /etc/group | grep neutron
neutron:x:990:

2. 修改 Neutron 配置文件

在计算节点上需要对 Neutron 组件、网桥代理、Nova 组件进行配置。

（1）配置 Neutron 组件信息

Neutron 组件的配置文件为/etc/neutron/neutron.conf。

第 1 步，将配置文件中的注释和空行删除。

首先，备份配置文件。

[root@compte ~]# cp /etc/neutron/neutron.conf /etc/neutron/neutron.bak

其次，删除配置文件中的所有注释和空行，生成新的配置文件。

[root@compute ~]# grep -Ev '^$|#' /etc/neutron/neutron.bak>/etc/neutron/neutron.conf

第 2 步，编辑新的配置文件。

首先，打开配置文件。

[root@compute ~]# vi /etc/neutron/neutron.conf

其次，按以下内容修改配置文件。

[DEFAULT]
transport_url = rabbit://rabbitmq:000000@controller:5672
auth_strategy = keystone

[keystone_authtoken]
auth_url = http://controller:5000
memcached_servers = controller:11211
auth_type = password
project_domain_name = default
user_domain_name = default
project_name = project

```
username = neutron
password = 000000

[oslo_concurrency]
lock_path = /var/lib/neutron/tmp
```

（2）修改网桥代理（Linuxbridge_agent）的配置文件

网桥代理的配置文件为/etc/neutron/plugins/ml2/linuxbridge_agent.ini。

第1步，将配置文件中的注释和空行删除。

首先，备份配置文件。

```
[root@compte ~]# cp /etc/neutron/plugins/ml2/linuxbridge_agent.ini /etc/neutron/plugins/ml2/
linuxbridge_agent.bak
```

其次，删除配置文件中的所有注释和空行，生成新的配置文件。

```
[root@compte ~]# grep -Ev '^$|#' /etc/neutron/plugins/ml2/linuxbridge_agent.bak>/etc/
neutron/plugins/ml2/linuxbridge_agent.ini
```

第2步，编辑新的配置文件。

首先，打开配置文件。

```
[root@compte ~]# vi   /etc/neutron/plugins/ml2/linuxbridge_agent.ini
```

其次，按照以下内容修改配置文件。

```
[DEFAULT]
[linux_bridge]
physical_interface_mappings = provider:ens34

[vxlan]
enable_vxlan = false

[securitygroup]
enable_security_group = true
firewall_driver = neutron.agent.linux.iptables_firewall.IptablesFirewallDriver
```

> **注意**　这里的 provider 对应的是外网网卡。

（3）修改 Nova 配置文件

Nova 处于整个云计算平台系统的核心位置，需要和各个组件交互，因此 Nova 配置文件中需要指明如何与 Neutron 进行交互。

第1步，打开 Nova 配置文件。

```
[root@compte ~]# vi /etc/nova/nova.conf
```

第2步，在[DEFAULT]部分增加以下两行内容。

```
[DEFAULT]
vif_plugging_is_fatal = false
vif_plugging_timeout = 0
```

第3步，在[neutron]部分增加以下信息。

```
[neutron]
auth_url = http://controller:5000
auth_type = password
project_domain_name = default
```

```
user_domain_name = default
region_name = RegionOne
project_name = project
username = neutron
password = 000000
```

3. 启动计算节点的 Neutron 服务

由于修改了 Nova 的配置文件，因此启动 Neutron 服务前需要重启 Nova 服务。

第 1 步，重启计算节点的 Nova 服务。

```
[root@compute ~]# systemctl restart openstack-nova-compute
```

第 2 步，启动计算节点的 Neutron 网桥代理服务。

首先，设置 Neutron 网桥代理开机启动。

```
[root@compute ~]# systemctl enable neutron-linuxbridge-agent
```

其次，立即启动 Neutron 网桥代理。

```
[root@compute ~]# systemctl start neutron-linuxbridge-agent
```

10.3.5 检测 Neutron 服务

这里介绍两种方法来检测 Neutron 组件的运行状况，均在控制节点上执行。

1. 查看网络代理服务列表

第 1 步，导入环境变量，模拟登录。

如果出现 Missing value auth-url required for auth plugin password，则表示需要导入环境变量。

检测 Neutron 服务

```
[root@controller ~]# . admin-login
```

第 2 步，查看网络代理服务列表。

```
[root@controller ~]# openstack network agent list
+------------------+------------+-------------------+-------+-------+---------------------------+
| Agent Type       | Host       | Availability Zone | Alive | State | Binary                    |
+------------------+------------+-------------------+-------+-------+---------------------------+
| Metadata agent   | controller | None              | :-)   | UP    | neutron-metadata-agent    |
| Linux bridge agent| compute   | None              | :-)   | UP    | neutron-linuxbridge-agent |
| Linux bridge agent| controller| None              | :-)   | UP    | neutron-linuxbridge-agent |
| DHCP agent       | controller | nova              | :-)   | UP    | neutron-dhcp-agent        |
+------------------+------------+-------------------+-------+-------+---------------------------+
```

如果能在结果中看到以上 4 行数据，Alive 列均为笑脸符号“:-)”，State 列均为开启状态 UP，那么就说明 Neutron 的代理运行状况正常。

2. 用 Neutron 状态检测工具检测

和其他核心组件一样，Neutron 也提供了一个检测自身运行状态的工具 neutron-status。其使用方法如下。

```
[root@controller ~]# neutron-status upgrade check
+---------------------------------------------------------------------------+
| Upgrade Check Results                                                     |
+---------------------------------------------------------------------------+
| Check: Gateway external network                                          |
| Result: Success                                                          |
| Details: L3 agents can use multiple networks as external gateways.       |
+---------------------------------------------------------------------------+
```

```
| Check: External network bridge
| Result: Success
| Details: L3 agents are using integration bridge to connect external
|    gateways
+------------------------------------------------------------------------------
| Check: Worker counts configured
| Result: Warning
| Details: The default number of workers has changed. Please see
|    release notes for the new values, but it is strongly
|    encouraged for deployers to manually set the values for
|    api_workers and rpc_workers.
+------------------------------------------------------------------------------
```

如果能看到前面两栏的检查结果均为 Success，则说明 Neutron 运行正常。

10.3.6　安装完成情况检测

安装完成情况检测

安装 OpenStack 的各个任务之间是相互关联的，必须保证前一个任务成功完成后才能继续其后的任务。因此，本书针对每个重要任务都设计了检测环节，以便读者自行检测任务完成情况。

表 10-3 所示为 Neutron 安装自检工单，读者可按照表中所列举的项对实施情况进行自我评估，同时对相应项失败的原因进行分析和记录。

表 10-3　Neutron 安装自检工单

检测内容	检测方法	合格标准	检测结果		失败原因
			成功	失败	
控制节点是否建立了 neutron 用户	使用 cat /etc/passwd | grep neutron 命令	能看到 neutron 用户信息			
控制节点是否建立了 neutron 用户组	使用 cat /etc/group | grep neutron 命令	能看到 neutron 用户组信息			
计算节点是否建立了 neutron 用户	使用 cat /etc/passwd | grep neutron 命令	能看到 neutron 用户信息			
计算节点是否建立了 neutron 用户组	使用 cat /etc/group | grep neutron 命令	能看到 neutron 用户组信息			
控制节点是否建立了 neutron 数据库	进入数据库，使用"show database;"命令	能看到 neutron 数据库			
neutron 用户对数据库的权限	在数据库中使用"show grants for neutron;"命令	neutron 用户被授予了远程和本地对 neutron 数据库的完全控制权限			
neutron 数据库是否同步成功	进入数据库，查看 neutron 数据库中的数据表列表	存在相应的数据表			
检查 neutron 用户是否存在	在控制节点使用 openstack user list 命令查询用户列表	存在 neutron 用户			

续表

检测内容	检测方法	合格标准	检测结果		失败原因
			成功	失败	
检查 neutron 用户是否具有 admin 权限	① 使用 openstack user list 命令获得用户 ID ② 使用 openstack role list 命令获得角色 ID ③ 使用 openstack role assignment list 命令查看 neutron 用户是否和 admin 角色绑定	能看到 neutron 用户和 admin 角色的绑定			
检查是否创建了服务实体 neutron	使用 openstack service list 命令查看服务列表	能看到 neutron 服务，类型为 network			
Neutron 的 3 个服务端点是否建立	使用 openstack endpoint list 命令	应该看到 3 行 Service Name 为 neutron 的信息，且其具有相同的 URL			
Neutron 服务是否运行正常	使用 openstack network agent list 命令检查网络代理服务列表	能看到 4 行数据，Alive 列均为 ":-)"，State 列均为 UP			

10.4 项目小结

Neutron 是 OpenStack 云计算平台的核心组件之一，负责虚拟网络的创建及管理。Neutron 组件由对外服务的接口 neutron-server 和实现各种功能的插件及代理组成。支持插件使 Neutron 具有很强的可扩展性。插件分为核心插件和服务插件，Neutron 的核心插件是负责对二层网络进行管理的 ML2 插件；而服务插件可以没有或者有多个，都对应了具体的功能。插件只定义了功能，但不具体实现功能，其功能是由插件对应的代理实现的。Neutron 支持多种网络模

项目小结

式，其中 Flat 网络模式结构简单，云主机通过网桥和物理网卡相连，因此云主机的 IP 地址网段和物理网卡的 IP 地址网段一致，这也就导致所有云主机都属于同一个网段，除了相互不隔离外，还会占用宝贵的局域网 IP 地址资源，不适用于公有云；VLAN 网络模式利用支持 VLAN 的网卡设备，通过 VLAN ID 将整个网络划分为更小的虚拟局域网，虚拟局域网相互隔离，VLAN 网络模式只支持 4094 个虚拟局域网段，也不适合用于公有云；VXLAN 和 GRE 网络模式是基于隧道技术的在 OSI 参考模型的第三层上构建的网络，它们都能支持数目庞大的且相互隔离的网段，适用于公有云。

本项目带领读者在控制节点和计算节点上搭建了 Neutron 组件，并为其配置了 Flat 网络模式。

第 1 步，在控制节点上安装软件包。

第 2 步，创建数据库并授权。

第 3 步，修改配置文件。对 Neutron 组件、ML2 插件、Linux 网关代理、DHCP 代理、元数据代理、Nova 的配置文件进行了修改。

第 4 步，初始化数据库。将安装文件中的数据库基础数据同步到数据库中。

第 5 步，初始化控制节点上的 Neutron 服务，和安装其他组件一样，创建了 Neutron 的用户并为其分配了角色、创建了 Neutron 服务及对应的 3 个服务端点，完成以后启动服务。

第 6 步，在计算节点上安装 neutron-linux-bridge 软件包。

第 7 步，修改计算节点上 Neutron 的相关配置文件。对 Neutron 组件、neutron-linux-bridge 和 Nova 的配置文件进行了修改。修改完成后，要想让配置文件生效，需要重启服务。

经过以上 7 步，Neutron 组件就能够正常工作了。可以通过在控制节点上查看网络代理服务列表或用 Neutron 状态检测工具检测 Neutron 服务是否运行正常。

10.5 项目练习题

1. 选择题

（1）OpenStack 云计算平台中负责管理虚拟网络的组件是（　　）。

    A. Glance　　　　　　B. Nova　　　　　　　C. Neutron　　　　　　D. Keystone

（2）Neutron 模块中负责接收外部请求并在后台一直运行的模块是（　　）。

    A. neutron-server　　　　　　　　　B. neutron-plugin

    C. neutron-agent　　　　　　　　　D. neutron-linux-bridge

（3）Neutron 模块中负责实现具体功能的是（　　）。

    A. neutron-server　　　　　　　　　B. neutron-plugin

    C. neutron-agent　　　　　　　　　D. neutron-linux-bridge

（4）在 OpenStack（Train 版）中，Neutron 的核心插件是（　　）。

    A. L3 plugin　　　　　　　　　　　B. ML2 插件

    C. linux bridge plugin　　　　　　　D. open vswitch plugin

（5）所有云主机处于一个网段的是（　　）网络模式。

    A. Flat　　　　　　　B. VLAN　　　　　　C. VXLAN　　　　　　D. GRE

（6）整个网络被逻辑划分为相互隔离的数量不超过 4094 个的网段，这是（　　）网络模式。

    A. Flat　　　　　　　B. VLAN　　　　　　C. VXLAN　　　　　　D. GRE

（7）以下（　　）网络模式可以用于公有云。

    A. Flat　　　　　　　B. VLAN　　　　　　C. VXLAN　　　　　　D. Local

2. 填空题

（1）Neutron 安装后将自动创建一个名为_____的用户。

（2）为了和 Nova 进行通信以获得元数据，需要用到_____代理。

（3）为了让云主机在创建时自动获得 IP 地址，需要用到_____代理。

（4）Neutron 服务默认的端口是_____。

（5）在 Neutron 的配置文件中，core_plugin 配置项的值为_____。

3. 实训题

查看网络代理服务列表，并说出在计算节点和控制节点上运行的代理是什么。

项目11
仪表盘服务（Dashboard）安装

11

学习目标

【知识目标】

（1）了解Dashboard的功能。

（2）了解Dashboard的组件架构。

（3）了解Dashboard的基本工作流程。

【技能目标】

（1）能够安装与配置Dashboard组件。

（2）能够在Apache服务器上部署Dashboard服务。

（3）能够用Dashboard登录OpenStack云计算平台。

学习目标

引例描述

完成了Keystone、Glance、Placement、Nova、Neutron这些组件的安装后，小王觉得这些组件的管理命令非常烦琐，各种冗长的命令对初学者来说简直就是"煎熬"。难道就没有一个通过鼠标就能完成操作的管理工具吗？

引例描述

////// **11.1** //// 项目陈述

OpenStack 云计算平台的 Dashboard 为 OpenStack 提供了一个 Web 前端的管理界面，运维人员可以使用 Dashboard 对 OpenStack 云计算平台进行管理，并可直观地看到各种操作结果与运行状态。因此，Dashboard 是一个对用户非常友好的、图形化的 OpenStack 云计算平台管理工具。本项目将为 OpenStack 云计算平台安装 Dashboard 组件。

项目陈述

在开始安装 Dashboard 之前，小王首先学习以下必备知识。

（1）通过"Dashboard 的基本概念"学习 Dashboard 的基本概念，了解 Dashboard 的功能。

（2）通过"Dashboard 的组件架构"学习 Dashboard 的组成结构，了解 Dashboard 和各组件的关系。

（3）通过"Dashboard 的基本工作流程"了解 Dashboard 对其他组件的管理机制。

最后，在项目实施环节，小王将在项目操作手册的指导下，在计算节点上完成 Dashboard 组件的安装与配置工作。

11.2 必备知识

11.2.1 Dashboard 的基本概念

用户除了可以使用命令代码来操作 OpenStack 云计算平台外，还可以通过在第三方软件中调用应用程序接口（Application Program Interface，API）的方式对平台进行操作。但是，这两种方式使用起来都比较麻烦，不够直观。所以，OpenStack 推出了一个名为 Horizon 的项目，其提供了图形化的操作界面来使用 OpenStack 云计算平台。Horizon 中主要提供了一个 Web 前端控制台，该控制台软件称为 Dashboard，因此通常也以 Dashboard 来称呼 Horizon。Dashboard 的主要功能是让用户通过在网页上的操作完成对云计算平台的配置与管理。

Dashboard 的基本概念

11.2.2 Dashboard 的组件架构

Dashboard 是一个用 Python 编写的支持 WSGI 协议的网络应用，部署在 Apache 服务器上。OpenStack 云计算平台及其核心组件也支持 WSGI 协议，因此 Dashboard 可以通过 WSGI 与 OpenStack 云计算平台框架及其他组件相连。图 11-1 所示为 Dashboard 在 Web 服务器中的组件架构。

Dashboard 的组件架构

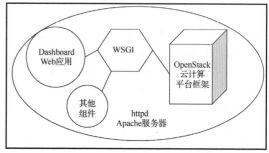

图 11-1 Dashboard 在 Web 服务器中的组件架构

Dashboard 是无法脱离 Web 服务器而单独运行的 Web 应用（也可以看作一个网站），其和 OpenStack 的其他组件一样都运行在 httpd 服务器中。Dashboard 安装完成后，主要的网站文件路径为/usr/share/openstack-dashboard/，需要将其和 httpd 服务器建立关系后再使用。

11.2.3 Dashboard 的基本工作流程

用户通过访问仪表盘组件的 Dashboard 网站服务可以调用各个组件的 API，以达到对 OpenStack 云计算平台中的各个组件进行管理的目的。图 11-2 所示为 Dashboard 的基本工作流程。

Dashboard 的基本工作流程

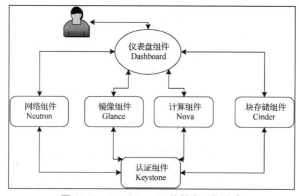

图 11-2 Dashboard 的基本工作流程

从图 11-2 可以看出，Dashboard 可以对 OpenStack 的各个组件分别进行管理。Dashboard 唯一依赖的是 Keystone，如果 Keystone 服务出现问题，则 Dashboard 将无法登录系统；而其他组件服务出现问题时不会影响 Dashboard 管理组件，只是与问题组件服务相关的操作无法执行而已。安装好 Dashboard 后，按照下面代码所示的方法查看 httpd 的日志文件目录，可以看到在该目录下有两个关于 Keystone 的日志文件 openstack_dashboard-error.log 和 openstack_ dashboard-access.log，它们记录了在 Dashboard 运行期间对 Keystone 的使用情况。

```
[root@compute ~]# ls /var/log/httpd
access_log   error_log   openstack_dashboard-access.log   openstack_dashboard-error.log
```

11.3 项目实施

本项目将为 OpenStack 云计算平台安装 Dashboard 组件。为了避免在接下来的工作中由于操作不当而造成需要重装系统的情况出现，在开始本项目前应对计算节点服务器拍摄快照以保存前期工作成果。

本项目的任务均在计算节点上进行操作。

11.3.1 安装与配置 Dashboard 服务

1. 安装 Dashboard 软件包

使用以下方法安装 Dashboard 软件包。

```
[root@compute ~]# yum –y install openstack-dashboard
```

这里只需要安装一个软件包 openstack-dashboard。

2. 配置 Dashboard 服务

Dashboard 的配置文件为/etc/openstack-dashboard/local_settings。

第 1 步，打开配置文件。

安装与配置
Dashboard 服务

```
[root@compute ~]# vi /etc/openstack-dashboard/local_settings
```

第 2 步，配置 Web 服务器的基本信息。

以下配置将允许从任意主机访问 Web 服务。

```
ALLOWED_HOSTS = ['*']
```

以下配置用于指定控制节点的位置。

```
OPENSTACK_HOST = "controller"
```

以下配置用于将当前时区指向"亚洲/上海"。

```
TIME_ZONE = "Asia/Shanghai"
```

第 3 步，配置缓存服务。

以下配置可以在原有代码上进行更改，用于配置缓存服务。

```
SESSION_ENGINE = 'django.contrib.sessions.backends.cache'
CACHES = {
    'default': {
        'BACKEND': 'django.core.cache.backends.memcached.MemcachedCache',
        'LOCATION': 'controller:11211',
    },
}
```

第 4 步，启用对多域的支持。

增加一行内容，以允许使用多个域。

```
OPENSTACK_KEYSTONE_MULTIDOMAIN_SUPPORT = True
```

第5步，指定 OpenStack 组件的版本。

新增如下信息，分别对应 OpenStack 的认证、镜像、存储组件的版本号。

```
OPENSTACK_API_VERSIONS = {
"identity": 3,
"image": 2,
"volume": 3,
}
```

第6步，设置通过 Dashboard 创建的用户所属的默认域。

在以上配置完成后新增以下内容。

```
OPENSTACK_KEYSTONE_DEFAULT_DOMAIN = "Default"
```

第7步，设置通过 Dashboard 创建的用户的默认角色为 user。

再新增以下配置。

```
OPENSTACK_KEYSTONE_DEFAULT_ROLE = "user"
```

第8步，设置如何使用 Neutron 网络。

在配置文件中按照以下代码修改 OPENSTACK_NEUTRON_NETWORK 配置。

```
OPENSTACK_NEUTRON_NETWORK = {
        'enable_auto_allocated_network': False,
        'enable_distributed_router': False,
        'enable_fip_topology_check': False,
        'enable_ha_router': False,
        'enable_ipv6': False,
        'enable_quotas': False,
        'enable_rbac_policy': False,
        'enable_router': False,

        'default_dns_nameservers': [],
        'supported_provider_types': ['*'],
        'segmentation_id_range': {},
        'extra_provider_types': {},
        'supported_vnic_types': ['*'],
        'physical_networks': [],
}
```

11.3.2　发布 Dashboard 服务

发布 Dashboard
服务

由于 Dashboard 是一个 Web 应用，必须要运行在 Apache 这样的 Web 服务器上，因此要对其进行设置，以让 Apache 服务器知道如何运行该服务。下面逐一完成两个工作，以达到此目的。

1. 重建 Dashboard 的 Web 应用配置文件

由于 Apache 的默认网站主目录为/var/www/html/，而 Dashboard 安装好以后，其网站目录为/usr/share/openstack-dashboard，因此需要一个配置文件让 Apache 找到该网站目录。

第1步，进入 Dashboard 网站目录。

```
[root@compute ~]# cd /usr/share/openstack-dashboard
```

第2步，编译生成 Dashboard 的 Web 服务配置文件。

```
[root@compute openstack-dashboard]# python manage.py make_web_conf --apache >
/etc/httpd/conf.d/openstack-dashboard.conf
```

如果查看生成的配置文件，则可以查看到运行 Dashboard 需要的各种参数。

```
[root@compute openstack-dashboard]# cat /etc/httpd/conf.d/openstack-dashboard.conf
<VirtualHost *:80>
    ServerAdmin webmaster@openstack.org
    ServerName  openstack_dashboard
    DocumentRoot /usr/share/openstack-dashboard/
    LogLevel warn
    ErrorLog /var/log/httpd/openstack_dashboard-error.log
    CustomLog /var/log/httpd/openstack_dashboard-access.log combined
    WSGIScriptReloading On
    WSGIDaemonProcess openstack_dashboard_website processes=3
    WSGIProcessGroup openstack_dashboard_website
    WSGIApplicationGroup %{GLOBAL}
    WSGIPassAuthorization On
    WSGIScriptAlias / /usr/share/openstack-dashboard/openstack_dashboard/wsgi.py
    <Location "/">
        Require all granted
    </Location>
    Alias /static /usr/share/openstack-dashboard/static
    <Location "/static">
        SetHandler None
    </Location>
</Virtualhost>
```

其中，DocumentRoot 代表网站主目录，可以看到网站主目录已经指向了 Dashboard 的网站目录。

2. 建立策略文件的软链接

在/etc/openstack-dashboard 中内置了一些策略文件，它们是 Dashboard 与其他组件交互时的默认策略。使用以下方法查看该目录下的策略文件。

```
[root@compute ~]# ls /etc/openstack-dashboard
cinder_policy.json  glance_policy.json  keystone_policy.json  local_settings  neutron_policy.
json  nova_policy.d  nova_policy.json
```

为了让这些策略文件生效，需要将它们放置到 Dashboard 项目中。下面采用软链接的方式将这些策略文件放入项目。

```
[root@compute~]# ln  -s  /etc/openstack-dashboard /usr/share/openstack-dashboard/
openstack_dashboard/conf
```

查看 Dashboard 的网站目录。

```
[root@compute ~]# ll /usr/share/openstack-dashboard/openstack_dashboard/
drwxr-xr-x  3 root root  4096 Oct  9  2021 api
lrwxrwxrwx  1 root root    24 Oct  5 12:44 conf -> /etc/openstack-dashboard
-rw-r--r--  1 root root  4192 May 17 05:38 context_processors.py
```

可以看到，在/usr/share/openstack-dashboard/openstack_dashboard/目录中存在一个目录 conf，其是由/etc/openstack-dashboard 目录映射而来的。

3. 启动 Apache 服务器，使配置生效

第 1 步，设置 httpd 服务开机启动。

```
[root@compute ~]# systemctl enable httpd
```

第 2 步，启动 httpd 服务。

```
[root@compute ~]# systemctl start httpd
```

11.3.3 检测 Dashboard 服务

检测 Dashboard
服务

接下来通过简单地使用 Dashboard 网站服务来验证 Dashboard 是否安装成功。

第 1 步，登录系统。

在本地计算机浏览器（推荐使用 Chrome 浏览器或者火狐浏览器）的地址栏中输入计算节点的 IP 地址 http://192.168.10.20（安装 Dashboard 服务器的 IP 地址），进入【登录】界面，如图 11-3 所示。

图 11-3 【登录】界面

在【登录】界面的【域】文本框中输入域名"Default"，在【用户名】文本框中输入"admin"，在【密码】文本框中输入"000000"，单击【登入】按钮，登录成功后，进入图 11-4 所示的【概况】界面。

第 2 步，查看镜像。

在【概况】界面的左侧菜单中选择【计算】→【镜像】选项，进入图 11-5 所示的【Images】界面，可以看到通过 Glance 组件上传的 cirros 镜像。

图 11-4 【概况】界面

图 11-5 【Images】界面

至此，Dashboard 安装完毕，以后通过 Dashboard 的管理界面就可以完成大部分的 OpenStack 云计算平台管理工作。

11.3.4 安装完成情况检测

安装完成情况检测

安装 OpenStack 的各个任务之间是相互关联的，必须保证前一个任务成功完成后才能继续其后的任务。因此，本书针对每个重要任务都设计了检测环节，以便读者自行检测任务完成情况。

表 11-1 所示为 Dashboard 安装自检工单，读者可按照表中所列举的项对实施情况进行自我评估，同时对相应项失败的原因进行分析和记录。

表 11-1 Dashboard 安装自检工单

检测内容	检测方法	合格标准	检测结果		失败原因
			成功	失败	
计算节点的 Apache 服务是否开启	使用 netstat -tnlup 命令查看线程状态	能看到httpd在80端口提供服务，处于 LISTEN 状态			
Dashboard 是否能够进入登录界面	在宿主机上通过浏览器访问计算节点的 IP 地址	能够进入 Dashboard 的登录界面			
Dashboard 是否配置正确	输入正确的域名、用户名和密码，登录系统	能够正确登录			
Dashboard 查看镜像功能是否正确	进入镜像管理界面，查看以前上传的 cirros 镜像	能看到镜像			

11.4 项目小结

项目小结

Dashboard 是 OpenStack Horizon 项目中的主要组成部分，其对外提供了一个可以通过图形化界面管理 OpenStack 云计算平台的工具。Dashboard 是一个用 Python 编写的 Web 程序，只能运行在 httpd 这样的 Web 服务器中。Dashboard 通过 WSGI 与 OpenStack 云计算平台框架及其他组件相连，可以分别对各个组件进行管理。Dashboard 为运维人员提供了一个直观便捷的管理方式，但是目前 Dashboard 的功能并不完全，只能实现部分通过命令能实现的操作。

本项目带领读者在计算节点上搭建了 Dashboard 组件，并将其部署到了 httpd 服务器上。

第 1 步，安装和配置 Dashboard。

第 2 步，建立 Dashboard 和 Web 服务器的关系，将 Dashboard 部署到 httpd 服务器中，并重启服务器，使 Dashboard 服务生效。

第 3 步，使用 Dashboard 登录 OpenStack 云计算平台，并体验 Dashboard 的基本操作。

11.5 项目练习题

1. 选择题

（1）OpenStack 云计算平台中提供图形化界面管理工具的组件是（   ）。

    A. Glance   B. Nova   C. Horizon   D. Keystone

（2）Horizon 项目中提供的 Web 应用的程序名为（   ）。

    A. Dashboard   B. WSGI   C. Easytalk   D. Xweibo

（3）Dashboard 唯一依赖的组件是（   ）。

    A. Glance   B. Nova   C. Horizon   D. Keystone

（4）Dashboard 的配置文件名为（   ）。

    A. local_settings   B. dashboard_settings

    C. dashboard.conf   D. dashboard.xml

2. 填空题

（1）Dashboard 的默认端口是_____。

（2）Dashboard 安装完毕后，其网站文件位于_____目录。

（3）Apache 中运行的 Web 项目的配置文件位于_____目录。

（4）Dashboard 的策略文件位于_____目录。

（5）Dashboard 的日志文件位于_____目录。

3. 实训题

登录系统后，用 Dashboard 创建一个镜像。

项目12
块存储服务（Cinder）安装

12

学习目标

【知识目标】
（1）了解Cinder的功能。
（2）理解文件存储、块存储与对象存储。
（3）了解Cinder的组件架构。
（4）了解Cinder的基本工作流程。

【技能目标】
（1）能够安装与配置Cinder组件。
（2）能够初始化Cinder服务。
（3）能够用命令检验Cinder服务。
（4）能够用命令和Dashboard两种方式创建卷。

学习目标

引例描述

  OpenStack云计算平台现在已经可以用来创建云主机并为云主机连接网络。小王高兴地看着这段时间的成果，对此非常满意，果然坚持才能出成绩啊！此时，小王突然想到，如果用户在使用OpenStack云计算平台的过程中，由于产生的数据太多导致Glance创建系统盘的空间不够该怎么办？Glance创建的系统盘的数据在销毁云主机时会同时被销毁，能不能配置一个额外的磁盘来专门存放数据，即使云主机被销毁了该磁盘也能保存呢？

引例描述

12.1 项目陈述

  用户的重要数据存放在存储设备中，最常见的存储设备就是磁盘。小王通过调研了解到，Cinder 也是 OpenStack 云计算平台的核心项目之一，负责为云计算平台提供块存储服务，云主机中的磁盘就是块存储设备。因此，为了达到给云主机增加磁盘的目的，需要为 OpenStack 云计算平台安装 Cinder 组件。

  在开始安装 Cinder 之前，小王首先学习以下必备知识。

  （1）通过"Cinder 的基本概念"学习 Cinder 的基本概念，了解 Cinder 的功能。

  （2）通过"Cinder 的组件架构"学习 Cinder 的组成结构，了解各个模块的功能。

  （3）通过"Cinder 的基本工作流程"了解 Cinder 的各个功能模块是如何与其他组件一起创建云存储的。

  最后，在项目实施环节，小王将在项目操作手册的指导下，在控制节点和计算节点上完成 Cinder 组件的安装与配置工作。

项目陈述

12.2 必备知识

12.2.1 Cinder 的基本概念

Cinder 是 OpenStack 中提供块存储服务的组件，主要功能是为虚拟机实例提供虚拟磁盘管理服务。Cinder 的前身是 Nova 中的 nova-volume 组件，OpenStack F 版以后从 Nova 中剥离出来，成为一个独立的 OpenStack 组件。以下是云计算的几种主要存储方式。

Cinder 的基本概念

1. 文件存储

文件存储依靠文件系统来存储文件。文件直接存储在文件系统中，通过 FTP、网络文件系统（Network File System，NFS）等服务进行访问。文件存储的特点是使用简单、兼容性好，但响应速度和存储容量一般。

2. 块存储

块存储中的块是指存储系统采用的一整块的存储设备，如一块磁盘。块存储技术通常是指将裸磁盘空间整个映射给主机时使用的技术。因此，块存储可以虚拟出整块磁盘给云主机使用，对云主机的操作系统来说这就是挂载的物理磁盘。块存储的特点是响应速度极快，同时具有高稳定性和可靠性，但受磁件容量限制，其容量不大。

3. 对象存储

对象存储以对象（封装）的形式管理数据。对象和文件最大的不同就是对象在文件基础之上增加了元数据。对象数据可以分为两部分：一部分是数据，存储于对象存储服务器中；另一部分是对应的元数据，存储于元数据服务器中。数据通常是无结构的数据，如图片、视频或文档等；而元数据则指的是对数据的相关描述，如图片的大小、文档的拥有者、数据存储的位置信息等。当需要访问某个对象时，先查询元数据服务器来获得具体位置信息，再从对象存储服务器中获得具体数据。对象存储主要用于分布式存储，其存储容量巨大，但速度较慢。

12.2.2 Cinder 的组件架构

在块存储中，裸磁盘通常被称为卷（Volume），Cinder 的任务就是管理卷，包括卷的创建、删除等操作。图 12-1 所示为 Cinder 的模块组成。

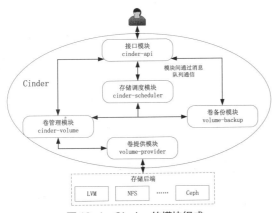

Cinder 的组件架构

图 12-1 Cinder 的模块组成

Cinder 的主要模块及其功能说明如表 12-1 所示。

表 12-1　Cinder 的主要模块及其功能说明

模块	功能说明
cinder-api	用于接收和响应外部请求，也是外部可用于管理 Cinder 的唯一入口
cinder-volume	是 Cinder 项目中对卷进行管理的模块
cinder-scheduler	负责通过调度算法从多个存储节点服务器中选择最合适的节点来创建卷
volume-provider	负责通过驱动调用具体的卷管理系统实现对卷的具体操作。其支持多种卷管理系统，包括 LVM、NFS、Ceph 等
volume-backup	为卷提供备份服务

12.2.3　Cinder 的基本工作流程

Cinder 组件的主要功能就是对卷进行创建与管理，其中，Cinder 创建卷的基本工作流程如图 12-2 所示。

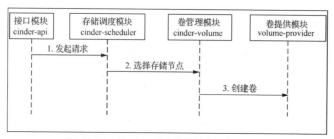

图 12-2　Cinder 创建卷的基本工作流程

通过图 12-2 可以看到，在创建卷的过程中，Cinder 各个模块分工合作的大致流程如下（注意，模块之间的通信都是通过消息队列传递的）。

第 1 步，cinder-api 接收到用户通过管理界面或命令行发起的卷创建请求，完成必要处理后将其发送到消息队列中。

第 2 步，cinder-scheduler 从消息队列中获得请求和数据以后，从若干存储节点中选出一个能存放该卷的节点，并将信息发送到消息队列。

第 3 步，cinder-volume 从消息队列中获取请求后，通过 volume-provider 调用具体的卷管理系统在存储设备上创建卷。

12.3　项目实施

本项目将为 OpenStack 云计算平台安装 Cinder 组件。由于本书搭建的是双节点云计算平台，使用了计算节点来充当存储节点，因此本项目的任务将使用控制节点和计算节点。为了避免在接下来的工作中由于操作不当而造成需要重装系统的情况出现，在开始本项目前应对两台节点服务器拍摄快照以保存前期工作成果。

12.3.1　安装与配置控制节点上的 Cinder 服务

本小节任务均在控制节点上操作。

1. 安装 Cinder 软件包

使用以下方法安装 Cinder 的相关软件包。

安装与配置控制节点上的 Cinder 服务

```
[root@controller ~]# yum -y install openstack-cinder
```

安装的 openstack-cinder 软件包中包括 cinder-api 和 cinder-scheduler 模块。安装 openstack-cinder 软件包时，和安装其他 OpenStack 核心组件一样，会自动创建名为 cinder 的 Linux 操作系统用户和同名的用户组。可以使用以下两种方法查看 Linux 操作系统的用户及用户组信息。

（1）查看用户信息

在 passwd 文件中查看所有包含 cinder 字符串的行。

```
[root@controller ~]# cat /etc/passwd | grep cinder
cinder:x:976:976:OpenStack cinder Daemon:/var/lib/cinder:/sbin/nologin
```

在结果中能看见已经存在 cinder 用户。

（2）查看用户组信息

在 group 文件中查看所有包含 cinder 字符串的行。

```
[root@controller ~]# cat /etc/group | grep cinder
cinder:x:976:
```

在结果中能看见已经存在 cinder 用户组。

2. 创建 Cinder 的数据库并授权

支持 Cinder 组件的数据库只有一个，一般将其命名为 cinder。下面将创建该数据库并为数据库用户 cinder 授权。

（1）进入数据库

使用以下方法进入 MariaDB 数据库服务器。

```
[root@controller ~]# mysql -uroot -p000000
Welcome to the MariaDB monitor.   Commands end with ; or \g.
Your MariaDB connection id is 39
Server version: 10.5.22-MariaDB MariaDB Server

Copyright (c) 2000, 2018, Oracle, MariaDB Corporation Ab and others.

Type 'help;' or '\h' for help. Type '\c' to clear the current input statement.

MariaDB [(none)]>
```

（2）新建 cinder 数据库

使用以下数据库创建语句在 MariaDB 数据库服务器中创建 cinder 数据库。

```
MariaDB [（none）]> CREATE DATABASE cinder;
```

（3）为数据库授权

授予 cinder 用户具有本地和远程管理 cinder 数据库的权限。

```
MariaDB [（none）]> GRANT ALL PRIVILEGES ON cinder.* TO 'cinder'@'localhost' IDENTIFIED BY '000000';
MariaDB [（none）]> GRANT ALL PRIVILEGES ON cinder.* TO 'cinder'@'%' IDENTIFIED BY '000000';
```

上面的 SQL 语句把 cinder 数据库中所有表（库名.*）的所有权限（ALL PRIVILEGES）授予从本地主机（'localhost'）及任意远程主机（'%'）上登录的名为 cinder 的用户，验证密码为 000000。

（4）退出数据库

输入 quit 并按 Enter 键，退出数据库。

```
MariaDB [（none）]> quit
```

3. 修改 Cinder 配置文件

Cinder 的配置文件是/etc/cinder/cinder.conf。通过修改该配置文件，可实现 Cinder 与数据库及 Keystone 的连接。由于 cinder.conf 文件的内容存在很多注释，直接进行编辑比较麻烦，因此可以先将注释和空行删除再对其进行编辑。

（1）将配置文件中的注释和空行删除

第1步，备份配置文件。

```
[root@controller ~]# cp /etc/cinder/cinder.conf /etc/cinder/cinder.bak
```

第2步，删除配置文件中的所有注释和空行，生成新的配置文件。

```
[root@controller ~]# grep -Ev '^$|#' /etc/cinder/cinder.bak > /etc/cinder/cinder.conf
```

（2）编辑新的配置文件

第1步，打开配置文件并进行编辑。

```
[root@controller ~]# vi /etc/cinder/cinder.conf
[DEFAULT]
[backend]
[backend_defaults]
[barbican]
[brcd_fabric_example]
[cisco_fabric_example]
[coordination]
[cors]
[database]
[fc-zone-manager]
[healthcheck]
[key_manager]
[keystone_authtoken]
[nova]
[oslo_concurrency]
[oslo_messaging_amqp]
[oslo_messaging_kafka]
[oslo_messaging_notifications]
[oslo_messaging_rabbit]
[oslo_middleware]
[oslo_policy]
[oslo_reports]
[oslo_versionedobjects]
[privsep]
[profiler]
[sample_castellan_source]
[sample_remote_file_source]
[service_user]
[ssl]
[vault]
```

可以看到，这个新的配置文件中已经不存在空行和注释行。

第2步，修改[database]部分，实现与数据库 cinder 的连接。

```
[database]
connection = mysql+pymysql://cinder:000000@controller/cinder
```

第 3 步，修改[DEFAULT]和[keystone_authtoken]部分，实现与 Keystone 的交互。

```
[DEFAULT]
auth_strategy = keystone

[keystone_authtoken]
auth_url = http://controller:5000
memcached_servers = controller:11211
auth_type = password
project_domain_name = Default
user_domain_name = Default
project_name = project
username = cinder
password = 000000
```

第 4 步，修改[oslo_concurrency]部分，配置锁路径。

oslo_concurrency 模块可以为 OpenStack 中的代码块提供线程及进程锁，以下配置为该模块指定了一条锁路径。

```
[oslo_concurrency]
lock_path = /var/lib/cinder/tmp
```

这里的/var/lib/cinder/tmp 是在安装软件包时由 cinder 用户创建的，因此 cinder 对它拥有所有权限，不要随意更改该路径。

第 5 步，修改[DEFAULT]部分，实现与消息队列的连接。

```
[DEFAULT]
transport_url = rabbit://rabbitmq:000000@controller:5672
```

4. 修改 Nova 配置文件

Nova 位于 OpenStack 云计算平台的核心位置，通常需要通过它和其他组件进行交互。这里需要设置 Cinder 与 Nova 的交互。

```
[root@controller ~]# vi /etc/nova/nova.conf
```

修改[cinder]部分，增加以下区域名。

```
[cinder]
os_region_name = RegionOne
```

5. 初始化数据库

使用以下语句同步数据库。

```
[root@controller ~]# su cinder -s /bin/sh -c "cinder-manage db sync"
```

同步结束后，进入数据库进行验证，如果可以看到以下数据库表信息，则表示数据库同步成功。

```
+----------------------------+
| Tables_in_cinder           |
+----------------------------+
| attachment_specs           |
| backup_metadata            |
| backups                    |
| cgsnapshots                |
| clusters                   |
| consistencygroups          |
| driver_initiator_data      |
| encryption                 |
| group_snapshots            |
```

```
| group_type_projects             |
| group_type_specs                |
| group_types                     |
| group_volume_type_mapping       |
| groups                          |
| image_volume_cache_entries      |
| messages                        |
| migrate_version                 |
| quality_of_service_specs        |
| quota_classes                   |
| quota_usages                    |
| quotas                          |
| reservations                    |
| services                        |
| snapshot_metadata               |
| snapshots                       |
| transfers                       |
| volume_admin_metadata           |
| volume_attachment               |
| volume_glance_metadata          |
| volume_metadata                 |
| volume_type_extra_specs         |
| volume_type_projects            |
| volume_types                    |
| volumes                         |
| workers                         |
+---------------------------------+
35 rows in set (0.000 sec)
```

12.3.2　Cinder 组件初始化

本小节任务均在控制节点上操作。

1. 创建 cinder 用户并分配角色

（1）为 OpenStack 云计算平台创建 cinder 用户

第 1 步，导入环境变量，模拟登录。

使用 source 或者 "." 都可以执行环境变量导入操作，代码如下。

Cinder 组件初始化

```
[root@controller ~]# . admin-login
```

第 2 步，在 OpenStack 云计算平台中创建用户 cinder。

通过以下语句在 default 域中创建一个名为 cinder、密码为 000000 的用户。

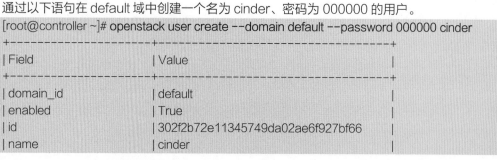

```
[root@controller ~]# openstack user create --domain default --password 000000 cinder
+---------------------+----------------------------------+
| Field               | Value                            |
+---------------------+----------------------------------+
| domain_id           | default                          |
| enabled             | True                             |
| id                  | 302f2b72e11345749da02ae6f927bf66 |
| name                | cinder                           |
```

```
| options                            {}                                |
| password_expires_at        | None                                   |
+--------------------+--------------------+
```

> **注意** 这里的用户名和密码一定要与 cinder.conf 文件[keystone_authtoken]中的用
> 户名和密码一致。

（2）为用户 cinder 分配 admin 角色

使用以下语句授予 cinder 用户操作 project 项目时的 admin 权限。

```
[root@controller ~]# openstack role add --project project --user cinder admin
```

2. 创建 Cinder 服务及服务端点

（1）创建服务

因为 OpenStack（Train 版）Cinder 支持的卷是第 3 个版本，所以使用以下语句创建一个名
为 cinderv3、类型为 volumev3 的服务。

```
[root@controller ~]# openstack service create --name cinderv3 volumev3
+---------+----------------------------------+
| Field   | Value                            |
+---------+----------------------------------+
| enabled | True                             |
| id      | d2fe053684454f728cc0c9d64ad44603 |
| name    | cinderv3                         |
| type    | volumev3                         |
+---------+----------------------------------+
```

（2）创建服务端点

OpenStack 组件的服务端点有 3 个，分别对应公众用户（public）、内部组件（internal）和
Admin 用户（admin）服务的地址。

第 1 步，创建公众用户访问的端点。

```
[root@controller ~]# openstack endpoint create --region RegionOne volumev3 public
http://controller:8776/v3/%\(project_id\)s
+--------------+------------------------------------------+
| Field        | Value                                    |
+--------------+------------------------------------------+
| enabled      | True                                     |
| id           | 9428a4ff490945adb2c1b40532b53e51         |
| interface    | public                                   |
| region       | RegionOne                                |
| region_id    | RegionOne                                |
| service_id   | d2fe053684454f728cc0c9d64ad44603         |
| service_name | cinderv3                                 |
| service_type | volumev3                                 |
| url          | http://controller:8776/v3/%(project_id)s |
+--------------+------------------------------------------+
```

第 2 步，创建内部组件访问的端点。

```
[root@controller ~]# openstack endpoint create --region RegionOne volumev3 internal
http://controller:8776/v3/%\(project_id\)s
+--------------+------------------------------------------+
```

```
| Field          | Value                                      |
+--------------+--------------------------------------------+
| enabled        | True                                       |
| id             | 671e70d13b204148adb7f591a4604b5d           |
| interface      | internal                                   |
| region         | RegionOne                                  |
| region_id      | RegionOne                                  |
| service_id     | d2fe053684454f728cc0c9d64ad44603           |
| service_name   | cinderv3                                   |
| service_type   | volumev3                                   |
| url            | http://controller:8776/v3/%(project_id)s   |
+--------------+--------------------------------------------+
```

第 3 步，创建 Admin 用户访问的端点。

[root@controller ~]# openstack endpoint create --region RegionOne volumev3 admin http://controller:8776/v3/%\(project_id\)s

```
| Field          | Value                                      |
+--------------+--------------------------------------------+
| enabled        | True                                       |
| id             | b5ce742bd14b484988243a7235a03b7a           |
| interface      | admin                                      |
| region         | RegionOne                                  |
| region_id      | RegionOne                                  |
| service_id     | d2fe053684454f728cc0c9d64ad44603           |
| service_name   | cinderv3                                   |
| service_type   | volumev3                                   |
| url            | http://controller:8776/v3/%(project_id)s   |
+--------------+--------------------------------------------+
```

3. 启动控制节点上的 Cinder 服务

第 1 步，重启 Nova 服务。

[root@controller ~]# systemctl restart openstack-nova-api

第 2 步，设置 cinder-api 和 cinder-scheduler 模块开机启动。

[root@controller ~]# systemctl enable openstack-cinder-api openstack-cinder-scheduler

第 3 步，立即启动 Cinder 服务。

[root@controller ~]# systemctl start openstack-cinder-api openstack-cinder-scheduler

12.3.3　检测控制节点上的 Cinder 服务

这里采用两种方法来检测 Cinder 组件的运行状况。

1. 查看端口占用情况

由于 Cinder 服务会占用 8776 端口，因此通过查看该端口是否启用，可以判断 Cinder 服务是否已经运行。

```
[root@controller ~]# netstat –nutpl|grep 8776
tcp    0    0 0.0.0.0:8776        0.0.0.0:*        LISTEN      3241/python3
```

检测控制节点上的 Cinder 服务

2. 查看存储服务列表

使用以下代码查看 Cinder 服务中各个模块的服务状态。

```
[root@controller ~]# openstack volume service list
+------------------+------------+-------+---------+-------+------------------------------+
| Binary           | Host       | Zone  | Status  | State | Updated At                   |
+------------------+------------+-------+---------+-------+------------------------------+
| cinder-scheduler | controller | nova  | enabled | up    | 2024-04-14T16:00:48.000000   |
+------------------+------------+-------+---------+-------+------------------------------+
```

如果获得"cinder-scheduler"在控制节点上的模块处于开启（up）状态，则表示服务正常。

12.3.4 搭建存储节点

通常，存储节点会采用独立的服务器，OpenStack 云计算平台至少需要 3 台服务器才能搭建。本小节任务采用计算节点来代替存储节点，以实现搭建双节点 OpenStack 云计算平台的目标。因为本小节任务将操作计算节点服务器，所以应先为计算节点服务器做好快照备份工作。

搭建存储节点

1. 为计算节点增加硬盘

在计算节点上新增一块硬盘，为存储节点服务。

第 1 步，打开计算节点的【虚拟机设置】对话框。在 VMware Workstation 管理界面中右击【我的计算机】中的【compute】选项，在弹出的快捷菜单中选择【设置】命令，弹出图 12-3 所示的【虚拟机设置】对话框。

第 2 步，选择增加的硬件类型。在图 12-3 所示的【虚拟机设置】对话框中单击【添加】按钮，弹出图 12-4 所示的【添加硬件向导】对话框。

图 12-3 【虚拟机设置】对话框　　　　　　　图 12-4 【添加硬件向导】对话框

在【硬件类型】列表框中选择【硬盘】选项，单击【下一步】按钮，进入图 12-5 所示的【选择磁盘类型】界面。

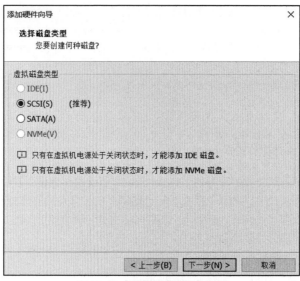

图 12-5 【选择磁盘类型】界面

第 3 步，选择磁盘类型。在图 12-5 所示的【选择磁盘类型】界面中选中【SCSI】单选按钮，单击【下一步】按钮，进入图 12-6 所示的【选择磁盘】界面。

第 4 步，选择磁盘。在图 12-6 所示的【选择磁盘】界面中选择磁盘的来源，这里选中【创建新虚拟磁盘】单选按钮，单击【下一步】按钮，进入图 12-7 所示的【指定磁盘容量】界面。

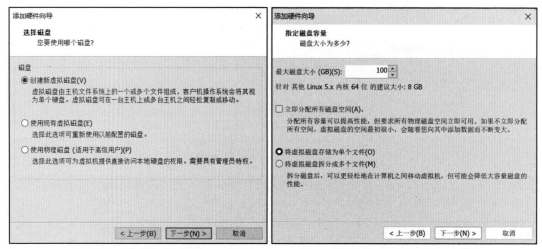

图 12-6 【选择磁盘】界面   图 12-7 【指定磁盘容量】界面

第 5 步，指定磁盘容量。在图 12-7 所示的【指定磁盘容量】界面中根据需要设定最大磁盘大小，注意不要选中【立即分配所有磁盘空间】复选框，这样磁盘文件大小会按照实际使用情况自动增加。设置完成后，单击【下一步】按钮，进入图 12-8 所示的【指定磁盘文件】界面。

第 6 步，指定磁盘文件。在图 12-8 所示的【指定磁盘文件】界面中设置新建磁盘文件的存储路径以后，单击【完成】按钮，完成新建磁盘工作。此时，可以在计算节点的【虚拟机设置】对话框中看到新建的磁盘。

图 12-8 【指定磁盘文件】界面

安装好磁盘后，需要重新启动计算节点服务器，使系统识别新增的硬件。

2. 创建卷组

逻辑卷管理（Logical Volume Manager，LVM）是 Linux 环境下对磁盘分区进行管理的一种机制，其可以将几块磁盘（也称物理卷）组合起来形成一个存储池或者卷组（Volume Group）。LVM 可以每次从卷组中划分出不同大小的逻辑卷（Logical Volume），以创建新的逻辑设备。Cinder 可以使用 LVM 来实现块设备（卷）的管理。

（1）查看系统磁盘挂载情况

使用 lsblk 命令可以看到系统中所有磁盘（块设备）的挂载信息。

```
[root@compute ~]# lsblk
NAME                    MAJ:MIN   RM   SIZE    RO   TYPE   MOUNTPOINTS
sda                     8:0       0    100G    0    disk
├─sda1                  8:1       0    2G      0    part   /boot
└─sda2                  8:2       0    94G     0    part
  ├─openeuler-root      253:0     0    90G     0    lvm    /
  └─openeuler-swap      253:1     0    4G      0    lvm    [SWAP]
sdb                     8:16      0    100G    0    disk
sr0                     11:0      1    3.5G    0    rom
```

从结果中可以看到新添加的磁盘名为 sdb，还没有进行分区和挂载。该磁盘在 Linux 中的对应文件为/dev/sdb。

（2）创建 LVM 物理卷组

卷组是若干个物理卷组成的一个整体，对于用户来说，卷组就是一个大的磁盘，便于重新划分使用。

第 1 步，将磁盘初始化为物理卷。

通过使用 pvcreate 命令将物理磁盘初始化为物理卷，以便 LVM 使用。

```
[root@compute ~]# pvcreate /dev/sdb
  Physical volume "/dev/sdb" successfully created.
```

第 2 步，将物理卷归并为卷组。

LVM 卷组的创建命令为 vgcreate，其用法如下。

> vgcreate <卷组名> <物理卷 1> <物理卷 2> …

本项目只创建了一个物理卷，因此使用以下方法将该卷生成卷组，卷组取名为 cinder- volumes。

```
[root@compute ~]# vgcreate cinder-volumes /dev/sdb
  Volume group "cinder-volumes" successfully created
```

第 3 步，配置 LVM 卷组扫描的设备。

由于系统中的卷组可能很多，相应的卷会更多，因此 LVM 需要扫描整个磁盘系统寻找所有的卷组，这比较花费时间。直接指定仅对哪些磁盘设备进行扫描是一种提高效率的方式。

首先，打开 LVM 的配置文件。

```
[root@compute ~]# vi /etc/lvm/lvm.conf
```

其次，修改配置文件的 devices 部分，添加一个接受/dev/sdb 磁盘并拒绝其他设备的过滤器。

```
devices {
filter = [ "a/sdb/","r/.*/"]
…
}
```

以上代码中的 a 表示接受，r 表示拒绝。

3. 安装和配置存储节点

（1）安装 Cinder 相关软件包

使用以下方法在计算节点上安装 Cinder 相关软件包。

```
[root@compute ~]# yum -y install openstack-cinder targetcli python-keystone
```

该安装命令共安装了 3 个软件包：openstack-cinder、targetcli 和 python-keystone。其中，openstack-cinder 是 Cinder 的软件包；targetcli 是一个命令行工具，用于管理 Linux 的存储资源；python-keystone 是与 Keystone 的连接插件。

（2）修改 Cinder 配置文件

Cinder 的配置文件是/etc/cinder/cinder.conf。通过修改该配置文件，可以实现 Cinder 与数据库及 Keystone 的连接。由于 cinder.conf 文件的内容存在很多注释，直接进行编辑比较麻烦，因此可以先将注释和空行删除再对其进行编辑。

（3）将配置文件中的注释和空行删除

第 1 步，备份配置文件。

```
[root@compute~]# cp /etc/cinder/cinder.conf /etc/cinder/cinder.bak
```

第 2 步，删除配置文件中的所有注释和空行，生成新的配置文件。

```
[root@compute ~]# grep -Ev '^$|#' /etc/cinder/cinder.bak > /etc/cinder/cinder.conf
```

（4）编辑新的配置文件

第 1 步，打开配置文件。

```
[root@compute ~]# vi /etc/cinder/cinder.conf
```

第 2 步，修改[database]部分，实现与数据库 cinder 的连接。

```
[database]
connection = mysql+pymysql://cinder:000000@controller/cinder
```

第 3 步，修改[DEFAULT]和[keystone_authtoken]部分，实现与 Keystone 的交互。

```
[DEFAULT]
auth_strategy = keystone

[keystone_authtoken]
auth_url = http://controller:5000
memcached_servers = controller:11211
auth_type = password
```

```
project_domain_name = Default
user_domain_name = Default
project_name = project
username = cinder
password = 000000
```

第 4 步，修改[oslo_concurrency]部分，配置锁路径。

oslo_concurrency 模块可以为 OpenStack 中的代码块提供线程及进程锁，以下配置为该模块指定了一条锁路径。

```
[oslo_concurrency]
lock_path = /var/lib/cinder/tmp
```

这里的/var/lib/cinder/tmp 是在安装软件包时由 cinder 用户创建的，因此 cinder 对它拥有所有权限，不要随意更改该路径。

第 5 步，修改[DEFAULT]部分，实现与消息队列和 Glance 的连接。

```
[DEFAULT]
transport_url = rabbit://rabbitmq:000000@controller:5672
glance_api_servers = http://controller:9292
```

第 6 步，修改[DEFAULT]部分，并增加[lvm]部分以设置 LVM。

```
[DEFAULT]
enabled_backends = lvm
[lvm]
volume_driver = cinder.volume.drivers.lvm.LVMVolumeDriver
volume_group = cinder-volumes
target_protocol = iscsi
target_helper = lioadm
```

> **注意** 配置文件中，volume_group 的值应和"创建 LVM 物理卷组"部分创建的卷组名一致。

4. 启动计算节点上的 Cinder 服务

首先，设置开机启动服务。

```
[root@compute ~]# systemctl enable openstack-cinder-volume target
```

其次，立即启动服务。

```
[root@compute ~]# systemctl start openstack-cinder-volume target
```

12.3.5 检验 Cinder 服务

这里介绍两种方法来检测 Cinder 组件的运行状况。

检验 Cinder 服务

1. 查看存储服务列表

在控制节点上使用以下代码查看 Cinder 服务中各个模块的服务状态。

```
[root@controller ~]# openstack volume service list
+------------------+--------------+------+---------+-------+----------------------------+
| Binary           | Host         | Zone | Status  | State | Updated At                 |
+------------------+--------------+------+---------+-------+----------------------------+
| cinder-scheduler | controller   | nova | enabled | up    | 2024-04-14T16:20:18.000000 |
| cinder-volume    | compute@lvm  | nova | enabled | up    | 2024-04-14T16:20:12.000000 |
+------------------+--------------+------+---------+-------+----------------------------+
```

可以看到，cinder-volume 和 cinder-scheduler 两个模块的状态（State）是启动（up）。如果 cinder-volume 模块的状态是关闭（down），则可以先检查两个节点服务器的时间同步情况。

2. 通过 Dashboard 查看卷概况

使用 Dashboard 登录 OpenStack 后，如果 Cinder 服务正常，则在左侧导航栏中会出现【卷】选项，且在【概况】界面中可以看到【卷】【卷快照】【卷存储】3 个饼图，如图 12-9 所示。如果不能获得与图 12-9 类似的结果，则说明 Cinder 服务存在问题，此时应查看 Cinder 的日志文件。

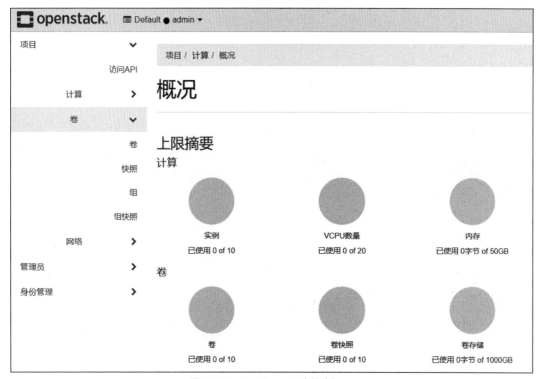

图 12-9　Dashboard 中的卷概况

12.3.6　用 Cinder 创建卷

用 Cinder 创建卷

Cinder 组件安装完毕以后，即可使用它为云计算平台创建卷。这里介绍两种方法来创建卷，实际工作中任选其中一种方法即可。

1. 使用命令模式创建卷

第 1 步，在控制节点上发起命令，创建一个 8GB 的卷，将其命名为 volume1。

```
[root@controller ~]# openstack volume create --size 8 volume1
+---------------------+--------------------------------------+
| Field               | Value                                |
+---------------------+--------------------------------------+
| attachments         | []                                   |
| availability_zone   | nova                                 |
| bootable            | false                                |
| consistencygroup_id | None                                 |
```

```
| created_at          | 2024-04-14T16:21:37.000000             |
| description         | None                                   |
| encrypted           | False                                  |
| id                  | abca80f1-1e81-4bf8-94c7-d5bb50c113a8   |
| migration_status    | None                                   |
| multiattach         | False                                  |
| name                | volume1                                |
| properties          |                                        |
| replication_status  | None                                   |
| size                | 8                                      |
| snapshot_id         | None                                   |
| source_volid        | None                                   |
| status              | creating                               |
| type                | __DEFAULT__                            |
| updated_at          | None                                   |
| user_id             | 313b46f5e2cf4eb9b831b95975c46e5f       |
+---------------------+----------------------------------------+
```

第 2 步，查看卷列表。

```
[root@controller ~]# openstack volume list
+--------------------------------------+---------+-----------+------+-------------+
| ID                                   | Name    | Status    | Size | Attached to |
+--------------------------------------+---------+-----------+------+-------------+
| abca80f1-1e81-4bf8-94c7-d5bb50c113a8 | volume1 | available |    8 |             |
+--------------------------------------+---------+-----------+------+-------------+
```

在卷列表中可以看到存在一个名为 volume1 的卷，其状态（Status）为可用（available），大小为 8GB。

2. 使用 Dashboard 创建卷

第 1 步，进入卷列表。登录 Dashboard 以后，在菜单栏中选择【卷】→【卷】选项，进入图 12-10 所示的【卷】界面，在其中可以看到使用命令模式创建的 volume1 卷信息。

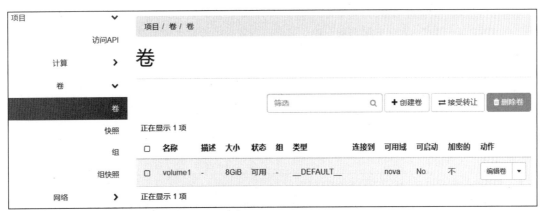

图 12-10 【卷】界面

第 2 步，创建卷。首先，在图 12-10 所示的【卷】界面中单击【创建卷】按钮，弹出图 12-11 所示的【创建卷】对话框。

图 12-11 【创建卷】对话框

其次，在【卷名称】文本框中输入卷的名称；【描述】文本框为可选项，可以不填写；在【卷来源】下拉列表中选择【没有源，空白卷。】选项；在【类型】下拉列表中选择【_DEFAULT_】选项；在【大小(GIB)】文本框中输入卷的容量大小（注意，所有卷的容量总和不要超过卷组的容量）。

最后，单击【创建卷】按钮，完成创建卷操作，即可在【卷】界面中看到刚创建的卷的信息。

12.3.7 安装完成情况检测

安装 OpenStack 的各个任务之间是相互关联的，必须保证前一个任务成功完成后才能继续其后的任务。因此，本书针对每个重要任务设计了检测环节，以便读者自行检测任务完成情况。

安装完成情况检测

表 12-2 所示为 Cinder 安装自检工单，读者可按照表中所列举的项对实施情况进行自我评估，同时对相应项失败的原因进行分析和记录。

表 12-2　Cinder 安装自检工单

检测内容	检测方法	合格标准	检测结果 成功	检测结果 失败	失败原因
控制节点是否创建了 cinder 用户	使用 cat /etc/passwd | grep cinder 命令	能看到 cinder 用户信息			
控制节点是否创建了 cinder 用户组	使用 cat /etc/group | grep cinder 命令	能看到 cinder 用户组信息			
控制节点是否创建了 cinder 数据库	进入数据库，使用 "show database;" 命令	能看到 cinder 数据库			
cinder 用户对数据库的权限	在数据库中使用 "show grants for cinder;" 命令	cinder 用户被授予了从远程和本地对 cinder 数据库的完全控制权限			

续表

检测内容	检测方法	合格标准	检测结果		失败原因
			成功	失败	
cinder 数据库是否同步成功	进入数据库，查看 cinder 数据库中的数据表列表	存在相应的数据表			
检查 cinder 用户是否存在	在控制节点上使用 openstack user list 命令查询用户列表	存在 cinder 用户			
检查 cinder 用户是否具有 admin 权限	① 使用 openstack user list 命令获得用户 ID ② 使用 openstack role list 命令获得角色 ID ③ 使用 openstack role assignment list 命令查看 cinder 用户是否和 admin 角色绑定	能看到 cinder 用户和 admin 角色绑定			
检查是否创建了服务 cinderv3	使用 openstack service list 命令查看服务列表	能看到 cinderv3 服务，类型为 volumev3			
Cinder 的服务端点是否建立	使用 openstack catalog list 命令	能看到 3 个 volume3 服务端点信息			
Cinder 服务是否运行正常	使用 cinder service-list 命令查看 Cinder 服务列表	能够看到 cinder-volume 服务状态为开启（up）			

12.4 项目小结

数据存储是云计算平台提供的一项重要服务，云存储一般采用文件存储、块存储和对象存储这几种存储技术。在这几种存储技术中，块存储的速度最快但容量最小，而对象存储容量最大但速度最慢。Cinder 是为 OpenStack 云计算平台提供块存储服务的组件。块存储中的"块"通常指磁盘，也称为卷，Cinder 主要负责对卷进行管理。

项目小结

本项目带领读者在控制节点和计算节点上安装了 Cinder 块存储服务组件。

第 1 步，在控制节点上安装软件包。

第 2 步，创建数据库并授权。

第 3 步，修改配置文件。在配置 Cinder 时主要配置了其和数据库的连接、Keystone 认证的凭证信息、与 Glance 的交互等。

第 4 步，初始化数据库，将安装文件中的数据库基础数据同步到数据库中。

第 5 步，初始化控制节点上的 Cinder 服务。和安装其他组件时一样，创建了 Cinder 的用户并分配了角色，创建了 cinderv3 服务及对应的 3 个服务端点。

第 6 步，配置计算节点为存储节点。在这一步中为计算节点增加了用于生成卷的磁盘，并用 LVM 卷组工具创建了卷和卷组。

第 7 步，在计算节点上安装软件包。

第 8 步，修改计算节点配置文件。和在控制节点上的操作类似，此处配置了如何连接其他组件并配置了 LVM 服务，重启了 Nova 和 Cinder 服务。

经过以上 8 步，Cinder 组件就能够正常启用了。最后，使用 openstack 命令中的卷管理功能和 Dashboard 的卷管理功能各创建了一个卷。

12.5 项目练习题

1. 选择题

（1）（　　）是块存储服务组件。

A. Glance　　　　　　　B. Siwft　　　　　　C. Cinder　　　　　　D. Nova

（2）在对象存储系统中，数据库存放的数据是（　　）。

A. 非规则文件　　　　　B. 元数据　　　　　　C. 对象　　　　　　　D. 其他

（3）Cinder 与后端存储直接相连的模块是（　　）。

A. cinder-volume　　　　　　　　　　　B. cinder-provider

C. cinder-api　　　　　　　　　　　　　D. cinder-scheduler

（4）如果给系统增加了一块 SCSI 类型的磁盘，那么这块磁盘的文件是（　　）。

A. /etc/sdb　　　　　　B. /dev/sda　　　　　C. /dev/sdb　　　　　D. /opt/sdc

2. 填空题

（1）云存储一般采用_____、_____和_____这 3 种数据存储方式。

（2）LVM 中用于创建物理卷的命令是_____。

（3）创建 LVM 卷组的命令是_____。

（4）Cinder 服务的默认端口是_____。

3. 实训题

（1）写出查看卷列表的命令。

（2）写出删除某个卷的命令。

（3）写出查看某个卷的详细信息的命令。

下篇

OpenStack 云计算平台管理

项目13
虚拟网络管理

13

学习目标

【知识目标】
（1）了解虚拟网络、子网及端口的功能。
（2）了解网桥的功能。
（3）理解网络、子网及端口的管理命令。
（4）理解网桥的管理命令。

【技能目标】
（1）能够用Dashboard运维网络。
（2）能够用命令模式运维网络。

学习目标

引例描述

OpenStack云计算平台已经安装完毕，接下来就是用它来创建云主机。但是小王疑惑了，OpenStack有这么多功能，创建云主机应该先从哪里下手呢？

引例描述

13.1 项目陈述

云主机是通过虚拟网络端口挂载在网络之上的，其无法脱离网络而独立存在。因此，创建云主机之前应该创建承载它的虚拟网络。

在开始动手创建虚拟网络之前，小王首先学习以下必备知识。

（1）通过"虚拟网络管理"学习如何构建与管理网络、子网和端口，了解它们的功能与关系。

（2）通过"虚拟网桥管理"学习如何构建与管理网桥，了解网桥的功能。

最后，在项目实施环节，小王将在项目操作手册的指导下，通过 Dashboard 和命令两种方式完成虚拟网络的创建工作。

项目陈述

13.2 必备知识

13.2.1 虚拟网络管理

1. 网络管理

OpenStack 的网络是一个用虚拟设备构成的 OSI 二层网络。使用以下命令对 OpenStack 的网络进行管理。

虚拟网络管理

openstack network <操作> [选项] [<网络名>]

表 13-1 和表 13-2 所示为网络管理命令的常用操作、常用选项及其功能说明。

表 13-1　网络管理命令的常用操作及其功能说明

常用操作	功能说明
create	创建网络
delete	删除网络
list	列出已有的网络列表
set	设置网络参数
unset	取消网络参数设置
show	显示网络的详细信息

表 13-2　网络管理命令的常用选项及其功能说明

常用选项	功能说明
--h	显示帮助信息
--enable	启用网络
--disable	禁用网络
--enable-port-security	启用端口安全
--disable-port-security	禁用端口安全
--share	设置网络为共享网络
--no-share	设置网络为非共享网络
--external	设置网络为外部网络
--internal	设置网络为内部网络
--provider-network-type <provider-network-type>	网络类型，包括 Flat、GRE、Local、VLAN 和 VXLAN
--provider-physical-network	实现虚拟网络的物理网络的名称

下面给出几个常用的网络管理实例。

例 13-1　创建一个 Flat 类型的共享外部网络。

[root@controller ~]# openstack network create --share --external --provider-physical-network provider --provider-network-type flat vm-network

以上代码创建了一个名为 vm-network 的网络。

例 13-2　查看当前的网络列表。

```
[root@controller ~]# openstack network list
+--------------------------------------+------------+----------+
| ID                                   | Name       | Subnets  |
+--------------------------------------+------------+----------+
| e943f06e-b84c-4062-a5c5-da6afb9adc64 | vm-network |          |
+--------------------------------------+------------+----------+
```

例 13-3　查看网络的详细信息。

[root@controller ~]# openstack network show e943f06e-b84c-4062-a5c5-da6afb9adc64

以上代码最后的参数可以是网络的名称或者 ID。

例 13-4　修改网络的名称并将其更改为非共享网络。

[root@controller ~]# openstack network set --name new-vnet --no-share vm-network

以上代码最后的参数可以是网络的名称或者 ID。

例 13-5 删除一个网络。

[root@controller ~]# openstack network delete new-vnet

如果网络中存在端口，也就意味着连接着云主机，则用户不可以直接删除网络，需要先删除端口再删除网络。

2. 子网管理

子网（Subnet）是挂载在网络中的一个 IP 地址段，子网管理的作用是当网络中有新的端口被创建时，为该子网分配 IP 地址。子网与网络是多对一的关系，一个子网必须属于一个网络，而一个网络中可以有多个子网。可使用以下命令对 OpenStack 的子网进行管理。

openstack subnet <操作> [选项] <子网名>

表 13-3 和表 13-4 所示为子网管理命令的常用操作、常用选项及其功能说明。

表 13-3 子网管理命令的常用操作及其功能说明

常用操作	功能说明
create	创建新子网
delete	删除子网
list	列出已有的子网列表
set	设置子网参数
unset	取消子网参数设置
show	显示子网的详细信息

表 13-4 子网管理命令的常用选项及其功能说明

常用选项	功能说明
--h	显示帮助信息
--project <project>	当前项目，输入项目名或项目 ID
--subnet-range < subnet-range >	子网的 IP 网段
--dhcp	启用 DHCP，为云主机自动分配 IP 地址
--no-dhcp	不使用 DHCP
--allocation-pool<start=*,end=*>	DHCP 分配的 IP 地址池，用 start 代表起始地址，end 代表结束地址，如 start=192.168.20.100,end=192.168.20.200
--gateway <gateway>	设置网关
--dns-nameserver<DNS Server>	配置 DNS 服务器地址
--network <network>	子网属于的网络，可以是网络名或网络 ID

下面给出几个常用的子网管理实例。

例 13-6 为网络 vm-network 创建一个名为 vm-subnetwork 的子网。该子网拥有 192.168.20.0/24 网段，并为云主机自动分配 192.168.20.100～192.168.20.200 之间的 IP 地址，同时设置 DNS 服务器的 IP 地址为 114.114.114.114。

[root@controller ~]# openstack subnet create --network vm-network --allocation-pool start=192.168.20.100,end=192.168.20.200 --dns-nameserver 114.114.114.114 --subnet-range 192.168.20.0/24 vm-subnetwork

注意 子网必须属于一个网络，如果不存在网络，则需要先创建网络再创建子网。

例 13-7 查看子网列表。

```
[root@controller ~]# openstack subnet list
+-------------------------------------+---------+--------------------------------------+------------------+
| ID                                  | Name           | Network                              | Subnet           |
+-------------------------------------+---------+--------------------------------------+------------------+
| e16cdce4-5b58-428b-afcb-2c0189854d63 | vm-subnetwork | 4187a740-47be-477b-834c-4d48804ca1c5 | 192.168.20.0/24 |
+-------------------------------------+---------+--------------------------------------+------------------+
```

例 13-8 查看子网的详细信息。

```
[root@controller ~]# openstack subnet show e16cdce4-5b58-428b-afcb-2c0189854d63
```
以上代码最后的参数可以是子网的名称或者 ID。

例 13-9 修改子网的名称并设定网关值为 192.168.20.2。

```
[root@controller ~]# openstack subnet set --name new-subvnet --gateway 192.168.20.2
vm-subnetwork
```
以上代码最后的参数可以是子网的名称或者 ID。

例 13-10 删除一个子网。

```
[root@controller ~]# openstack subnet delete new-subvnet
```
如果子网中存在端口，则不允许直接删除子网，而是需要先删除端口再删除子网。

3．端口管理

端口是挂载在子网中的用于连接云主机虚拟网卡的接口。端口上定义了硬件物理地址（MAC 地址）和独立的 IP 地址，当云主机的虚拟网卡连接到某个端口时，端口就会将 MAC 地址和 IP 地址分配给虚拟网卡。子网与端口是一对多关系，一个端口必须属于某个子网，一个子网可以有多个端口。使用以下命令对 OpenStack 的端口进行管理。

```
openstack port <操作> [选项] <子网名>
```
表 13-5 和表 13-6 所示为端口管理命令的常用操作、常用选项及其功能说明。

表 13-5 端口管理命令的常用操作及其功能说明

常用操作	功能说明
create	创建端口
delete	删除端口
list	列出已有的端口列表
set	设置端口参数
unset	取消端口参数设置
show	显示端口的详细信息

表 13-6 端口管理命令的常用选项及其功能说明

常用选项	功能说明
--h	显示帮助信息
--network <network>	端口属于的网络
--fixed-ip subnet=<subnet>,ip-address=<ip-address>	为端口绑定 IP 地址。subnet 表示子网，ip-address 表示 IP 地址

续表

常用选项	功能说明
--enable	启用端口
--disable	禁用端口
--enable-port-security	启用端口安全设置
--disable-port-security	禁用端口安全设置

下面给出几个常用的端口管理实例。

例 13-11　为网络 vm-network 的 vm-subnetwork 子网创建一个绑定了 IP 地址 192.168.20.120 的端口，并将其命名为 myport。

```
[root@controller ~]# openstack port create myport --network vm-network --fixed-ip
subnet=vm-subnetwork,ip-address=192.168.20.120
```

> **注意**　端口必须属于一个子网，如果不存在子网，则需要先创建子网。

因为还没有连接虚拟机，所以刚创建的端口的状态（Status）为关机（DOWN）。

例 13-12　查看端口列表。

```
[root@controller ~]# openstack port list
+------+-------------+-----------------------------------------------------+--------+
| Name | MAC Address | Fixed IP Addresses                                  | Status |
+------+-------------+-----------------------------------------------------+--------+
| myport | fa:16:3e:e3:b1:fe | ip_address='192.168.20.120', subnet_id='4c23635f-bb20-4c6f-b08e-a8c963c0d27f' | DOWN   |
|      | fa:16:3e:d1:39:1d | ip_address='192.168.20.100', subnet_id='4c23635f-bb20-4c6f-b08e-a8c963c0d27f' | ACTIVE |
+------+-------------+-----------------------------------------------------+--------+
```

结果列表中存在一个状态为启用（ACTIVE）的无名端口，其是绑定到 DHCP 服务器的端口。

例 13-13　删除一个端口。

```
[root@controller ~]# openstack port delete myport
```

这里可以使用端口的 ID 或者端口名。

13.2.2　虚拟网桥管理

网桥属于 OSI 参考模型的二层设备，类似于交换机，负责连接在它上面的云主机之间的通信。可以采用网桥管理工具包 bridge-utils 中的 brctl 命令管理虚拟网桥。在用 YUM 安装好 bridge-utils 工具包以后，该命令才可以使用。brctl 命令的用法如下。

虚拟网桥管理

```
brctl <操作>
```

表 13-7 所示为网桥管理命令的常用操作及其功能说明。

表 13-7　网桥管理命令的常用操作及其功能说明

常用操作	功能说明
addbr <bridge>	增加网桥
delbr <bridge>	删除网桥

续表

常用操作	功能说明
addif <bridge> <device>	将网卡接入网桥
delif <bridge> <device>	将网卡从网桥上删除
show [<bridge>]	显示网桥信息

例 13-14 查看网桥信息。

第 1 步，查看网络信息。

```
[root@controller ~]# ip a
1: lo: <LOOPBACK,UP,LOWER_UP> mtu 65536 qdisc noqueue state UNKNOWN group
default qlen 1000
    link/loopback 00:00:00:00:00:00 brd 00:00:00:00:00:00
    inet 127.0.0.1/8 scope host lo
        valid_lft forever preferred_lft forever
    inet6 ::1/128 scope host
        valid_lft forever preferred_lft forever
2: ens33: <BROADCAST,MULTICAST,UP,LOWER_UP> mtu 1500 qdisc fq_codel state UP
group default qlen 1000
    link/ether 00:0c:29:56:72:45 brd ff:ff:ff:ff:ff:ff
    inet 192.168.10.10/24 brd 192.168.10.255 scope global noprefixroute ens33
        valid_lft forever preferred_lft forever
    inet6 fe80::20c:29ff:fe56:7245/64 scope link noprefixroute
        valid_lft forever preferred_lft forever
3: ens34: <BROADCAST,MULTICAST,UP,LOWER_UP> mtu 1500 qdisc fq_codel master
brqf015a8b7-cb state UP group default qlen 1000
    link/ether 00:0c:29:56:72:4f brd ff:ff:ff:ff:ff:ff
7: tap10515367-1d@if2: <BROADCAST,MULTICAST,UP,LOWER_UP> mtu 1500 qdisc
noqueue master brqf015a8b7-cb state UP group default qlen 1000
    link/ether 36:c5:cb:ee:38:e5 brd ff:ff:ff:ff:ff:ff link-netns qdhcp-f015a8b7-cb3b-4fc1-a368-
27f84434606a
8: brqf015a8b7-cb: <BROADCAST,MULTICAST,UP,LOWER_UP> mtu 1500 qdisc noqueue
state UP group default qlen 1000
    link/ether 00:0c:29:56:72:4f brd ff:ff:ff:ff:ff:ff
    inet 192.168.20.10/24 brd 192.168.20.255 scope global brqf015a8b7-cb
        valid_lft forever preferred_lft forever
    inet6 fe80::d0d0:6fff:fefd:ab4/64 scope link
        valid_lft forever preferred_lft forever
```

如果有虚拟子网的存在，那么将看到如上网络信息。其中，brp 开头的设备就是网桥，其已经从 ens34 网卡获取了 IP 地址；tap 开头的设备就是端口，其对应的是 DHCP 服务器。

第 2 步，查看网桥信息。

```
[root@controller ~]# brctl show brqf015a8b7-cb
bridge name          bridge id              STP enabled     interfaces
brqf015a8b7-cb       8000.000c2956724f      no              ens34
                                                            tap10515367-1d
```

从上面的结果中可以看到，名为 brqf015a8b7-cb 的网桥目前连接了两个网络设备。其中，tap10515367-1d 是云主机上虚拟化出来的网络端口，目前绑定在 DHCP 服务器上。只有当物理网卡 ens34 和云主机的网络接口都连接在同一个网桥上时，才可以实现云主机和物理机的直接通信。

13.3 项目实施

本项目将利用已经搭建好的 OpenStack 云计算平台创建虚拟网络和子网。整个项目将使用控制节点和计算节点。为了避免在接下来的工作中由于操作不当而造成系统重装的情况出现，在开始本项目前应先拍摄两台节点服务器的快照，以保存前期工作成果。

13.3.1 项目准备

为了能顺利完成项目，需要完成以下两项必要工作。

1. 关闭 VMware 虚拟网络的 DHCP 服务

Neutron 提供了 DHCP 服务，且其 DHCP 服务器和 VMware Workstation 提供的 DHCP 服务器处于同一个网段，两台 DHCP 服务器将使云主机获取不到 Neutron 分配的正确的 IP 地址，因此需要关闭 VMware Workstation 的 DHCP 服务。

项目准备

在弹出的 VMware Workstation 的【虚拟网络编辑器】对话框中选择【VMnet8】（NAT 模式网络）选项，取消选中【使用本地 DHCP 服务将 IP 地址分配给虚拟机】复选框，其结果如图 13-1 所示。

图 13-1　关闭 VMware 虚拟网络的 DHCP 服务

2. 安装网桥管理工具包

在控制节点和计算节点上用以下命令安装 Linux 的网桥管理工具包，其目的是用该工具包中的 brctl 命令检查云主机和 OpenStack 平台的联通情况。

```
# yum -y install bridge-utils
```

13.3.2 用 Dashboard 创建与管理虚拟网络和子网

第 1 步，登录 Dashboard。

在本机浏览器的地址栏中输入 http://192.168.10.20（Dashboard 安装地址），进入图 13-2 所示的【登录】界面。

用 Dashboard 创建
与管理虚拟网络和
子网

图 13-2 【登录】界面

在【域】文本框中输入"Default"，在【用户名】文本框中输入"admin"，在【密码】文本框中输入"000000"，单击【登入】按钮，进入图 13-3 所示的【概况】界面。

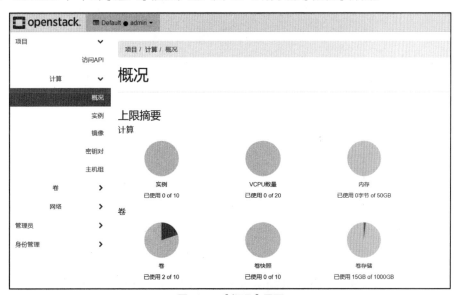

图 13-3 【概况】界面

第 2 步，创建虚拟网络。

首先，在【概况】界面中选择【管理员】→【网络】选项，进入图 13-4 所示的【网络】界面。其次，单击【创建网络】按钮，弹出图 13-5 所示的【创建网络】对话框。

图13-4 【网络】界面

图13-5 【创建网络】对话框

最后，在【名称】文本框中输出新建网络的名称；在【项目】下拉列表中选择【project】选项；在【供应商网络类型】下拉列表中选择【Flat】选项；在【物理网络】文本框中输入【provider】（和/etc/neutron/plugins/ml2/ml2_conf.ini 中的 flat_networks = provider 保持一致）；选中【共享的】和【外部网络】复选框，如图 13-6 所示。

图13-6 【创建网络】对话框设置结果

第3步，创建子网。

首先，在图 13-6 所示的【创建网络】对话框中单击【下一步】按钮，进入图 13-7 所示的【子网】选项卡。

在【子网名称】文本框中输入子网的名称；在【网络地址】文本框中输入外网物理网段【192.168.20.0/24】；在【网关 IP】文本框中输入【192.168.20.2】（在 VMware Workstation 中设置的 NAT 的网关）。

其次，单击【下一步】按钮，进入图 13-8 所示的【子网详情】选项卡，设置 DHCP 服务和 DNS 服务器。

图 13-7 【子网】选项卡

图 13-8 【子网详情】选项卡

选中【激活 DHCP】复选框；在【分配地址池】文本框中输入两个 IP 地址，表示 DHCP 服务分配的 IP 地址范围，第一个 IP 地址是起始 IP 地址，第二个 IP 地址是结束 IP 地址，二者之间以逗号隔开；在【DNS 服务器】文本框中输入中国电信的国内 DNS 服务器 IP 地址【114.114.114.114】。

最后，单击【创建】按钮，完成网络及子网的创建。

第 4 步，查看虚拟网络列表。

图 13-9 所示为现有的虚拟网络列表。

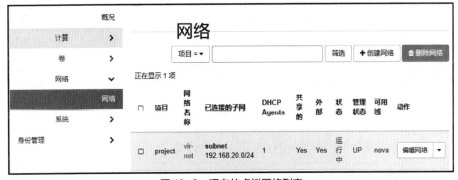

图 13-9 现有的虚拟网络列表

在网络及子网创建完成后将回到【网络】界面，且该界面中会出现网络列表。通过网络列表信息就可以了解目前网络的情况。

13.3.3 用命令模式创建与管理虚拟网络和子网

由于只能创建一个 Flat 网络，因此首先要查看现有的网络情况，如果存在网络，则可以先将其删除，再完成创建虚拟网络与子网的任务。本小节任务均在控制节点上完成。

1. 查看虚拟网络与子网

第 1 步，模拟登录。

```
[root@controller ~]# . admin-login
```

用命令模式创建与管理虚拟网络和子网

第 2 步，使用以下命令查看现有虚拟网络列表。

```
[root@controller ~]# openstack network list
+--------------------------------------+----------+--------------------------------------+
| ID                                   | Name     | Subnets                              |
+--------------------------------------+----------+--------------------------------------+
| 0ddeb367-6baf-4bde-9d6c-1834192a229f | vir-net  | 1fd1beda-c8eb-4bb4-a17c-382520705471 |
+--------------------------------------+----------+--------------------------------------+
```

第 3 步，使用以下命令查看现有子网列表。

```
[root@controller ~]# openstack subnet list
+--------------------------------------+--------+--------------------------------------+----------------+
| ID                                   | Name   | Network                              | Subnet         |
+--------------------------------------+--------+--------------------------------------+----------------+
| 1fd1beda-c8eb-4bb4-a17c-382520705471 | subnet | 0ddeb367-6baf-4bde-9d6c-1834192a229f | 192.168.20.0/24 |
+--------------------------------------+--------+--------------------------------------+----------------+
```

第 4 步，使用以下命令查看现有网络接口列表。

```
[root@controller ~]# openstack port list
```

2. 删除虚拟网络

由于已经用 Dashboard 创建了一个 Flat 虚拟网络，Flat 类型的网络需要独占一块物理网卡，因此不能直接创建第二个 Flat 虚拟网络，而应先删除已存在的 Flat 虚拟网络。

通过查询现有虚拟网络列表，可以知道现有虚拟网络的 ID 为 0ddeb367-6baf-4bde-9d6c-1834192a229f。使用以下命令删除虚拟网络。

```
[root@controller ~]# openstack network delete   0ddeb367-6baf-4bde-9d6c-1834192a229f
```

3. 创建虚拟网络及子网

第 1 步，使用以下命令创建虚拟网络。

```
[root@controller ~]# openstack network create --share --external --provider-physical-
network provider --provider-network-type flat vm-network
```

第 2 步，使用以下命令查看虚拟网络，以获得网络的 ID。

```
 [root@controller ~]# openstack network list
+--------------------------------------+------------+----------+
| ID                                   | Name       | Subnets  |
+--------------------------------------+------------+----------+
| b384fc1f-0c65-4624-9aa3-2b874bb38c07 | vm-network |          |
+--------------------------------------+------------+----------+
```

第 3 步，创建虚拟子网。

Flat 网络需要子网和外部网络处于同一个网段，因此子网也采用了 192.168.20.0/24 网段。使用以下命令创建虚拟子网。

```
[root@controller ~]# openstack subnet create --network vm-network --allocation-pool
start=192.168.20.100,end=192.168.20.200 --dns-nameserver 114.114.114.114 --gateway
192.168.20.2 --subnet-range 192.168.20.0/24 vm-subnetwork
```

第 4 步，使用以下命令查看虚拟子网信息。

```
[root@controller ~]# openstack subnet list
+--------------------------------------+---------------+--------------------------------------+----------------+
| ID                                   | Name          | Network                              | Subnet         |
+--------------------------------------+---------------+--------------------------------------+----------------+
| 3833d890-29c7-446b-a3ed-cf0651ca8f6e | vm-subnetwork | b384fc1f-0c65-4624-9aa3-2b874bb38c07 | 192.168.20.0/24 |
+--------------------------------------+---------------+--------------------------------------+----------------+
```

这里可以看到已经创建好的子网信息，包括其 ID 及网段信息。

4．网桥管理

第 1 步，查看网络情况。

```
[root@controller ~]# ip a
1: lo: <LOOPBACK,UP,LOWER_UP> mtu 65536 qdisc noqueue state UNKNOWN group
default qlen 1000
    link/loopback 00:00:00:00:00:00 brd 00:00:00:00:00:00
    inet 127.0.0.1/8 scope host lo
        valid_lft forever preferred_lft forever
    inet6 ::1/128 scope host
        valid_lft forever preferred_lft forever
2: ens33: <BROADCAST,MULTICAST,UP,LOWER_UP> mtu 1500 qdisc pfifo_fast state UP
group default qlen 1000
    link/ether 00:0c:29:2c:90:ab brd ff:ff:ff:ff:ff:ff
    inet 192.168.10.10/24 brd 192.168.10.255 scope global noprefixroute ens33
        valid_lft forever preferred_lft forever
    inet6 fe80::b135:e7f6:e08d:8be5/64 scope link noprefixroute
        valid_lft forever preferred_lft forever
3: ens34: <BROADCAST,MULTICAST,PROMISC,UP,LOWER_UP> mtu 1500 qdisc pfifo_fast
master brq25fa18a1-55 state UP group default qlen 1000
    link/ether 00:0c:29:2c:90:b5 brd ff:ff:ff:ff:ff:ff
7: tapf3724d62-00@if2: <BROADCAST,MULTICAST,UP,LOWER_UP> mtu 1500 qdisc
noqueue master brq25fa18a1-55 state UP group default qlen 1000
    link/ether f2:f6:e5:89:93:8b brd ff:ff:ff:ff:ff:ff link-netnsid 0
8: brq25fa18a1-55: <BROADCAST,MULTICAST,UP,LOWER_UP> mtu 1500 qdisc noqueue
state UP group default qlen 1000
    link/ether 00:0c:29:2c:90:b5 brd ff:ff:ff:ff:ff:ff
    inet 192.168.20.10/24 brd 192.168.20.255 scope global brq25fa18a1-55
        valid_lft forever preferred_lft forever
    inet6 fe80::486a:9eff:fe48:7ab6/64 scope link
        valid_lft forever preferred_lft forever
```

OpenStack 中的网桥名是以 brq 开头的一串数值。可以看到，目前系统中已经存在名为 brq25fa18a1-55 的网桥。另外，系统中还存在一个以 tap 开头的名为 tapf3724d62-00 的云主机虚拟接口。如果没有看到这两个设备，那么可能是因为系统正在构建网桥，可以稍等片刻后再次查看。

第 2 步，使用以下命令查看网桥情况。

```
[root@controller ~]# brctl show
bridge name        bridge id              STP enabled     interfaces
brq25fa18a1-55                8000.000c292c90b5          no              ens34
                                                         tapf3724d62-00
```

可以看到该网桥有两个设备（interfaces）连接在上面。其中，一个是 ens34 物理网卡；另一个是 tapf3724d62-00，其是与云主机连接的网络端口，在控制节点中绑定的是 DHCP 虚拟服务器。网桥类似于标准的交换机，其将连接在其上的物理机和云主机关联到一起，使它们可以实现相互通信。

> **注意** 只有当云主机创建出来以后，计算节点上才会创建网桥。

13.4　项目小结

项目小结

　　虚拟网络是由网络、子网、端口构成的。网络与子网是一对多的关系，即一个网络可以拥有多个子网，而一个子网只能属于一个网络。子网与端口也是一对多的关系，即一个子网可以有多个端口，而一个端口只能属于一个子网。云主机是通过端口和网络相连的。在创建虚拟网络的过程中，OpenStack 将自动创建相应网桥，以将云主机挂载到网络的端口上。对 OpenStack 云计算平台的运维，一般采用 Dashboard 和命令模式这两种方式。

　　本项目带领读者用 Dashboard 和命令模式这两种方式完成了一个 Flat 类型的虚拟网络的构建工作。由于系统只能创建一个 Flat 类型的网络，因此应先检查系统中是否已经存在 Flat 类型的网络。如果有，则应先删除该网络，再新建虚拟网络，包括新建网络、子网和端口。最后查看网桥情况，以确保虚拟机的虚拟端口和物理网卡均连接在该网桥上。

13.5　项目练习题

1. 选择题

（1）网桥位于 OSI 参考模型的第（　　　）层。

　　A. 1　　　　　　　　B. 2　　　　　　　　C. 3　　　　　　　　D. 4

（2）Flat 类型的网络位于 OSI 参考模型的第（　　　）层。

　　A. 1　　　　　　　　B. 2　　　　　　　　C. 3　　　　　　　　D. 4

（3）如果网络中存在（　　　），则不能直接删除。

　　A. 网络　　　　　　　B. 子网　　　　　　　C. 端口　　　　　　　D. 网桥

（4）如果要查看一个子网的详细信息，则应使用 openstack subnet 命令的（　　　）操作。

　　A. create　　　　　　B. delete　　　　　　C. set　　　　　　　D. show

2. 填空题

（1）一个网络可以有＿＿＿＿＿个子网。

（2）一个端口属于＿＿＿＿＿个子网。

（3）要删除一个子网，除了可以通过其名称进行删除外，还可以通过＿＿＿＿＿实现。

（4）查看 br1 网桥信息的命令是＿＿＿＿＿。

3. 实训题

（1）创建一个网桥，并将网卡挂载上去。

（2）删除第（1）题创建的网桥。

项目14
实例类型管理

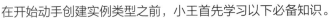

学习目标

【知识目标】
（1）了解实例类型的功能。
（2）理解实例类型的管理命令。

【技能目标】
（1）能够用Dashboard运维实例类型。
（2）能够用命令模式运维实例类型。

学习目标

引例描述

在用OpenStack云计算平台创建云主机之前，小王突然想到，用户对云主机的需求是多种多样的，如不同的用户需要不同大小的内存、不同的磁盘和不同运算速度的云主机，如何向云计算平台定制各种满足用户不同需求的云主机呢？

引例描述

14.1 项目陈述

人们组装计算机时，通常会根据配置清单采购对应的硬件；同样，在创建云主机时，也会按照一个配置清单（模板）去创建，该配置清单就是实例类型。通常，一个 OpenStack 云计算平台会先创建很多种实例类型，以满足不同用户的不同硬件配置需要。

在开始动手创建实例类型之前，小王首先学习以下必备知识。
（1）通过"实例类型的基本概念"学习什么是实例类型，了解实例类型的功能。
（2）通过"管理实例类型"学习如何创建与管理实例类型，理解实例类型管理的命令。

最后，在项目实施环节，小王将在项目操作手册的指导下，通过 Dashboard 和命令模式两种方式完成实例类型的运维工作。

项目陈述

14.2 必备知识

14.2.1 实例类型的基本概念

实例类型（Flavor）类似于云主机的虚拟硬件配置模板。实例类型定义了包括内存和磁盘大小、CPU 个数等的云主机信息。OpenStack 云计算平台依据实例类型来批量生产云主机。OpenStack M

版及之前的云计算平台系统存在默认的实例类型，如表 14-1 所示。而从 OpenStack N 版以后就没有默认的实例类型了，需要系统管理员自行定义。

表 14-1 OpenStack M 版及之前的云计算平台系统存在的默认的实例类型

实例类型	虚拟 CPU/个	磁盘/GB	内存/MB
m1.tiny	1	1	512
m1.small	1	20	2048
m1.medium	2	40	4096
m1.large	4	80	8192

14.2.2 管理实例类型

实例类型只能由具有 Admin 权限的用户管理。通常，实例类型管理包括创建、删除、查询等。可使用以下命令对 OpenStack 的实例类型进行管理。

openstack flavor <操作> [选项] <实例类型名>

管理实例类型

表 14-2 和表 14-3 所示为实例类型管理命令的常用操作、常用选项及其功能说明。

表 14-2 实例类型管理命令的常用操作及其功能说明

常用操作	功能说明
create	创建新实例类型
delete	删除实例类型
list	列出已有的实例类型列表
show	显示实例类型的详细信息

表 14-3 实例类型管理命令的常用选项及其功能说明

常用选项	功能说明
--h	显示帮助信息
--id	设置实例类型的 ID，默认值为 auto
--ram <size-mb>	设置内存大小，以 MB 为单位
--disk <size-gb>	设置磁盘大小，以 GB 为单位
--swap <size-mb>	设置交换分区大小，以 MB 为单位
--vcpus <vcpus>	虚拟 CPU 个数，默认值为 1
--public	公有的，允许实例类型被其他项目使用，此为默认值
--private	私有的，和公有的相反，该实例类型不允许被其他项目使用

下面给出几个常见的实例类型管理。

例 14-1 创建一个名为 m1.tiny 的公有实例类型。

```
# openstack flavor create --id auto --vcpus 1 --ram 512 --disk 1 m1.tiny
+----------------------------+--------------------------------------+
| Field                      | Value                                |
+----------------------------+--------------------------------------+
| OS-FLV-DISABLED:disabled   | False                                |
| OS-FLV-EXT-DATA:ephemeral  | 0                                    |
| disk                       | 1                                    |
| id                         | b774e107-267d-49b9-b6bf-fd3ef190b3ef |
```

```
| name                       | m1.tiny                          |
| os-flavor-access:is_public | True                             |
| properties                 |                                  |
| ram                        | 512                              |
| rxtx_factor                | 1.0                              |
| swap                       |                                  |
| vcpus                      | 1                                |
+----------------------------+----------------------------------+
```

以上代码创建了具有一个 CPU、512MB 内存、1GB 磁盘的实例类型。由于"--public"是默认选项，因此这里创建的是一个可以多项目共享的实例类型。

例 14-2　查看已存在的实例类型列表。

```
# openstack flavor list
+--------------------------------------+---------+-----+------+-----------+-------+-----------+
| ID                                   | Name    | RAM | Disk | Ephemeral | VCPUs | Is Public |
+--------------------------------------+---------+-----+------+-----------+-------+-----------+
| b774e107-267d-49b9-b6bf-fd3ef190b3ef | m1.tiny | 512 |    1 |         0 |     1 | True      |
+--------------------------------------+---------+-----+------+-----------+-------+-----------+
```

例 14-3　删除 m1.tiny 实例类型。

```
# openstack flavor delete m1.tiny
```

删除实例类型时，既可以通过实例类型名实现，又可以通过实例类型的 ID 实现。

14.3　项目实施

本项目将利用已经搭建好的 OpenStack 云计算平台创建实例类型，将使用到控制节点。为了避免在接下来的工作中由于操作不当而造成需要重装系统的情况出现，在开始本项目前应对控制节点服务器拍摄快照以保存前期工作成果。

14.3.1　用 Dashboard 创建与管理实例类型

用 Dashboard 创建与管理实例类型

1. 创建实例类型

第 1 步，进入【实例类型】界面。登录 Dashboard，在主界面左侧导航栏中选择【管理员】（运维人员）→【计算】→【实例类型】选项，进入图 14-1 所示的【实例类型】界面。

图 14-1　【实例类型】界面

第 2 步，设置实例类型信息。单击【创建实例类型】按钮，弹出图 14-2 所示的【创建实例类型】对话框，在其中可以设置实例类型中的 CPU、内存、磁盘等信息。

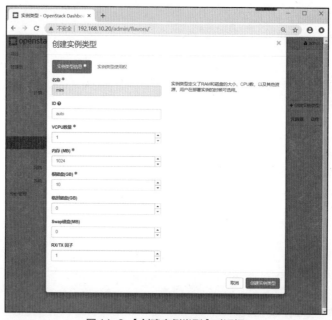

图14-2 【创建实例类型】对话框

可以按图 14-2 所示设置实例类型的 CPU、内存、磁盘等信息，也可以根据自己的硬件配置进行设置。例如，当计算节点的内存为 4GB 时，这里实例类型的内存不要超过 1GB，否则可能会由于所剩内存太少而导致 OpenStack 云计算平台无法正常运行。

第 3 步，完成实例类型创建。单击图 14-2 所示对话框中的【创建实例类型】按钮，完成实例类型的创建任务。创建成功后将自动回到【实例类型】界面，在其中可以看到新建的实例类型列表，如图 14-3 所示。

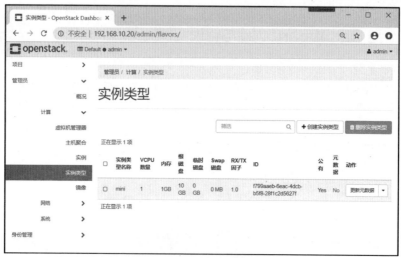

图14-3 实例类型列表

在实际工作中，可以由系统管理员预先创建多种实例类型，以满足用户创建不同云主机的需要。

2. 删除实例类型

第 1 步，选择要删除的实例类型。进入【实例类型】界面，选择要删除的实例类型，如图 14-4 所示。

图 14-4　选择要删除的实例类型

第 2 步，删除实例类型。单击【删除实例类型】按钮，弹出图 14-5 所示的【确认删除实例类型】对话框，单击【删除实例类型】按钮即可。

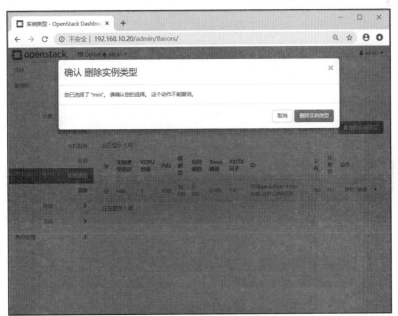

图 14-5　【确认删除实例类型】对话框

14.3.2　用命令模式创建与管理实例类型

1. 用命令模式查看实例类型

第 1 步，导入环境变量，模拟登录。

操作 OpenStack 组件时若出现"Missing value auth-url required for auth plugin password"等提示信息，表示还没有登录，此时需要引入环境变量使 Keystone 认证，以实现登录。使用 source 或者"."都可以执行环境变量导入操作，代码如下。

用命令模式创建与
管理实例类型

```
[root@controller ~]# source admin-login
```

第2步，查看现存的实例类型列表。

```
[root@controller ~]# openstack flavor list
+--------------------------------------+------+------+------+-----------+-------+-----------+
| ID                                   | Name | RAM  | Disk | Ephemeral | VCPUs | Is Public |
+--------------------------------------+------+------+------+-----------+-------+-----------+
| 268d758b-8e1e-4909-814b-d12f8d96d2b8 | mini | 1024 |   10 |         0 |     1 | True      |
+--------------------------------------+------+------+------+-----------+-------+-----------+
```

2. 用命令模式删除实例类型

当查询的实例类型列表中有数据时，可将该实例类型删除。例如，在上面的实例类型列表中存在一个名为 mini 的实例类型，其 ID 是 268d758b-8e1e-4909-814b-d12f8d96d2b8。复制该 ID，并使用以下命令将该实例类型删除。

```
[root@controller ~]# openstack flavor delete 268d758b-8e1e-4909-814b-d12f8d96d2b8
```

3. 用命令模式创建实例类型

使用以下命令创建一个实例类型。

```
[root@controller ~]# openstack flavor create --id auto --vcpus 1 --ram 1024 --disk 10
myflavor
+----------------------------+--------------------------------------+
| Field                      | Value                                |
+----------------------------+--------------------------------------+
| OS-FLV-DISABLED:disabled   | False                                |
| OS-FLV-EXT-DATA:ephemeral  | 0                                    |
| disk                       | 10                                   |
| id                         | 9c56a792-6ca6-431e-943e-cc05df2e13aa |
| name                       | myflavor                             |
| os-flavor-access:is_public | True                                 |
| properties                 |                                      |
| ram                        | 1024                                 |
| rxtx_factor                | 1.0                                  |
| swap                       |                                      |
| vcpus                      | 1                                    |
+----------------------------+--------------------------------------+
```

4. 用命令模式查看实例类型详情

第1步，查看实例类型列表。

```
[root@controller ~]# openstack flavor list
+--------------------------------------+----------+------+------+-----------+-------+-----------+
| ID                                   | Name     | RAM  | Disk | Ephemeral | VCPUs | Is Public |
+--------------------------------------+----------+------+------+-----------+-------+-----------+
| 9c56a792-6ca6-431e-943e-cc05df2e13aa | myflavor | 1024 |   10 |         0 |     1 | True      |
+--------------------------------------+----------+------+------+-----------+-------+-----------+
```

第2步，查看实例类型详情信息。

```
[root@controller ~]# openstack flavor show myflavor
+----------------------------+--------------------------------------+
| Field                      | Value                                |
+----------------------------+--------------------------------------+
| OS-FLV-DISABLED:disabled   | False                                |
```

```
| OS-FLV-EXT-DATA:ephemeral      | 0                                        |
| access_project_ids             | None                                     |
| disk                           | 10                                       |
| id                             | 9c56a792-6ca6-431e-943e-cc05df2e13aa     |
| name                           | myflavor                                 |
| os-flavor-access:is_public     | True                                     |
| properties                     |                                          |
| ram                            | 1024                                     |
| rxtx_factor                    | 1.0                                      |
| swap                           |                                          |
| vcpus                          | 1                                        |
+--------------------------------+------------------------------------------+
```

14.4 项目小结

实例类型是一种生成云主机时使用的硬件配置模板，Nova 将根据它创建相同配置的云主机。实例类型只能由管理员进行管理。通常，对实例类型的管理包括创建、查询、删除等。实例类型可以通过 Dashboard 的图形化界面或者命令模式进行管理。

本项目带领读者用 Dashboard 和命令模式两种方式完成了实例类型的基础运维工作，包括实例类型的列表查询、实例类型的创建与删除等。

项目小结

14.5 项目练习题

1. 选择题

（1）OpenStack（　　）版及以前的云计算平台系统存在默认的实例类型。
　　A. F　　　　　　　　B. H　　　　　　　　C. M　　　　　　　　D. Q

（2）以下（　　）是 openstack flavor 命令的删除操作。
　　A. list　　　　　　　B. show　　　　　　C. delete　　　　　　D. set

（3）以下（　　）是 openstack flavor 命令的创建操作。
　　A. create　　　　　　B. show　　　　　　C. delete　　　　　　D. set

（4）以下（　　）是 openstack flavor 命令的查询列表操作。
　　A. list　　　　　　　B. show　　　　　　C. delete　　　　　　D. set

2. 填空题

（1）实例类型只能被_____用户管理。

（2）创建实例类型时的内存默认单位为_____。

（3）删除一个实例类型时，除了可以通过其名称进行删除外，还可以通过_____实现。

3. 实训题

创建一个内存为 500MB、磁盘为 20GB、两个 CPU 的实例类型。

项目15
云主机管理

15

学习目标

【知识目标】

（1）了解云主机与快照管理命令。

（2）了解云主机控制台。

【技能目标】

（1）能够用Dashboard创建与管理云主机。

（2）能够用命令模式创建与管理云主机。

（3）能够用Dashboard创建与管理快照。

（4）能够用命令模式创建与管理快照。

学习目标

引例描述

此时，创建云主机所需要的网络和实例类型都已经创建好，接下来即可用OpenStack云计算平台创建云主机。小王非常急切地想立刻拥有自己的云主机。此时，他又有了新的思考，云主机存在于网络之上，它是看不见、摸不着的，该如何使用它呢？OpenStack云计算平台创建的云主机是否能像普通计算机一样使用呢？其开关机怎么实现？系统出了问题该如何快速恢复系统？

引例描述

//// **15.1** 项目陈述

本项目将使用 OpenStack 云计算平台创建云主机。创建云主机有两种方式，即通过 Dashboard 提供的图形化界面或者通过命令模式。同样的，管理云主机也可以通过这两种方式进行。这两种方式也是运维人员必须掌握的。另外，OpenStack 云计算平台提供了快照功能。此功能可以保存云主机某个时刻的状态，可以快速创建新的云主机或者重建原来的云主机。该功能需要运维人员熟练使用。

项目陈述

在开始动手创建云主机和管理云主机之前，小王首先学习以下必备知识。

（1）通过"云主机与快照管理"学习云主机和快照的各种管理命令。

（2）通过"云主机控制台"学习两种连接云主机的工具。

最后，在项目实施环节，小王将在项目操作手册的指导下，通过 Dashboard 和命令模式两种方式完成云主机及快照的创建与运维工作。

15.2 必备知识

15.2.1 云主机与快照管理

1. 云主机管理

云主机管理是 OpenStack 云计算平台的核心功能，通常，云主机管理包括创建、删除、查询等。可使用以下命令对 OpenStack 的云主机进行管理。

云主机与快照管理

`openstack server <操作> <云主机名> [选项]`

表 15-1 和表 15-2 所示为云主机管理命令的常用操作、常用选项及其功能说明。

表 15-1　云主机管理命令的常用操作及其功能说明

常用操作	功能说明
create	创建云主机
delete	删除云主机
list	列出已有的云主机列表
start	开启云主机
stop	关闭云主机
lock	锁住云主机
unlock	解锁云主机
pause	暂停云主机，将当前状态保存到内存中
unpause	取消暂停云主机
reboot	重启云主机
rebuild	重建云主机
rescue	修复云主机
unrescue	取消修复云主机
resize	调整云主机规格
restore	还原云主机
suspend	挂起云主机，将当前状态保存到磁盘中
resume	取消挂起云主机
show	查看云主机的详细信息

表 15-2　云主机管理命令的常用选项及其功能说明

常用选项	功能说明
--h	显示帮助信息
--image <image>	创建云主机时用到的镜像
--flavor <flavor>	创建云主机时用到的实例类型
--volume <volume>	创建云主机时用到的卷
--snapshot <snapshot>	创建云主机时用到的快照
--security-group <security-group>	创建云主机时用到的安全组
--host <host>	指定某台服务器创建云主机

常用选项	功能说明
--network \<network\>	云主机连接的网络
--port \<port\>	云主机连接的端口
--nic \<net-id=net-uuid,v4-fixed-ip=ip-addr, v6-fixed-ip=ip-addr,port-id=port-uuid,auto,none\>	该选项用于设置云主机的网络属性：net-id 为云主机连接的网络；v4-fixed-ip、v6-fixed-ip 为绑定的 IP 地址；port-id 为云主机连接的端口；auto 为自动连接网络；none 为不连接网络
--key-name \<key-name\>	将密钥对注入云主机

下面给出常见的云主机管理实例。

例 15-1　用 cirros 镜像和 myflavor 实例类型创建一台名为 VM_host 的云主机。

```
[root@controller ~]# openstack server create VM_host --image cirros --flavor myflavor
--network vm-network
+-------------------------------+---------------------------------------------------+
| Field                         | Value                                             |
+-------------------------------+---------------------------------------------------+
| OS-DCF:diskConfig             | MANUAL                                            |
| OS-EXT-AZ:availability_zone   |                                                   |
| OS-EXT-SRV-ATTR:host          | None                                              |
| OS-EXT-SRV-ATTR:hypervisor_hostname | None                                        |
| OS-EXT-SRV-ATTR:instance_name |                                                   |
| OS-EXT-STS:power_state        | NOSTATE                                           |
| OS-EXT-STS:task_state         | scheduling                                        |
| OS-EXT-STS:vm_state           | building                                          |
| OS-SRV-USG:launched_at        | None                                              |
| OS-SRV-USG:terminated_at      | None                                              |
| accessIPv4                    |                                                   |
| accessIPv6                    |                                                   |
| addresses                     |                                                   |
| adminPass                     | GPi4z7DtTXmJ                                       |
| config_drive                  |                                                   |
| created                       | 2024-04-23T14:38:00Z                              |
| flavor                        | myflavor (9c56a792-6ca6-431e-943e-cc05df2e13aa)   |
| hostId                        |                                                   |
| id                            | c10a6cc6-8176-43ed-9b47-3e882e4e0903              |
| image                         | cirros (9ab1bb2f-3256-4f5e-b9ae-8150cd6f7029)     |
| key_name                      | None                                              |
| name                          | VM_host                                           |
| progress                      | 0                                                 |
| project_id                    | 10702e8c9e024bcf909aaa83c5fc0736                  |
| properties                    |                                                   |
| security_groups               | name='default'                                    |
| status                        | BUILD                                             |
| updated                       | 2024-04-23T14:38:00Z                              |
| user_id                       | 313b46f5e2cf4eb9b831b95975c46e5f                  |
```

```
| volumes_attached         |                    |
+--------------------------+--------------------+------------------------------+
```

例 15-2　查看已存在的云主机列表。

```
[root@controller ~]# openstack server list
+--------------------------------------+---------+--------+------------------------------+--------+----------+
| ID                                   | Name    | Status | Networks                     | Image  | Flavor   |
+--------------------------------------+---------+--------+------------------------------+--------+----------+
| c10a6cc6-8176-43ed-9b47-3e882e4e0903 | VM_host | ACTIVE | vm-network=192.168.20.114    | cirros | myflavor |
+--------------------------------------+---------+--------+------------------------------+--------+----------+
```

例 15-3　重启云主机。

在 OpenStack 云计算平台中重启云主机有两种方式，即软重启和硬重启。软重启会尝试正常关机并重启云主机，硬重启会直接将云主机"断电"并重启。

软重启云主机的命令如下，可以通过云主机名或者云主机 ID 进行操作。

```
# openstack server reboot VM_host
```

硬重启云主机的命令如下，可以通过云主机名或者云主机 ID 进行操作。

```
# openstack server reboot VM_host --hard
```

其中，"--hard"选项代表采用硬重启方式。

例 15-4　暂停与挂起云主机。

暂停是将云主机的当前状态存入内存，并停用云主机。暂停后可以取消暂停，将云主机恢复到暂停前的状态并启用。挂起是将云主机当前状态存放到磁盘中，并停用云主机。挂起后可以取消挂起，将云主机恢复到挂起前的状态并启用。

暂停云主机的命令如下，可以通过云主机名或者云主机 ID 进行操作。

```
# openstack server pause VM_host
```

取消暂停云主机的命令如下，可以通过云主机名或者云主机 ID 进行操作。

```
# openstack server unpause VM_host
```

挂起云主机的命令如下，可以通过云主机名或者云主机 ID 进行操作。

```
# openstack server suspend VM_host
```

取消挂起云主机的命令如下，可以通过云主机名或者云主机 ID 进行操作。

```
# openstack server resume VM_host
```

例 15-5　关闭与开启云主机。

关闭云主机的命令如下，可以通过云主机名或者云主机 ID 进行操作。

```
# openstack server stop VM_host
```

开启云主机的命令如下，可以通过云主机名或者云主机 ID 进行操作。

```
# openstack server start VM_host
```

例 15-6　重建云主机。

如果已存在的云主机出现了故障，则可以通过重建操作还原云主机。重建云主机的命令如下，可以通过云主机名或者云主机 ID 进行操作。

```
# openstack server rebuild VM_host --image cirros
```

例 15-7　删除云主机。

删除云主机的命令如下，可以通过云主机名或者云主机 ID 进行操作。

```
# openstack server delete VM_host
```

2. 快照管理

通过对云主机进行拍摄快照操作可以获得一个镜像，而该镜像可以用来还原云主机或者创建新的云主机。使用以下命令对 OpenStack 云主机进行快照拍摄操作。

```
openstack server image create <快照名> [选项]
```

下面用例子演示如何拍摄快照。

例 15-8　为云主机 VM_host 拍摄快照，生成 vmSnapshot 镜像。

```
# openstack server image create VM_host --name vmSnapshot
```

生成的镜像可以通过 Glance 进行管理。使用以下命令查看镜像列表，可以看到刚创建的镜像。

```
# openstack image list
+--------------------------------------+-------------+--------+
| ID                                   | Name        | Status |
+--------------------------------------+-------------+--------+
| 9ab1bb2f-3256-4f5e-b9ae-8150cd6f7029 | cirros      | active |
| 0ce3659e-f131-4d01-a5b4-bfbbc6d176c2 | vmSnapshot  | active |
+--------------------------------------+-------------+--------+
```

15.2.2　云主机控制台

有了云主机以后如何使用它们呢？特别是当云主机还没有配置好网络，外网无法访问它们时，如何进入云主机完成网络配置或故障调试等操作呢？这里介绍两种 OpenStack 自带的云主机控制台工具的使用方法。

云主机控制台

1. Dashboard 的云主机控制台

云主机控制台是 Dashboard 提供的一个连接到云主机的工具，其实际调用的是在 Nova 中配置的 VNC 服务。下面演示如何进入控制台并登录云主机。

第 1 步，登录 Dashboard 后，进入【实例】界面。登录后，在主界面左侧导航栏中选择【项目】→【计算】→【实例】选项，进入图 15-1 所示的【实例】界面，这里的实例即云主机。

图 15-1　【实例】界面

第 2 步，选择要登录的实例，进入【概况】选项卡。单击要管理的云主机的实例名称，进入图 15-2 所示的【概况】选项卡。

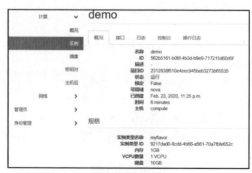

图 15-2　【概况】选项卡

第 3 步，进入控制台。首先，打开【控制台】选项卡，如图 15-3 所示。

图 15-3 【控制台】选项卡

其次，单击【点击此处只显示控制台】超链接，使控制台在浏览器中全屏显示，如图 15-4 所示。

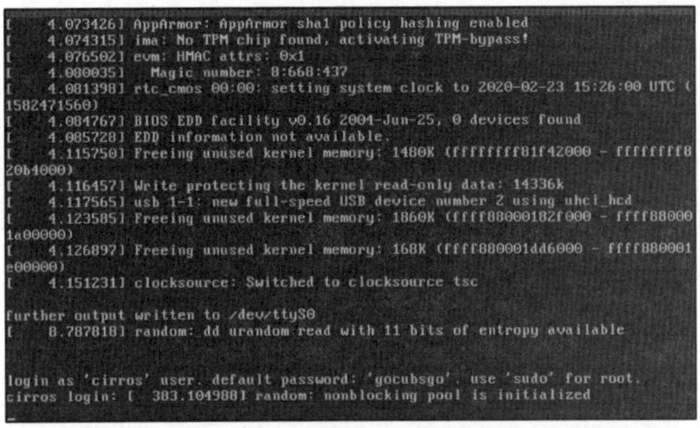

图 15-4 全屏显示实例控制台

第 4 步，登录云主机。云主机启动完成后，用 CirrOS 用户 cirros 及其密码 gocubsgo 登录系统。登录云主机成功后的实例控制台如图 15-5 所示。

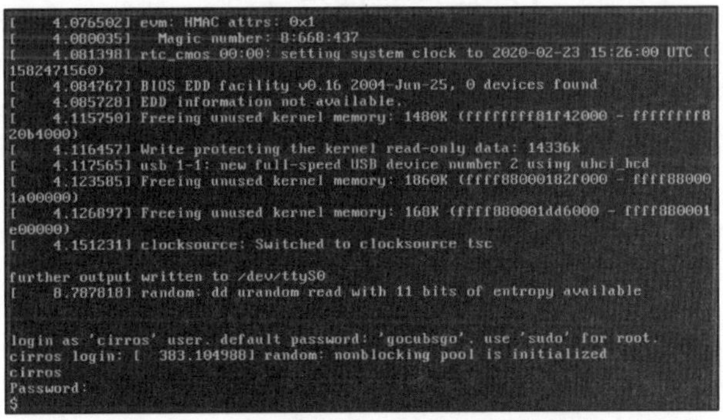

图 15-5 登录云主机成功后的实例控制台

当登录成功出现"$"后，即可对该云主机执行和使用本地机一样的操作。

2. virsh 云主机管理工具

virsh 是由 Libvirt 软件包提供的管理工具，提供了对云主机的一系列管理功能，如对云主机的启动、删除、控制、监控等。virsh 的功能强大，管理命令也比较复杂，下面仅以两个例子阐述如何用 virsh 连接到某个虚拟机并操作它。Libvirt 软件包在计算节点上已经安装，virsh 的管理命令从计算节点发起。

例 15-9　查看已经启动的云主机列表。

```
[root@compute ~]# virsh list
Id     Name                            State
-------------------------------------------------------------
 1      instance-00000001               running
```

从结果中可以看到，有一台名为 instance-00000001 的云主机处于运行（running）状态，这台云主机的 ID 为 1，此后可以通过该 ID 连接该云主机。

例 15-10　用 virsh 连接 ID 为 1 的云主机。

```
[root@compute ~]# virsh console 1
连接到域 instance-00000001
Escape character is ^] (Ctrl + ])
```

按 Enter 键以后，等待登录。

```
login as 'cirros' user. default password: 'gocubsgo'. use 'sudo' for root.
vm-host login:
```

用 CirrOS 用户 cirros 及其密码 gocubsgo 登录系统，登录成功后会显示"$"，在其后即可输入相应的系统管理命令。

```
login as 'cirros' user. default password: 'gocubsgo'. use 'sudo' for root.
vm-host login: cirros
Password:
$
```

退出控制台时，按 Ctrl+]组合键即可。

15.3　项目实施

本项目将利用已经搭建好的 OpenStack 云计算平台创建云主机并进行简单运维，将使用控制节点与计算节点。为了避免在接下来的工作中由于操作不当而造成需要重装系统的情况出现，在开始本项目前应对控制节点与计算节点服务器拍摄快照以保存前期工作成果。

15.3.1　用 Dashboard 创建与管理云主机

用 Dashboard 创建
与管理云主机

1. 用 Dashboard 创建云主机

第 1 步，进入【实例】界面。登录 Dashboard，在主界面左侧导航栏中选择【项目】→【计算】→【实例】选项，进入图 15-6 所示的【实例】界面。

图 15-6　【实例】界面

第 2 步，填写实例详情。单击【创建实例】按钮，弹出【创建实例】对话框，显示图 15-7 所示的【详情】选项卡。

图 15-7 【详情】选项卡

图 15-7 中，在【实例名称】文本框中可以根据需要自由填写；【描述】文本框为选填；如果输入的实例【数量】大于 1，则会一次性建立多台云主机，但如果内存不够，则此值不宜设置得太大。

第 3 步，设置卷和镜像源。单击【下一步】按钮，进入图 15-8 所示的【源】选项卡，进行镜像源和卷设置。

图 15-8 【源】选项卡

在【选择源】下拉列表中保持选择【Image】选项。如果【创建新卷】选择【是】选项，则会被要求定义卷信息，在【卷大小（GB）】文本框中设置一个合适的卷大小（要小于可用的卷组），并在【删除实例时删除卷】处选择【是】选项。在【可用配额】选项组中能看到已经创建好的镜像，如这里的 cirros 镜像。单击【↑】按钮，将其由【可用配额】选项组移动到【已分配】选项组。

第 4 步，选择实例类型。单击【下一步】按钮，进入图 15-9 所示的【实例类型】选项卡，进行实例类型选择。

图 15-9 【实例类型】选项卡

在【可用配额】选项组中可以看到已创建好的实例类型列表，选择其中一个实例类型，将其由【可用配额】选项组移动到【已分配】选项组。

第 5 步，选择网络。单击【下一步】按钮，进入图 15-10 所示的【网络】选项卡，进行网络选择。

图 15-10 【网络】选项卡

在【可用配额】选项组中可以看到已创建好的网络列表，选择其中一个网络，将其由【可用配额】选项组移动到【已分配】选项组。如果只有一个网络，则系统将自动分配该网络。

第 6 步，创建云主机（实例）。单击【创建实例】按钮，开始创建实例，将进入图 15-11 所示的实例孵化界面。

图 15-11 实例孵化界面

经过短暂的孵化过程后，实例创建成功，如图 15-12 所示。

图 15-12　实例创建成功

如果一直处于图 15-11 所示的孵化状态，则说明创建失败，应检查 Nova 和 Neutron 相关日志文件。

2. 用 Dashboard 管理云主机

登录 Dashboard 后，在主界面左侧导航栏中选择【项目】→【计算】→【实例】选项，进入【实例】界面。在【实例】界面的【动作】下拉列表中选择相应的动作，如图 15-13 所示。

图 15-13　【动作】下拉列表

下面选择几个云主机的常见动作进行演示。

（1）重启云主机

重启云主机包括软重启和硬重启两种。二者的区别在于软重启不用先关闭电源再重启，而硬重启是模拟关闭电源后重启。在云主机开机的情况下，可以选择【软重启实例】或【硬重启实例】选项。选择【硬重启实例】选项，将弹出图 15-14 所示的【确认 硬重启实例】对话框；选择【软重启实例】选项，将弹出图 15-15 所示的【确认 软重启实例】对话框。

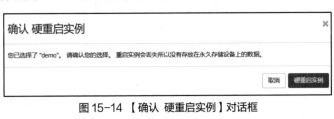

图 15-14　【确认 硬重启实例】对话框

图 15-15　【确认 软重启实例】对话框

确认操作以后开始重启云主机，将在云主机列表中看到图 15-16 所示的信息，如该云主机的状态为【重启】，任务为【已开始重启】。当任务显示为【无】、状态转换为【运行】时，表示重启完成。

图 15-16　开始重启云主机

（2）暂停云主机

选择【暂停实例】选项后，云主机的状态为【暂停】，如图 15-17 所示。

图 15-17　云主机暂停状态

选择【挂起实例】选项后，云主机的状态为【挂起】，如图 15-18 所示。

图 15-18　云主机挂起状态

当云主机为【暂停】或者【挂起】状态时，可以选择【恢复实例】选项，如图 15-19 所示。

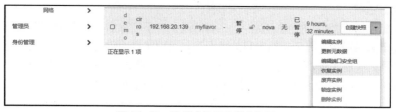

图 15-19　选择【恢复实例】选项

（3）关闭云主机

当云主机为【关闭】状态时，可以选择【关闭实例】选项，将弹出图 15-20 所示的【确认 关闭实例】对话框。

图 15-20　【确认 关闭实例】对话框

单击【关闭实例】按钮后，稍等片刻，当云主机的任务显示为【无】、状态转换为【关机】时，表示云主机关机操作完成，如图 15-21 所示。

图 15-21　云主机关机状态

（4）删除云主机

第 1 步，选择要删除的云主机。登录 Dashboard 后，在主界面左侧导航栏中选择【项目】→【计算】→【实例】选项，进入【实例】界面，在要删除的云主机列表左边选中其复选框，如图 15-22 所示。

图 15-22　选择要删除的云主机

第 2 步，删除源主机。单击【删除实例】按钮，弹出图 15-23 所示的【确认 删除实例】对话框，单击【删除实例】按钮，完成删除实例操作。

图 15-23　【确认 删除实例】对话框

15.3.2　用命令模式创建与管理云主机

用命令模式创建与管理云主机

本小节任务均在控制节点上完成。

1. 用命令模式创建云主机

第 1 步，导入环境变量，模拟登录。

使用 source 或者 "." 都可以执行环境变量导入操作，代码如下。

```
[root@controller ~]# source admin-login
```

第 2 步，查看网络列表，获得网络信息。

```
[root@controller ~]# openstack network list
```

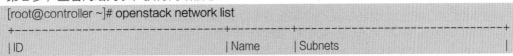

ID	Name	Subnets

```
+------------------------------------------+------------+--------------------------------------+
| b384fc1f-0c65-4624-9aa3-2b874bb38c07 | vm-network | 3833d890-29c7-446b-a3ed-cf0651ca8f6e |
+------------------------------------------+------------+--------------------------------------+
```

记住该网络 ID，如这里的 ID 是 b384fc1f-0c65-4624-9aa3-2b874bb38c07。

第 3 步，查看实例类型列表，获得实例类型信息。

```
[root@controller ~]# openstack flavor list
+--------------------------------------+----------+------+------+-----------+-------+-----------+
| ID                                   | Name     | RAM  | Disk | Ephemeral | VCPUs | Is Public |
+--------------------------------------+----------+------+------+-----------+-------+-----------+
| 9c56a792-6ca6-431e-943e-cc05df2e13aa | myflavor | 1024 |  10  |        0  |     1 | True      |
```

第 4 步，查看镜像列表，获得镜像信息。

```
[root@controller ~]# openstack image list
+--------------------------------------+--------+--------+
| ID                                   | Name   | Status |
+--------------------------------------+--------+--------+
| 9ab1bb2f-3256-4f5e-b9ae-8150cd6f7029 | cirros | active |
+--------------------------------------+--------+--------+
```

第 5 步，创建实例。

利用前 4 步获得的网络、实例类型、镜像信息，创建名为 VM_host 的云主机。

```
[root@controller ~]# openstack server create VM_host --image cirros --flavor myflavor
--network=b384fc1f-0c65-4624-9aa3-2b874bb38c07
```

第 6 步，查看现有实例列表。

```
[root@controller ~]# openstack server list
+--------------------------------------+---------+--------+------------------------------+--------+----------+
| ID                                   | Name    | Status | Networks                     | Image  | Flavor   |
+--------------------------------------+---------+--------+------------------------------+--------+----------+
| 6a8d3710-b85c-4895-af07-cde96fbedb23 | VM_host | ACTIVE | vm-network=192.168.20.155    | cirros | myflavor |
+--------------------------------------+---------+--------+------------------------------+--------+----------+
```

2. 用命令模式管理云主机

通过实例名（如果不存在重复的实例名）或者实例 ID（ID 必然是唯一的）可以在控制节点上操作云主机。

（1）重启云主机

使用以下命令软重启主机名为 VM_host 的云主机。

```
[root@controller ~]# openstack server reboot VM_host
```

使用以下命令硬重启主机名为 VM_host 的云主机。

```
[root@controller ~]# openstack server reboot VM_host --hard
```

（2）暂停和挂起云主机

使用以下命令暂停主机名为 VM_host 的云主机。

```
[root@controller ~]# openstack server pause VM_host
```

使用以下命令取消暂停主机名为 VM_host 的云主机。

```
[root@controller ~]# openstack server unpause VM_host
```

使用以下命令挂起主机名为 VM_host 的云主机。

```
[root@controller ~]# openstack server suspend VM_host
```

使用以下命令取消挂起主机名为 VM_host 的云主机。

```
[root@controller ~]# openstack server resume VM_host
```

（3）停止和开启云主机

使用以下命令停止主机名为 VM_host 的云主机。

[root@controller ~]# openstack server stop VM_host

使用以下命令开启主机名为 VM_host 的云主机。

[root@controller ~]# openstack server start VM_host

（4）删除云主机

使用以下命令删除主机名为 VM_host 的云主机。

[root@controller ~]# openstack server delete VM_host

15.3.3　用 Dashboard 创建与管理快照

快照实际上是为云主机进行镜像备份的，因此需要先有云主机，再对其拍摄快照。

用 Dashboard 创建
与管理快照

1. 用 Dashboard 创建快照

第 1 步，进入【实例】界面。登录 Dashboard，在主界面左侧导航栏中选择【项目】→【计算】→【实例】选项，可以看到在图 15-24 所示的【实例】界面中已经存在一台云主机。

图 15-24　【实例】界面

第 2 步，选择要拍摄快照的云主机，并创建快照。针对要拍摄快照的云主机，在图 15-24 所示的【实例】界面中单击【创建快照】按钮，弹出图 15-25 所示的【创建快照】对话框。

图 15-25　【创建快照】对话框

在【快照名称】文本框中输入快照名称，单击【创建快照】按钮，进行快照创建。此时，该镜像的状态为【已排队】，类型为【快照】，如图 15-26 所示。当其状态转换为【运行中】时，则表明快照创建完成。

图 15-26　镜像状态信息

241

2. 用 Dashboard 管理快照

（1）用快照重建云主机

重建云主机即把云主机还原到快照拍摄时的状态。

第 1 步，进入【实例】界面。登录 Dashboard，在主界面左侧导航栏中选择【项目】→【计算】→【实例】选项，进入【实例】界面。

第 2 步，选择要重建的云主机。在【实例】界面中选择要重建的云主机，在【动作】下拉列表中选择【重建实例】选项，弹出图 15-27 所示的【重建实例】对话框。

图 15-27 【重建实例】对话框

第 3 步，选择镜像并重建云主机。在【选择镜像】下拉列表中选择在上一个任务中制作的快照，单击【重建实例】按钮。此时，云主机的状态为【重建】，任务为【正在重建】，如图 15-28 所示。当状态转换为【运行中】时，则表明云主机重建完成。

图 15-28 云主机正在重建

（2）用 Dashboard 删除快照（镜像）

第 1 步，进入【Images】界面。登录 Dashboard，在主界面左侧导航栏中选择【项目】→【计算】→【镜像】选项，进入图 15-29 所示的【Images】界面。

第 2 步，选择镜像并删除。选择要删除的镜像或者快照（选中相关镜像或快照的复选框），单击【删除镜像】按钮，弹出图 15-30 所示的【确认删除镜像】对话框，单击【删除镜像】按钮，完成删除操作。

图 15-29 【Images】界面

图 15-30 【确认删除镜像】对话框

15.3.4 用命令模式创建与管理快照

1. 用命令模式创建快照

为云主机创建一个名为 kz-demo 的快照。

第 1 步，查看云主机列表。

第 2 步，为已有的名为 demo 的云主机拍摄快照。

```
[root@controller ~]# openstack server image create demo --name kz-demo
```

第 3 步，查看快照（镜像）列表。

从结果中可以看到，kz-demo 快照已存在并处于可用（active）状态。

2. 用命令模式管理快照

（1）重建云主机

用名为 kz-demo 的快照重建名为 VM_host 的云主机。

```
[root@controller ~]# openstack server rebuild demo --image kz-demo
+-------------------+-----------------------------------------------------------+
| Field             | Value                                                     |
+-------------------+-----------------------------------------------------------+
| OS-DCF:diskConfig | MANUAL                                                    |
| accessIPv4        |                                                           |
| accessIPv6        |                                                           |
| addresses         | vm-network=192.168.20.138                                 |
| adminPass         | cu2jXdXK7BDF                                              |
| created           | 2024-05-05T10:51:04Z                                      |
| flavor            | myflavor (4a35a5bc-409c-4298-a38b-631d9ba17ccb)           |
| hostId            | 800c251ff3973225a01171c0b11a5592ca974ad0998e457e40702572  |
| id                | 11c58c66-0cfc-468a-9e11-d55e2e292ae5                      |
| image             | kz-demo (29c4f2f8-21ab-4626-83d1-ca08b5f423c2)            |
| name              | demo                                                      |
| progress          | 0                                                         |
| project_id        | dc3b7de1e4e94fff9802bc5410ac1653                          |
| properties        |                                                           |
| status            | REBUILD                                                   |
| updated           | 2024-05-05T10:54:14Z                                      |
| user_id           | c155d7da32c94e62a3d9b9cc9f69ceaf                          |
+-------------------+-----------------------------------------------------------+
```

（2）删除快照或镜像

使用以下方法删除名为 kz-demo 的快照。

```
[root@controller ~]# openstack image delete kz-demo
```

15.4 项目小结

云主机是 OpenStack 云计算平台的主要服务产品，可以通过 Dashboard 和命令模式进行创建与管理。可以通过 Dashboard 的控制台或者 VNC 客户端（如 virsh 等工具）进入云主机。快照是云计算平台提供的一个非常便利的功能，用于为云主机生成镜像，该镜像可以用于生成新的云主机或者将原有云主机还原到拍摄快照时的状态。

项目小结

本项目带领读者用 Dashboard 和命令模式两种方式完成了云主机、快照的创建和基础运维工作，包括开关云主机、云主机和镜像列表查询、云主机重建与删除等。

15.5 项目练习题

1. 选择题

（1）openstack server 命令用以下（　　　）操作命令启动云主机。

　　A．create　　　　B．delete　　　　C．list　　　　D．start

（2）openstack server 命令用以下（　　　）操作命令创建云主机。

    A．create　　　　　　B．delete　　　　　　C．list　　　　　　D．start

（3）openstack server 命令用以下（　　　）操作命令删除云主机。

    A．create　　　　　　B．delete　　　　　　C．list　　　　　　D．start

（4）openstack server 命令用以下（　　　）操作命令查看云主机列表。

    A．create　　　　　　B．rebuild　　　　　　C．list　　　　　　D．start

2．填空题

（1）查看镜像列表的命令是_____。

（2）virsh list 命令能看到_____的云主机。

（3）如果云主机出现故障无法启动，则可以利用快照进行_____。

3．实训题

创建一台名为 myserver 的云主机，并拍摄快照。

项目16
用云镜像部署云主机

16

学习目标

【知识目标】

（1）了解密钥对的功能。

（2）了解密钥对的管理命令。

（3）了解cloud-init云主机初始化工具。

【技能目标】

（1）能够对密钥对进行管理。

（2）能够编写简单的cloud-init脚本。

（3）能够管理安全组。

（4）能够部署采用密钥对登录的CentOS云主机。

（5）能够部署采用用户名和密码登录的CentOS云主机。

学习目标

引例描述

　　小王看着自己创建的CirrOS云主机，觉得它的操作系统功能还是太简单了，一般只用于学习而不用于生产。那么能不能在云计算平台上部署其他操作系统的云主机呢？

引例描述

16.1 项目陈述

　　本项目将使用 OpenStack 云计算平台部署更适合生产环境的 CentOS 云主机。小王通过调研了解到，CentOS 是一种可用于生产环境的服务器操作系统，其为云计算平台提供了可以直接使用的云镜像，以便用户跳过安装操作系统的步骤来快速部署云主机。但是，官方提供的镜像通常默认只支持密钥对登录，不支持用户名和密码登录，因此需要学会使用密钥对登录系统。另外，CentOS 内置了 cloud-init 云主机初始化工具，可以使用户定制云主机，并使部署的云主机支持常用的用户名和密码登录。在开始动手部署 CentOS 云主机之前，小王首先学习以下必备知识。

项目陈述

　　（1）通过"密钥对的概念及应用"学习密钥对的基本概念，了解密钥对的管理命令。

　　（2）通过"云主机初始化配置工具"学习 cloud-init 的功能，了解其用户脚本编写方式。

　　最后，在项目实施环节，小王将在项目操作手册的指导下，将从 CentOS 官网下载的操作系统云镜像通过 Dashboard 部署成一台可以被远程管理的云主机。

16.2 必备知识

16.2.1 密钥对的概念及应用

密钥对的概念及
应用

登录 Linux 云主机有两种方式，一种是通过用户名和密码，另一种是通过密钥对。由 CentOS 官方提供的 CentOS 云镜像生成的云主机默认通过密钥对方式进行登录。密钥对是指通过 SSH 加密算法产生的一对密钥，包括一个公钥和一个私钥。其中，私钥是由密钥对所有者持有且保密的，而公钥是公开的。公钥用来给数据加密，私钥用来给数据解密，用公钥加密的数据只能使用私钥解密。要使用 SSH 密钥对登录 Linux 实例，必须先创建一个密钥对，并在部署云主机时指定公钥或者创建云主机后绑定公钥。相较于用户名和密码认证方式，SSH 密钥对有以下优势。

（1）SSH 密钥对登录认证更为安全可靠。

（2）密钥对的安全强度远高于常规用户名和密码，基本可以避免暴力破解威胁。

（3）不可能通过公钥推导出私钥。

（4）更加便捷，可以免密码登录系统，便于批量维护多台 Linux 云主机。

下面通过几个例子演示密钥对的操作。

例 16-1　生成一个密钥对。

```
[root@controller ~]# ssh-keygen -q -N ""
Enter file in which to save the key （/root/.ssh/id_rsa）:
```

按 Enter 键，将生成一个密钥对并存放到/root/.ssh 目录下，其中私钥名为 id_rsa，公钥名为 id_rsa.pub，以后即可通过该私钥登录系统。

例 16-2　导入公钥到 OpenStack 云计算平台上。

```
[root@controller ~]# openstack keypair create --public-key ~/.ssh/id_rsa.pub mkey
+-------------+---------------------------------------------------+
| Field       | Value                                             |
+-------------+---------------------------------------------------+
| fingerprint | 53:7e:2f:13:00:e7:99:30:18:0f:ac:82:4e:a3:86:06   |
| name        | mkey                                              |
| user_id     | 40cfe022ad234450834c2261e12e6cd2                 |
+-------------+---------------------------------------------------+
```

以上代码将生成的公钥导入 OpenStack 云计算平台，并将其命名为 mkey。

例 16-3　查看系统密钥对列表。

```
[root@controller ~]# openstack keypair list
+--------+-------------------------------------------------+
| Name   | Fingerprint                                     |
+--------+-------------------------------------------------+
| mkey   | 53:7e:2f:13:00:e7:99:30:18:0f:ac:82:4e:a3:86:06 |
+--------+-------------------------------------------------+
```

16.2.2 云主机初始化配置工具

云主机初始化配置
工具

cloud-init 是一种在多种 Linux 云镜像中默认安装的用于在云环境中对云主机进行初始化的工具，其可以从各种数据源读取相关数据并据此对虚拟机进行配置。这些数据源可以是数据库中的元数据或者是用户自定义的脚本数据。当

cloud-init 获取这些信息后，在系统启动之初就使用其内置的功能模块自动完成相应功能，如新建用户、启动脚本、更改云主机的名称、更改本地 hosts 文件、设定用户名及密码等。

在 CentOS 的云镜像中安装了 cloud-init，可以通过它来更改云镜像中的一些默认设置。将用户定义的脚本数据传入云主机有 3 种方法：①在 Dashboard 中创建云主机时，在图 16-1 所示的【配置】选项卡的【定制化脚本】文本框中进行输入；②在图 16-1 所示的【配置】选项卡中，通过单击【选择文件】按钮选择脚本文件；③通过命令模式使用 openstack server create 命令部署云主机时，使用选项"-user-data <脚本文件>"将脚本文件传入。

图 16-1 【配置】选项卡

下面用几个例子来演示如何用 cloud-init 初始化云主机。

例 16-4　将新部署的云主机重命名并更改 hosts 文件。

制作以下脚本，用上面提到的 3 种方法之一将脚本传入云主机。

```
#cloud-config
bootcmd:
  - echo 192.168.20.10 controller >> /etc/hosts
  - hostnamectl set-hostname myhost
```

注意 cloud-init 只会读取以 "#cloud-config" 开头的数据。

例 16-5　为新部署的云主机增加一个 YUM 源。

```
#cloud-config
yum_repos:
  yumname:
    baseurl: http://repo.huaweicloud.com/centos/7/os/x86_64/
```

```
    enabled: true
    gpgcheck: false
    name: centos
```

例 16-6　允许 SSH 远程连接以密码登录，并设置 root 用户的密码。

```
#cloud-config
ssh_pwauth: True
chpasswd:
  list: |
    root:000000
  expire: False
```

脚本中的 ssh_pwauth 用于设置是否允许 SSH 用密码登录系统，chpasswd 用于更改用户密码，list 中为更改的用户及密码列表，expire 用于设置是否有过期时间。

16.3　项目实施

本项目将在 OpenStack 云计算平台上用 CentOS 官方提供的 CentOS 云镜像创建云主机，将使用控制节点与计算节点。为了避免在接下来的工作中由于操作不当而造成需要重装系统的情况出现，在开始本项目前应对控制节点与计算节点服务器拍摄快照以保存前期工作成果。

16.3.1　检查系统环境

1. 下载系统云镜像

第 1 步，安装 wget 下载工具。

wget 是 Linux 中的一个下载文件的工具。

检查系统环境

```
[root@controller ~]# yum -y install wget
```

第 2 步，从 CentOS 官网下载云镜像。

从 CentOS 官网下载一个 qcow2 格式的云镜像文件。

```
[root@controller ~]# wget http://cloud.centos.org/centos/7/images/CentOS-7-x86_64-
GenericCloud-2009.qcow2
```

也可以使用本书资源提供的同名镜像文件。

2. 检查时间同步服务

当实现本任务时，可能离完成上一个任务有一段时间了，控制节点服务器和计算节点服务器的时间可能会存在不同步的情况，这会使用户在新建云主机时出现错误。因此，下面首先检查时间同步是否正确。

第 1 步，检查两个节点的当前时间。

在控制节点服务器上使用 date 命令，查看控制节点的当前时间。

```
[root@controller ~]# date
2024 年 05 月 04 日 星期六 19:30:30 CST
```

在计算节点服务器上使用 date 命令，查看计算节点的当前时间。

```
[root@compute ~]# date
2024 年 05 月 04 日 星期六 20:30:29 CST
```

如果两个节点的时间相差过大，则需要对时间进行同步。除了可用 Chrony 时间同步服务进行时间的自动同步以外，还可以使用 date 命令进行时间的手动同步。

第 2 步，手动同步时间。

首先，使用以下命令获得控制节点的当前时间。

```
[root@controller ~]# date -R
Sat, 04 May 2024 19:36:59 +0800
```

其结果"Sat, 04 May 2024 19:36:59 +0800"即为控制节点当前时间。

然后，在计算节点上使用以下命令手动调整计算节点的时间。

```
[root@compute ~]# date -s "Sat, 04 May 2024 19:36:59 +0800"
```

其中，选项-s后面的字符串为调整后的时间。

3. 检查现有云主机

用 VMware Workstation 虚拟出的两台服务器（控制节点、计算节点）均只有 4GB 内存，为了使新的 CentOS 云主机能够有足够的资源以供运行，需要检查现有云主机的状态，如果是开启的，则需要关闭它。在控制节点上使用以下命令查看现有云主机列表。

```
[root@controller ~]# openstack server list
+--------------------------------------+------+--------+-------------------------+-------+---------+
| ID                                   | Name | Status | Networks                | Image | Flavor  |
+--------------------------------------+------+--------+-------------------------+-------+---------+
| ef879db0-2c92-498c-a73f-eaf7301b6c52 | demo | ACTIVE | vm-network=192.168.20.140 | cirros | myfavor |
+--------------------------------------+------+--------+-------------------------+-------+---------+
```

从结果中可以看到，系统中存在一台名为 demo 的云主机，其状态（Status）是活动的（ACTIVE），可以使用 Dashboard 或者命令模式将其关闭。

```
[root@controller ~]# openstack server stop demo
```

16.3.2　部署 CentOS 云主机

1. 创建镜像

第 1 步，进入【Images】界面。登录 Dashboard，在主界面左侧导航栏中选择【项目】→【计算】→【镜像】选项，进入图 16-2 所示的【Images】界面。

部署 CentOS
云主机

图 16-2　【Images】界面

第 2 步，在【创建镜像】对话框中填写镜像信息并创建镜像。

首先，在【Images】界面中单击【创建镜像】按钮，弹出图 16-3 所示的【创建镜像】对话框。

其次，在【镜像名称】文本框中自定义镜像的名称；在【镜像源】文本框中通过【浏览】按钮，选择下载好的系统云镜像文件，如 CentOS-7-x86_64-GenericCloud-2009.qcow2；在【镜像格式】下拉列表中选择"QCOW2-QEMU 模拟器"选项。

图 16-3 【创建镜像】对话框

最后,单击【创建镜像】按钮,开始自动上传文件并创建镜像。创建成功后,该镜像将出现在【Images】界面的镜像列表中,且其状态为【运行中】。

2. 配置安全组

安全组设置了云计算平台如何与外部网络交互的一些规则。在其默认设置中,是不能从外网 ping 通云主机的,也不能让 SSH 远程管理工具访问云主机。因此,这里对默认安全组添加两项规则,使云主机与外网可以互相 ping 通,且用户能够通过 SSH 远程管理工具应用云主机。

第 1 步,进入【安全组】界面。登录 Dashboard,在主界面左侧导航栏中选择【项目】→【网络】→【安全组】选项,进入图 16-4 所示的【安全组】界面,在安全组列表中可以看到目前存在一个默认安全组 default。

图 16-4 【安全组】界面

第 2 步,管理默认安全组规则。单击 default 安全组右边的【管理规则】按钮,进入图 16-5 所示的【管理安全组规则】界面。

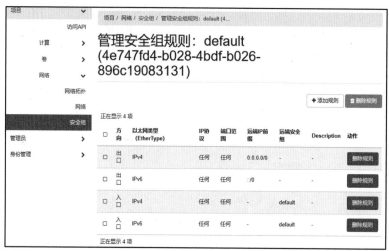

图16-5 【管理安全组规则】界面

第3步，添加规则。单击【添加规则】按钮，弹出图16-6所示的【添加规则】对话框。

图16-6 【添加规则】对话框

首先，添加允许SSH远程管理工具访问的规则。在【规则】下拉列表中选择【定制TCP规则】选项，在【端口】文本框中输入【22】，单击【添加】按钮，将该规则添加到安全组中。

其次，添加允许内外网互ping的规则。在【规则】下拉列表中选择【定制ICMP规则】选项，其余设置保持不变，单击【添加】按钮，将规则添加到安全组中。

3. 创建密钥对

第1步，进入【Key Pairs】界面。登录Dashboard，在主界面左侧导航栏中选择【项目】→【计算】→【密钥对】选项，进入图16-7所示的【Key Pairs】界面。

图 16-7 【Key Pairs】界面

第 2 步，创建密钥对。单击【创建密钥对】按钮，弹出图 16-8 所示的【创建密钥对】对话框。

图 16-8 【创建密钥对】对话框

在【密钥对名称】文本框中输入自定义密钥对的名称，在【密钥类型】下拉列表中选择【SSH密钥】选项，单击【创建密钥对】按钮，完成密钥对的创建。

第 3 步，保存私钥文件。密钥对创建完成后，弹出图 16-9 所示的【新建下载任务】对话框，单击【下载】按钮，将私钥文件保存起来备用。

图 16-9 【新建下载任务】对话框

4. 创建云主机

第 1 步，进入【实例】界面。登录 Dashboard，在主界面左侧导航栏中选择【项目】→【计算】→【实例】选项，进入图 16-10 所示的【实例】界面。

图 16-10 【实例】界面

第 2 步，填写实例详情。单击【创建实例】按钮，进入图 16-11 所示的【详情】选项卡。

图 16-11 【详情】选项卡

在【实例名称】文本框中输入自定义的云主机名，在【数量】文本框中输入批量产生的云主机数量，这里输入 1。

第 3 步，选择源镜像。单击【下一步】按钮，进入图 16-12 所示的【源】选项卡。

图 16-12 【源】选项卡

在【创建新卷】选项组中选择【不】选项，以关闭使用块存储。在【可用配额】选项组中能看到已经创建好的镜像，如这里的 centos 镜像。单击【↑】按钮，将其由【可用配额】选项组移动到【已分配】选项组。

第 4 步，选择实例类型。单击【下一步】按钮，进入图 16-13 所示的【实例类型】选项卡，进行实例类型选择。

图 16-13 【实例类型】选项卡

从【可用配额】选项组中可以看到已创建好的实例类型列表，选择其中一个实例类型，将其由【可用配额】选项组移动到【已分配】选项组。

第 5 步，选择网络。单击【下一步】按钮，进入图 16-14 所示的【网络】选项卡，进行网络选择。

图 16-14 【网络】选项卡

　　从【可用配额】选项组中可以看到已创建好的网络列表，选择其中一个网络，将其由【可用配额】选项组移动到【已分配】选项组。如果只有一个网络，则系统将自动分配。

　　第6步，选择安全组。选择【安全组】选项卡，如图16-15所示，进行安全组选择。

图16-15　【安全组】选项卡

　　从【可用配额】选项组中可以看到已有的安全组列表，选择其中一个安全组，将其由【可用配额】选项组移动到【已分配】选项组。如果只有一个安全组，则系统将自动分配该安全组。

　　第7步，选择密钥对。选择【Key Pair】选项卡，如图16-16所示，进行密钥对选择。

图16-16　【Key Pair】选项卡

　　从【可用配额】选项组中可以看到已有的密钥对列表，选择其中一个密钥对，将其由【可用配额】选项组移动到【已分配】选项组。如果只有一个密钥对，则系统将自动分配该密钥对。

　　第8步，定制化脚本。选择【配置】选项卡，如图16-17所示，进行脚本定制。

图 16-17 【配置】选项卡

在 CentOS 官方提供的云镜像中安装了 cloud-init 云镜像初始化配置工具，可以利用它来更改云镜像的用户密码、主机名等基础信息。如图 16-17 所示，已输入以下定制化脚本。

```
#cloud-config
ssh_pwauth: True
password: 000000
chpasswd:
  list: |
    root:000000
  expire: False
```

相关脚本解释如下。

（1）#cloud-config：系统启动时自动加载的脚本。

（2）ssh_pwauth：配置是否允许 SSH 协议用密码登录，其值为 True 时表示允许，默认为 False。

（3）password：默认登录用户的密码。CentOS 7 云镜像的默认登录用户是 centos。

（4）chpasswd：更改用户密码，这里更改了 root 用户的密码。注意，cloud-init 脚本文件中的空格不能用 Tab 键代替，list 和 expire 前面是 2 个空格，root 前面是 4 个空格。

（5）expire：配置密码是否要过期，其值为 False 时表示永不过期。

第 9 步，创建云主机。输入脚本以后，单击【创建实例】按钮，完成云主机的创建。云主机创建完成后会自动开启，此时可以在【实例】界面中看到刚创建的云主机的相关信息，如图 16-18 所示，云主机的 IP 地址为 192.168.20.159。

图 16-18 云主机的相关信息

16.3.3 检测与管理云主机

1. 检测云主机的联通性

（1）检查云计算平台到云主机的联通性

检测与管理云主机

```
[root@controller ~]# ping 192.168.20.159 -c 4
PING 192.168.20.159 (192.168.20.159) 56(84) bytes of data.
64 bytes from 192.168.20.159: icmp_seq=1 ttl=64 time=3.50 ms
64 bytes from 192.168.20.159: icmp_seq=2 ttl=64 time=1.69 ms
64 bytes from 192.168.20.159: icmp_seq=3 ttl=64 time=1.03 ms
64 bytes from 192.168.20.159: icmp_seq=4 ttl=64 time=0.893 ms

--- 192.168.20.159 ping statistics ---
4 packets transmitted, 4 received, 0% packet loss, time 3005ms
rtt min/avg/max/mdev = 0.893/1.783/3.508/1.041 ms
```

这里的 IP 地址就是云主机的 IP 地址，读者应根据实际情况将其改写成相应云主机的 IP 地址。

（2）检测外网到云主机的联通性

打开 VMware Workstation 宿主机 Windows 的【命令提示符】窗口，输入【 ping 192.168.20.159 】，如图 16-19 所示，以检测外网到云主机的联通性。

图 16-19　检测外网到云主机的联通性

2. 远程管理云主机

（1）用密钥对登录系统

第 1 步，进入【 Session settings 】对话框。打开 MobaXterm 软件，进入图 16-20 所示的【 Session settings 】对话框。

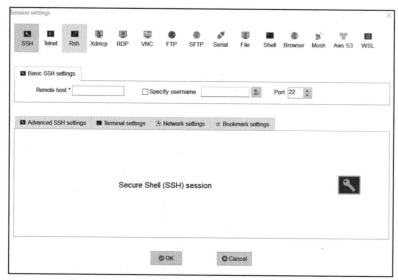

图 16-20　【 Session settings 】对话框

第 2 步，设置 SSH 会话。在【 Remote host 】文本框中输入云主机的 IP 地址【 192.168.20.159 】；选中【 Specify username 】复选框，在对应文本框中输入用户名【 centos 】。选择【 Advanced SSH settings 】选项卡，进一步设置 SSH 连接。图 16-21 所示为 SSH 会话的高级设置界面。

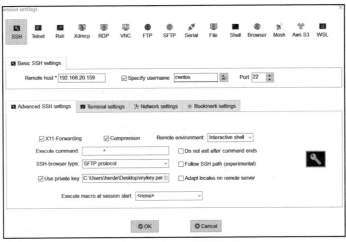

图 16-21　SSH 会话的高级设置界面

选中【Use private key】复选框，在对应的私钥文件文本框中输入在创建密钥对时备份的私钥文件地址，单击【OK】按钮，完成设置并登录系统。

（2）用户名与密码登录系统

CentOS 提供的官方云镜像一开始并不支持 SSH 协议及采用用户名和密码登录系统。但是，在部署云主机时，通过 cloud-init 云镜像初始化配置工具为镜像传入了以下初始化脚本，开启了 SSH 协议及通过用户名和密码登录的许可，并初始化 root 用户的密码为 000000。

```
#cloud-config
ssh_pwauth: True
password: 000000
chpasswd:
  list: |
    root:000000
  expire: False
```

因此，可以直接用用户名 root 和密码 000000 登录系统。先在 MobaXterm 的【Session settings】对话框的【Remote host】文本框中输入云主机的 IP 地址；再选中【Specify username】复选框，并在对应文本框中输入用户名 root，相关信息如图 16-22 所示。

单击【OK】按钮，完成设置并登录系统。登录系统时要求输入密码，输入初始化的密码 000000，登录成功，其界面如图 16-23 所示。

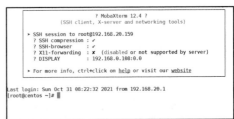

图 16-22　相关信息　　　　　图 16-23　MobaXterm 远程登录云主机成功界面

16.4 项目小结

OpenStack 云计算平台支持多种操作系统来创建云主机。CentOS 及其他主流 Linux 操作系统均为云计算平台提供了操作系统云镜像，以减少用户自己安装操作系统花费的时间。不同的操作系统云镜像的登录方式不尽相同，如 CentOS 云镜像默认采用密钥对进行登录认证，密钥对由公钥和私钥组成，公钥放置在操作系统中用于加密，用户使用私钥免密码登录操作系统。

项目小结

本项目带领读者使用 CentOS 官方提供的云镜像，通过 Dashboard 完成了 CentOS 云主机的部署工作，并实现了使用密钥对和用户名及密码两种方式远程登录云主机。

16.5 项目练习题

1. 选择题

（1）密钥对中用来解密的是（ ）。

    A. 公钥   B. 私钥   C. 密码   D. 签名

（2）密钥对中用来加密的是（ ）。

    A. 公钥   B. 私钥   C. 密码   D. 签名

（3）wget 命令用来（ ）文件。

    A. 上传   B. 下载   C. 分发   D. 标注

（4）若允许其他主机 ping 通自己，则安全组中需要增加（ ）规则。

    A. HTTP   B. IP   C. TCP   D. ICMP

2. 填空题

（1）密钥对包括_____和_____。

（2）root 用户登录系统后可以用_____命令更改用户密码。

（3）SSH 对外服务的默认端口是_____。

3. 实训题

用一个 CentOS 云镜像创建一台云主机，并实现远程通过用户名和密码登录系统。